JN323633

物質・材料テキストシリーズ　　藤原毅夫・藤森　淳・勝藤拓郎 監修

固体電子構造論
密度汎関数理論から電子相関まで

藤原　毅夫 著

内田老鶴圃

本書の全部あるいは一部を断わりなく転載または
複写(コピー)することは,著作権および出版権の
侵害となる場合がありますのでご注意下さい.

物質・材料テキストシリーズ発刊にあたり

　現代の科学技術の著しい進歩は，これまでに蓄積された知識や技術が次の世代に引き継がれて発展していくことの上に成り立っている．また，若い世代が先達の知識や技術を真剣に学ぶ過程で，好奇心・探求心が刺激され新しい発想が芽生えることが科学技術をさらに発展させてきた．蓄積された知識や技術の継承は世代間に限らない．現代の分化し専門化した様々な学問分野は常に再編や融合を模索しており，複数の既存分野の境界領域に多くの新しい発見や新技術が生まれる原動力となっている．このような状況においては，若い世代に限らず第一線で活躍する研究者・技術者も，周辺分野の知識と技術を学ぶ必要性が頻繁に生じてくる．とくに，科学技術を基礎から支える物質科学，材料科学は，物理学，化学，工学，さらには生命科学にわたる広範な学問分野にまたがっているため，幅広い知識と視野が必要とされ，基礎的な知識の十分な理解が必須となってきている．

　以上を背景に企画された本テキストシリーズは，物質科学，材料科学の研究を始める大学院学生，新しい研究分野に飛び込もうとする若手研究者，周辺分野に研究領域を広げようとする第一線の研究者・技術者が必要とする質の高い日本語のテキストを作ることを目的としている．科学技術の分野は国際化が進んでおり学術論文は大部分が英語で書かれているので，教科書・入門書も英語化が時代の流れであると考えがちである．しかし，母国語の優れた教科書はその国の科学技術水準を反映したもので，その国の将来の発展のポテンシャルを示すものでもある．大学院生や他分野の研究者の入門を目的とした優れた日本語のテキストは，我が国の科学技術の水準，ひいては文化水準を押し上げる役目を果たすと考える．

　本シリーズがカバーする主題は，将来の実用材料として期待されている様々な物質，興味深い構造や物性を示す物質・材料に加えて，物質・材料研究に欠かせない様々な測定・解析手法，理論解析法に及んでいる．執筆はそれぞれの分野において活躍されている第一人者にお願いし，「研究室に入ってきた学生に

最初に読ませたい本」を目指してご執筆いただいている．本シリーズが，学生，若手研究者，第一線の研究者・技術者が新しい分野を基礎から系統的に学ぶことの助けとなり．我が国の科学技術の発展に少しでも貢献できれば幸いである．

監修　藤原毅夫　藤森　淳　勝藤拓郎

まえがき

近年,凝縮系電子構造論の発展は著しい.1998年のノーベル化学賞の対象となった密度汎関数理論の構築と発展が1960年代の半ば以降引き続き行われその成果があがったことが第一の理由である.第二には,酸化物高温超伝導体の発見により固体物理学がますます面白くなり電子相関の重要性が再認識されたこと,それらが密度汎関数理論を補う方法の発展を促し,1電子問題と多電子問題の溝が埋められつつあることが重要である.第三の理由は(第四の理由と深く関係するが),第一原理分子動力学法といわれる新しい方法が発明されたことである.今まで古典系に限って原子系のダイナミックスを計算機の中で見ることができたが,この新しい方法により原子配置と電子構造を同時に動的に見ることができるようになった.これにより新しく有用な物質を計算機のうえで設計しようという応用上の期待が急速に高まった.第四の理由は,電子計算機のハードおよびソフト両面の著しい進歩,特に超並列計算の導入により今まで実行不可能であった大きな計算が実行可能となってきたことである.

本書は,量子力学と統計力学の学部課程の修了および物質の構造に関する初歩的知識を前提として,物質の電子構造を自分で考えあるいは計算できるようになることを目的としている.特に近年,電子構造に関する理解と方法論の進展はさらに著しい.幸いにして「物質・材料テキストシリーズ」の企画・編纂に参加する機会を与えられ,加えてそのうちの1巻として本書を加えることを許された.そこで,旧著「固体電子構造–物質設計の基礎–(朝倉書店,1999)」を全面的に改定し,また新たにいくつかの章を書き下したりして,体裁を一新することを得た.本書が我が国の若い研究者や学生諸君の方法論開発への意欲を刺激し,そして電子状態計算理論全体を俯瞰的に眺めることにお役に立てれば,著者にとってこれに勝る喜びはない.

「物質・材料テキストシリーズ」編纂委員会の藤森淳東京大学教授,勝藤拓郎早稲田大学教授および内田老鶴圃の内田学社長からは,種々の意見を交換す

るなかで，本書の構成に対しても有用なご意見をいただいた．大変楽しい作業でもあった．内田老鶴圃の故内田悟会長には，いろいろお世話になりまた暖かい励ましをいただいた．内外の研究仲間からはいろいろと学ぶ機会も多かった．それらは本書にでき得る限り生かすよう心掛けたつもりである．その他にも多くの方々のお世話になった．お一人おひとりのお名前を挙げることはしないが，心から感謝する．

2015 年 1 月

藤原　毅夫

目 次

物質・材料テキストシリーズ発刊にあたり ……………………… i
まえがき …………………………………………………………… iii

1 結晶の対称性と電子の状態　　　　　　　　　　　　　　　1
1.1 結晶の構造と格子 …………………………………………… 1
1.2 結晶の対称性と逆格子, ブリルアン域 …………………… 5
1.3 ポテンシャル場内の電子の振る舞い ……………………… 8
1.3.1 結晶内のシュレディンガー方程式とブロッホの定理 …… 8
1.3.2 1電子エネルギー・バンド ………………………… 10
1.4 エネルギー固有値および波動関数の対称性：
群論の量子力学への応用 ………………………………… 15
1.4.1 対称操作と群および群の表現 ……………………… 15
1.4.2 対称操作による波動関数の変換 …………………… 18
1.4.3 既約表現と固有状態 ………………………………… 19
1.4.4 適合関係とエネルギー・バンド …………………… 23
1.5 多電子波動関数とハートリー・フォック方程式 ………… 26
1.5.1 スレーター行列式とハートリー・フォック近似 …… 26
1.5.2 ハートリー・フォック方程式とクープマンスの定理 …… 28

2 電子ガスとフェルミ液体　　　　　　　　　　　　　　　33
2.1 一様な電子ガスと電子相関 ………………………………… 33
2.1.1 電子ガスの誘電応答 ………………………………… 33
2.1.2 電子ガスの相関エネルギー ………………………… 40
2.2 フェルミ液体 ………………………………………………… 43
2.2.1 準粒子 ………………………………………………… 43
2.2.2 準粒子間相互作用とランダウ・パラメター ……… 46

3 密度汎関数理論とその展開　49

- 3.1 密度汎関数理論 ·· 49
  - 3.1.1 エネルギー汎関数 ·· 49
  - 3.1.2 コーン・シャム方程式とヤナックの定理 ··············· 50
- 3.2 局所密度近似 ·· 52
  - 3.2.1 局所近似による交換相関エネルギー ···················· 52
  - 3.2.2 なぜ局所密度近似が良いのか，またどこが悪いのか ··· 54
- 3.3 密度汎関数理論の新しい展開 ································· 60
  - 3.3.1 局所近似を超える取り扱い：密度勾配展開 ············ 60
  - 3.3.2 一般化勾配展開近似 ····································· 62
- 3.4 様々な密度汎関数 ·· 64
- 3.5 時間依存密度汎関数 ·· 65
- 3.6 密度汎関数摂動論 ·· 67
  - 3.6.1 密度汎関数理論の摂動論 ································ 67
  - 3.6.2 格子振動 ··· 68
  - 3.6.3 外部一様電場に対する摂動論：ボルン有効電荷 ······· 70

4　1電子バンド構造を決定するための種々の方法　73

- 4.1 基底関数とLDAポテンシャル ································ 73
  - 4.1.1 局在基底：スレーター型軌道とガウス型軌道 ········· 73
  - 4.1.2 全電子ポテンシャル，凍結された内殻電子近似，擬ポテンシャル ·· 74
- 4.2 直交化された平面波と擬ポテンシャル ······················ 75
- 4.3 散乱波による取り扱い ··· 79
  - 4.3.1 球面波による展開 ·· 79
  - 4.3.2 位相のずれ ·· 81
- 4.4 補強された平面波展開法 ······································ 84
- 4.5 グリーン関数法 ··· 86
- 4.6 第一原理擬ポテンシャル法と平面波展開 ··················· 91
  - 4.6.1 ノルム保存型擬ポテンシャル ·························· 91

4.6.2	ウルトラソフト擬ポテンシャル	94
4.7	PAW 法	97
4.8	線形化マフィン・ティン軌道法	99
	4.8.1 線形化マフィン・ティン軌道	99
	4.8.2 第 3 世代 LMTO 法	106
	4.8.3 カノニカル・バンド	108

5 金属の電子構造   111

5.1 平衡状態と凝集機構 … 111
5.2 不純物イオンによる電気抵抗とフリーデルの理論 … 115
5.3 遷移金属のバンド構造と強磁性 … 119
5.4 金属の表面電子系と電子相関 … 127
5.5 ナノ構造体の電気伝導 … 129

6 正四面体配位半導体の電子構造   131

6.1 タイト・バインディング近似 … 131
6.2 ダイヤモンド構造および閃亜鉛鉱構造のバンド構造 … 135
6.3 半導体の光スペクトルとバンド構造 … 140

7 電子バンドのベリー位相と電気分極   143

7.1 ベリー位相とゲージ変換 … 143
    7.1.1 電磁場中の電子とゲージ変換 … 143
    7.1.2 断熱変化とベリー位相 … 144
7.2 バルクな電気分極 … 146
    7.2.1 バルクな電気分極は一意的に定義されるか … 146
    7.2.2 バルクな分極とベリー位相 … 147
    7.2.3 電気分極とワニエ表示 … 150
    7.2.4 応用例：ペロブスカイト構造結晶の分極 … 151

8 第一原理分子動力学法   153

8.1 第一原理分子動力学法の考え方 … 153

viii　目　次

- 8.2　原子に働く力：ヘルマン・ファインマン力と変分力 ……… 156
- 8.3　平衡分布と温度制御 ……………………………………………… 159
  - 8.3.1　仮想変数の導入：カノニカル集団 ………………………… 159
  - 8.3.2　第一原理分子動力学における温度制御 …………………… 162
  - 8.3.3　圧力および対称性の制御 …………………………………… 164
- 8.4　オーダー N 法 …………………………………………………… 166
  - 8.4.1　種々のオーダー N 法 ……………………………………… 166
  - 8.4.2　クリロフ部分空間法 ………………………………………… 168
- 8.5　第一原理分子動力学法による具体的な計算例 ………………… 172
  - 8.5.1　液体 …………………………………………………………… 172
  - 8.5.2　状態方程式 …………………………………………………… 174
  - 8.5.3　触媒反応 ……………………………………………………… 175
  - 8.5.4　生体物質，炭素系材料におけるファン・デル・ワールス相互作用の取り扱い：DFT+vdW ……………………… 177

9　密度汎関数理論を超えて　　179

- 9.1　交換相関ポテンシャルの不連続性と自己相互作用 …………… 179
  - 9.1.1　交換相関ポテンシャルの不連続性 ………………………… 179
  - 9.1.2　自己相互作用補正の方法 …………………………………… 180
  - 9.1.3　d 電子系，f 電子系に対する自己相互作用補正 ………… 182
- 9.2　軌道依存汎関数を用いる方法 …………………………………… 184
  - 9.2.1　最適化された有効ポテンシャルの方法 …………………… 184
  - 9.2.2　LSDA+U 法 ………………………………………………… 186
- 9.3　ヘディンの方程式と GW 近似 …………………………………… 189
  - 9.3.1　ヘディンの方程式 …………………………………………… 189
  - 9.3.2　GW 近似 ……………………………………………………… 192
- 9.4　クーロン相互作用 U ……………………………………………… 195
  - 9.4.1　遮蔽されたクーロン相互作用 ……………………………… 195
- 9.5　量子モンテカルロ法 ……………………………………………… 198
- 9.6　LDA+DMFT 法 …………………………………………………… 201
  - 9.6.1　動的平均場近似（DMFT 法） ……………………………… 201

  9.6.2 DMFT 法と LDA との統合 ･････････････････････････ 203

付録 A 第一原理電子構造計算における数値計算の諸問題 207

 A.1 シュレディンガー方程式の数値解法 ････････････････････････ 207
  A.1.1 動径波動関数の座標変数に関する対数メッシュ ･･････ 207
  A.1.2 シュレディンガー方程式の解法 ･････････････････ 208
  A.1.3 孤立原子のシュレディンガー方程式の数値積分 ･･････ 209
 A.2 反復計算の収束加速 ･････････････････････････････････ 210
  A.2.1 線形外挿法 (linear extrapolation method) ･････････ 210
  A.2.2 アンダーソン法 ････････････････････････････ 211
  A.2.3 ブロイデン法 ･････････････････････････････ 211
 A.3 固有値計算 ･･･････････････････････････････････････ 212
 A.4 状態密度の計算 ･･･････････････････････････････････ 212
  A.4.1 状態密度 ････････････････････････････････ 212
  A.4.2 テトラヘドロン法 ･････････････････････････ 213

付録 B 第一原理分子動力学法における数値計算の諸問題 215

 B.1 計算時間の短縮：高速フーリエ変換 ････････････････････ 215
 B.2 シミュレーションの初期波動関数の選択 ････････････････ 216
 B.3 運動エネルギーに依存する勾配ベクトルの誤差と前処理 ･･････ 217
 B.4 電子系の収束に対する加速：共役勾配法 ･･････････････････ 218
 B.5 電子の非整数占有数 ･････････････････････････････････ 219
 B.6 新しいイオン位置に対する電荷分布，波動関数の予測：
    線形外挿法と部分空間の再構成 ･･････････････････････････ 220
 B.7 運動方程式の数値解法：ベレの方法 ････････････････････ 221

付録 C 第一原理電子構造計算プログラム・パッケージ 224

欧字先頭語索引 ･･ 226
総　索　引 ･･･ 228
あとがき ･･ 233

1
結晶の対称性と電子の状態

1電子エネルギー・バンドの概念は結晶の周期性がその基本にある．運動量（あるいは結晶運動量という）が電子の状態を指定する量子数のひとつになっているのは結晶における原子の配列が周期的であるためである．

1.1 結晶の構造と格子

　固体を電気伝導に関する性質から見れば，絶縁体，半導体，金属に分類される．また，固体を作っている原子相互の結合様式によって，イオン結合，共有結合，金属結合，水素結合，ファン・デル・ワールス（van der Waals）結合などに分けられる．電気伝導に関する性質や結合様式は，その原子配置と強く関連している．例えば半導体は硬くかつ結合に方向性があって原子間の空隙が広く，一方，金属はやわらかくまた稠密な構造をとる．前者は共有結合の，後者は金属結合の特徴である．シリコン Si やゲルマニウム Ge あるいは炭素 C は，結晶のときには半導体や絶縁体であるが，液体状態では金属となる．これは構造が結合様式を決め，物性を決めているためである．

　固体を構造の対称性という点から分類すれば，原子が周期的に配列している**結晶**（crystal），周期性はないが長距離の秩序（規則性）がある**準結晶**（quasicrystal），長距離秩序のない**非晶質**（アモルファス）に分けられる．3次元の結晶では，原子配列に関する周期性は3つの独立な**基本ベクトル**（primitive vector）a_i ($i=1,2,3$) によって特徴づけられる．基本ベクトルの整数倍の和からなる平行移動ベクトル（並進ベクトル）

$$t_n = n_1 a_1 + n_2 a_2 + n_3 a_3 \quad (n=(n_1,n_2,n_3),\ n_i=0,\pm 1,\pm 2,\cdots) \quad (1.1)$$

の全体を**格子**（lattice）という．空間座標を t_n だけ進める操作（並進操作）全

表1.1 7つの晶系と 14 のブラベー格子.

晶系	ブラベー格子	基本ベクトルの長さと角度
立方	単純, 面心, 体心	$a = b = c,\ \alpha = \beta = \gamma = 90°$
正方	単純, 体心	$a = b \neq c,\ \alpha = \beta = \gamma = 90°$
直方	単純, 底心, 面心, 体心	$a \neq b \neq c,\ \alpha = \beta = \gamma = 90°$
六方	単純	$a = b \neq c,\ \alpha = \beta = 90°, \gamma = 120°$
三方	単純	$a = b = c,\ \alpha = \beta = \gamma < 120°, \neq 90°$
単斜	単純, 底心	$a \neq b \neq c,\ \alpha = \beta = 90° \neq \gamma$
三斜	単純	$a \neq b \neq c,\ \alpha \neq \beta \neq \gamma$

体は**群** (group) を作っている．この群を並進群という．

$a_0, a_1, a_2, \cdots$ を元とする集合 $\mathcal{G}$ において，任意の 2 つの元の間に演算・が定義されていて，かつ以下の 4 つの性質が満たされているとき，集合 $\mathcal{G}$ を群という．

- 集合 $\mathcal{G}$ の任意の元 a_i と a_j の積 $a_i \cdot a_j$ も集合 $\mathcal{G}$ に属する．
- 結合律: $a_i \cdot (a_j \cdot a_k) = (a_i \cdot a_j) \cdot a_k$ が成立する．
- 単位元 a_0: $a_i \cdot a_0 = a_0 \cdot a_i = a_i$ が存在する．
- 元 a_i の逆元 $(a_i)^{-1}$: $(a_i)^{-1} \cdot a_i = a_i \cdot (a_i)^{-1} = a_0$ が存在する．

a_1, a_2, a_3 の 3 つのベクトルで張られる平行 6 面体

$$\{x_1 a_1 + x_2 a_2 + x_3 a_3 \mid 0 \leq x_i \leq 1\} \tag{1.2}$$

を**基本単位格子** (primitive cell) と呼ぶ．基本単位格子を複数個組み合わせて単位とするとき，これを単位格子という．1 つの格子点と周りの格子点を結んだ直線の垂直 2 等分面を作り，中心の格子点の周りに作られる最小の凸多面体を単位ととることもできる．これを**ウィグナー・ザイツ** (Wigner–Seitz) **胞**という．各原子位置は単位格子の中で指定すれば十分で，平行移動 (1.1) 式 によって，全空間に拡げていくことができる．

単位格子はその中に 2 つ以上の格子点を含んでもかまわない．そのようにして作った 3 次元の格子は，大きく 7 種類の晶系に分けられる．これらを **表1.1** と **図1.1** に示す．各晶系には単純格子 P (格子点が隅にだけある)，底心格子 C (底面と上面の中心にも格子点がある)，面心格子 F (すべての面の中心にも格子点がある)，体心格子 B (体心にも格子点がある) があり全部で 14 種類にな

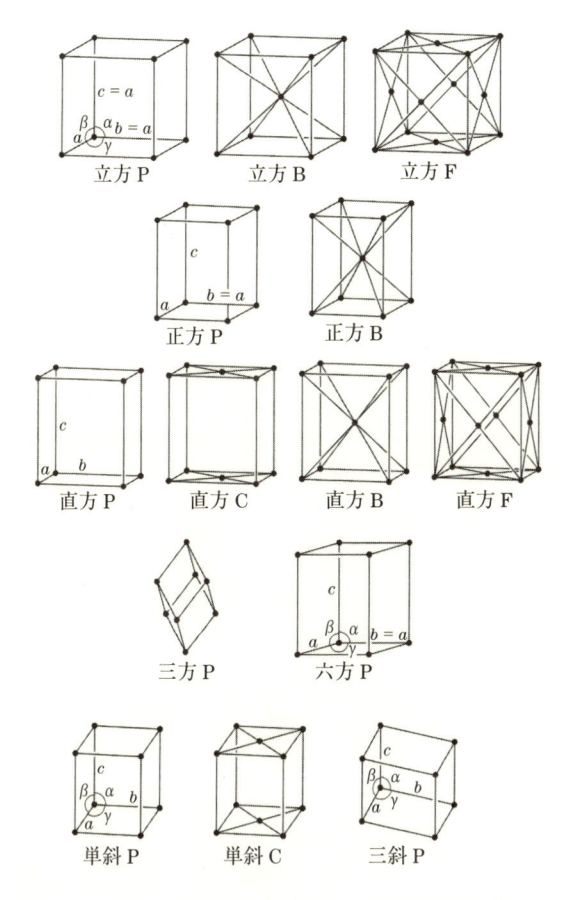

図1.1 ブラベー格子の基本ベクトルの長さと角度.

る．これを**ブラベー** (Bravais) **格子**という．ブラベー格子の単位格子を**単位胞** (unit cell) という．

3次元周期格子には，並進対称性の他に，定まった軸の周りの回転対称性も存在する．例えば単純立方格子の格子点上に1種類の原子がある結晶では，体心を通り立方体の面の中心を貫く軸の周りの $90°$ ごとの回転対称性，体心と立方体の各稜の中点を通る軸の周りの $180°$ の回転対称性，体心と立方体の各頂点を通る軸の周りの $120°$ 回転対称性などがある．また体心を原点とした空間

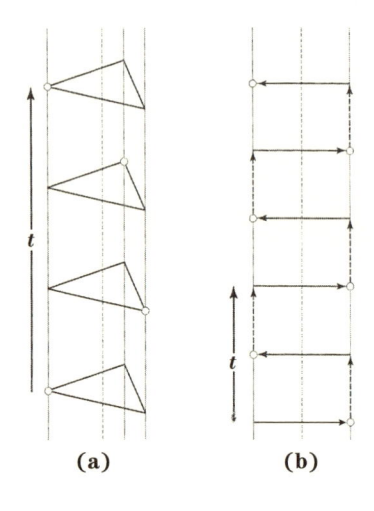

図1.2 (a) らせん．破線に沿って周期 t の 1/3 進めた後この軸の周りに 120° 回転する．(b) 映進．破線に沿って周期 t の半分進め，その後紙面に垂直に破線の上においた面を鏡映面とした操作を行う．

反転 ($r \to -r$)，1つの定まった面に関する鏡映 (例えば $y-z$ 面に関する鏡映 $x \to -x, y \to y, z \to z$) も存在する．

　回転対称性は，結晶格子の並進対称性と両立するものでなければならない．この条件により，一般に結晶で許される回転対称性は回転角が $2\pi/n$ ($n = 1, 2, 3, 4, 6$) のものに限られている．この回転対称性を n 回回転対称性，回転軸を n 回軸という．結晶の周期性と矛盾しない回転操作だけで作られる群を**結晶点群**という．結晶点群は 3 次元の場合には 32 種に限られる．

　格子の中に原子をおくと，その原子の配置の仕方により，対称性が種々の制限を受ける．結晶で許される対称操作としては，並進操作と回転操作が独立の操作である場合だけでなく，基本並進ベクトルより短いベクトルで表される並進操作と回転操作とを組み合わせた「らせん」や「映進」と呼ばれる対称操作も存在する．例えば，基本並進ベクトルの 1/3 だけ進んで，そのベクトルと平行な回転軸の周りに 120° 回転する操作がらせんであり，回転の代わりに鏡映を行うのが映進である (**図1.2**)．

　結晶を不変に保つ並進操作と回転操作およびそれらの組み合わせの集合が作る群を**空間群** (space group) という．空間群の種類は全部で 230 種ある．そのうち対称操作が回転操作と基本並進操作のみからなるもの (共型空間群) が 73

種で,残りの 157 種がらせんや映進を含むもの (非共型空間群) である.対称性としてはこれら空間に関するものの他,時間反転対称性も重要である.

物質の原子配列およびそれの基底状態との関連について一言付け加えておこう.並進対称性がない構造は,必然的に長距離秩序がなく乱れた構造であると長い間信じられてきた.しかし実際には非周期的な決定論的タイル貼りが存在し,例えば平面を 2 種類の菱形で非周期的におおいつくすことのできるペンローズのタイル貼りがよく知られている.1984 年に発見された「準結晶」と呼ばれる平衡相にある物質群はそのような並進周期性のない秩序構造であり,5 回回転対称性,8 回回転対称性,10 回回転対称性,あるいは正 20 面体対称性 (正 20 面体が持つ対称性で,5 回軸,3 回軸,2 回軸がある) という非結晶的回転対称性を持っている.より正確にいえば,原子密度をフーリエ変換した関数にそのような大域的な非結晶的回転対称性が存在する.

本書では結晶を中心に,分子の集合,液体を含む凝縮系の電子構造を考える.

1.2 結晶の対称性と逆格子, ブリルアン域

電子密度などは,すべて結晶格子の周期性を反映していなくてはならない.一般の物理量 $f(\boldsymbol{r})$ は位置 $\boldsymbol{r}$ の周期関数であって

$$f(\boldsymbol{r}) = f(\boldsymbol{r} - \boldsymbol{t}_n) \tag{1.3}$$

と書かれる.したがって関数 $f(\boldsymbol{r})$ は,格子の周期性を反映してフーリエ級数展開ができる.

$$f(\boldsymbol{r}) = \sum_{\boldsymbol{K}} f_{\boldsymbol{K}} \exp(\mathrm{i}\boldsymbol{K} \cdot \boldsymbol{r}) . \tag{1.4}$$

ここで, $\boldsymbol{K} = (K_x, K_y, K_z)$, $\boldsymbol{a}_j = (a_j^x, a_j^y, a_j^z)$ とベクトル成分で書くと,$\boldsymbol{K} \cdot \boldsymbol{t}_n = \sum_{j=1}^{3} n_j(K_x a_j^x + K_y a_j^y + K_z a_j^z) = 2\pi \times$整数 すなわち $\boldsymbol{K} \cdot \boldsymbol{a}_j = 2\pi \times$整数 でなくてはならない.このように $\boldsymbol{K}$ を定めるためには,$\boldsymbol{t}_n$ と同様に

$$\boldsymbol{K}_m = m_1 \boldsymbol{b}_1 + m_2 \boldsymbol{b}_2 + m_3 \boldsymbol{b}_3 , \ (\boldsymbol{m} = (m_1, m_2, m_3) : m_i = 0, \pm 1, \pm 2 \cdots) \tag{1.5}$$

と 3 つの独立な成分に分解し,$\boldsymbol{b}_i \cdot \boldsymbol{a}_j = 2\pi \delta_{ij}$ を満たすように $\boldsymbol{b}_i$ を次のように定めればよい.

$$\boldsymbol{b}_1 = \frac{2\pi}{\Omega_c}(\boldsymbol{a}_2 \times \boldsymbol{a}_3), \ \boldsymbol{b}_2 = \frac{2\pi}{\Omega_c}(\boldsymbol{a}_3 \times \boldsymbol{a}_1), \ \boldsymbol{b}_3 = \frac{2\pi}{\Omega_c}(\boldsymbol{a}_1 \times \boldsymbol{a}_2), \quad (1.6)$$

$$\Omega_c = \boldsymbol{a}_1 \cdot (\boldsymbol{a}_2 \times \boldsymbol{a}_3). \quad (1.7)$$

Ω_c は基本単位格子の体積である．(1.5) 式によって $\boldsymbol{K}_m$ も格子を作っている．これを**逆格子** (reciprocal lattice) といい，$\boldsymbol{K}_m$ を**逆格子ベクトル** (reciprocal lattice vector)，$\boldsymbol{b}_j$ を**基本逆格子ベクトル**という．

単純立方格子 (simple cubic lattice, sc) を考えよう．基本ベクトルは，格子定数を a として

$$\boldsymbol{a}_1 = a(1,0,0), \quad \boldsymbol{a}_2 = a(0,1,0), \quad \boldsymbol{a}_3 = a(0,0,1)$$

と定める．基本逆格子ベクトルは (1.6) 式により

$$\boldsymbol{b}_1 = \frac{2\pi}{a}(1,0,0), \quad \boldsymbol{b}_2 = \frac{2\pi}{a}(0,1,0), \quad \boldsymbol{b}_3 = \frac{2\pi}{a}(0,0,1)$$

である．**面心立方格子** (face centered cubic lattice, fcc) および**体心立方格子** (body centered cubic lattice, bcc) の基本ベクトルおよび基本逆格子ベクトルは次のようになる．

$$\text{面心立方格子}: \begin{cases} \boldsymbol{a}_1 &= \frac{a}{2}(0,1,1) \\ \boldsymbol{a}_2 &= \frac{a}{2}(1,0,1) \\ \boldsymbol{a}_3 &= \frac{a}{2}(1,1,0) \end{cases}, \quad \begin{cases} \boldsymbol{b}_1 &= \frac{2\pi}{a}(-1,1,1) \\ \boldsymbol{b}_2 &= \frac{2\pi}{a}(1,-1,1) \\ \boldsymbol{b}_3 &= \frac{2\pi}{a}(1,1,-1) \end{cases}.$$

$$\text{体心立方格子}: \begin{cases} \boldsymbol{a}_1 &= \frac{a}{2}(-1,1,1) \\ \boldsymbol{a}_2 &= \frac{a}{2}(1,-1,1) \\ \boldsymbol{a}_3 &= \frac{a}{2}(1,1,-1) \end{cases}, \quad \begin{cases} \boldsymbol{b}_1 &= \frac{2\pi}{a}(0,1,1) \\ \boldsymbol{b}_2 &= \frac{2\pi}{a}(1,0,1) \\ \boldsymbol{b}_3 &= \frac{2\pi}{a}(1,1,0) \end{cases}.$$

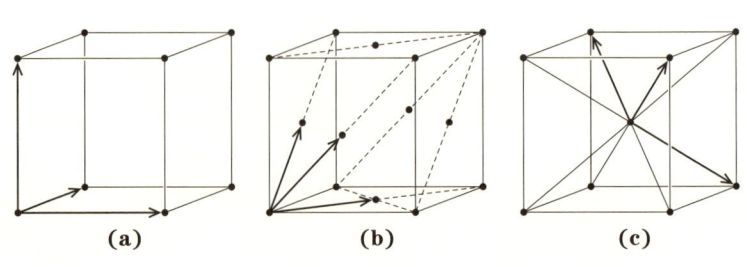

図1.3 単純 (a), 面心 (b), 体心 (c) 立方格子の基本ベクトル．

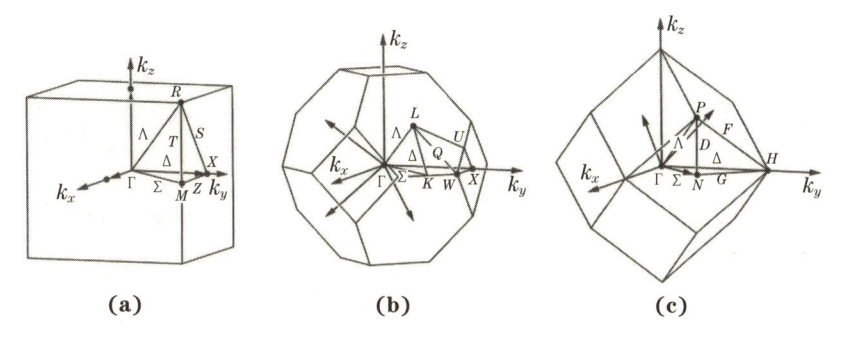

図1.4 単純 (a), 面心 (b), 体心 (c) 立方格子のブリルアン域. 基本逆格子ベクトルは太い矢印で示す. 対称性の高い点および線の名前も示してある.

これらの格子の基本ベクトルを図1.3に示す. 単純立方格子の逆格子は単純立方格子に, 面心 (体心) 立方格子の逆格子は体心 (面心) 立方格子になる.

逆格子上の基本単位格子の体積 Ω'_c は

$$\Omega'_c = \boldsymbol{b}_1 \cdot (\boldsymbol{b}_2 \times \boldsymbol{b}_3) = (2\pi)^3/\Omega_c \tag{1.8}$$

である. $\boldsymbol{b}_1, \boldsymbol{b}_2, \boldsymbol{b}_3$ が作る単位胞は平行6面体であるが, 単位胞をそのようにとる必要はない. 一般には単位胞を, なるべく対称性が高い同一体積の立体にとった方が便利である. そのためには, ウィグナー・ザイツ胞を定義したときと同じように, 原点と逆格子点を結んだ直線の垂直2等分面を作り, それらが原点の周りに作る最小の立体を単位胞ととればよい. この領域を第1ブリルアン域, あるいは単に**ブリルアン域** (Brillouin zone) と呼ぶ. 図1.4に単純立方格子, 面心立方格子, 体心立方格子のブリルアン域を示す. 面心 (体心) 立方格子のブリルアン域は, 体心 (面心) 立方格子のウィグナー・ザイツ胞と同じ形である. ブリルアン域内の対称性の高い点や線には名前が付いている. これも図1.4に示しておこう.

ブリルアン域は多くの場合には同じブラベー格子については共通の形をしているが, 常にそうであるわけではない. 体心正方格子では 格子状数の長さ a, c としたとき, 基本並進ベクトルは $(-a, a, c)/2, (a, -a, c)/2, (a, a, -c)$ である. 対応して基本逆格子ベクトルは $2\pi/ca(0, c, a), 2\pi/ca(c, 0, a), 2\pi/ca(c, c, 0)$ となる. このとき $a < c$ の場合と $a > c$ の場合とではブリルアン域の形が異な

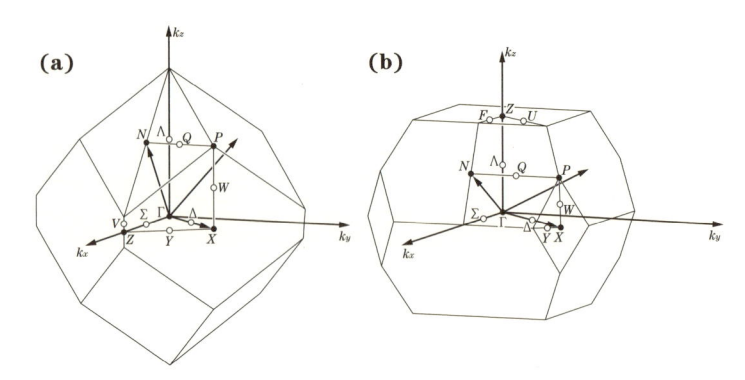

図1.5 体心正方格子のブリルアン域. それぞれ, (a) $a > c$, (b) $a < c$ の場合.

る (図1.5). 原点とその周りの逆格子点を結ぶ線分の垂直2等分面が, 原点の周りに作る最小の凸多面体の形が, それぞれの場合に異なるからである.

1.3 ポテンシャル場内の電子の振る舞い

1.3.1 結晶内のシュレディンガー方程式とブロッホの定理

ポテンシャル場 $V(\boldsymbol{r})$ 内に1個の電子を置いた場合には, 1電子の状態は**シュレディンガー** (Schrödinger) **方程式**

$$\left\{-\frac{\hbar^2}{2m}\Delta + V(\boldsymbol{r})\right\}\psi_\mu(\boldsymbol{r}) = E_\mu \psi_\mu(\boldsymbol{r}) \tag{1.9}$$

で決まる波動関数 $\psi_\mu(\boldsymbol{r})$ によって記述される. m は電子の質量 ($m = 9.1095 \times 10^{-28}$g), $\hbar = h/2\pi$ で h はプランク定数 ($h = 6.63 \times 10^{-27}$erg·sec), E_μ は固有状態 $\psi_\mu(\boldsymbol{r})$ の固有エネルギーである. Δ はラプラシアン

$$\Delta = \frac{\partial^2}{\partial x^2} + \frac{\partial^2}{\partial y^2} + \frac{\partial^2}{\partial z^2}$$

である. 結晶内ではポテンシャル場 $V(\boldsymbol{r})$ は結晶の周期性を持つ.

$$V(\boldsymbol{r}) = V(\boldsymbol{r} - \boldsymbol{t}_n) . \tag{1.10}$$

座標を $\boldsymbol{t}_n$ だけ進める演算子を $T(\boldsymbol{n}): \boldsymbol{n} = (n_1, n_2, n_3)$ と書くことにする.

$$T(\boldsymbol{n})f(\boldsymbol{r}) = f(\boldsymbol{r} - \boldsymbol{t}_n) . \tag{1.11}$$

ハミルトニアン H

$$H = -\frac{\hbar^2}{2m}\Delta + V(\boldsymbol{r}) \tag{1.12}$$

は結晶の周期性を持っているから,

$$T(\boldsymbol{n})H\psi(\boldsymbol{r}) = HT(\boldsymbol{n})\psi(\boldsymbol{r})$$

すなわち

$$T(\boldsymbol{n})H = HT(\boldsymbol{n}) \tag{1.13}$$

のように操進操作 $T(\boldsymbol{n})$ と H は交換する. これを"可換である"という. (1.13) 式からハミルトニアンの固有関数 $\psi_\mu(\boldsymbol{r})$ を $T(\boldsymbol{n})$ の固有関数になるように選ぶことができる.

$T(n_1=1, n_2=n_3=0) \equiv T(1,0,0)$ に対する $\psi_\mu(\boldsymbol{r})$ の固有値を λ_μ^1 とすると, $T(1,0,0)\psi_\mu(\boldsymbol{r}) = \lambda_\mu^1 \psi_\mu(\boldsymbol{r})$ から

$$\psi_\mu(\boldsymbol{r} - n_1\boldsymbol{a}_1) = T(n_1,0,0)\psi_\mu(\boldsymbol{r}) = \{T(1,0,0)\}^{n_1}\psi_\mu(\boldsymbol{r}) = (\lambda_\mu^1)^{n_1}\psi_\mu(\boldsymbol{r})$$

である. 我々は多くの場合に固体のバルクな性質にのみ興味がある. その場合には十分大きな系, 例えば3つの $\boldsymbol{a}_i$ 方向にそれぞれの N_i 倍した長いベクトルを1辺とする平行6面体の表面に対して次の周期境界条件,

$$\psi_\mu(\boldsymbol{r}) = \psi_\mu(\boldsymbol{r} - N_j\boldsymbol{a}_j), \quad (j = 1, 2, 3) \tag{1.14}$$

をおく. これを上式に対して考えれば, 固有値 λ_μ^j は $(\lambda_\mu^j)^{N_j} = 1$ すなわち $\lambda_\mu^j = \exp(\mathrm{i}k_j 2\pi)$, $(k_j = \frac{l_j}{N_j} : l_j = 0, 1, 2, \cdots, N_j - 1)$ である. 一般に,

$$\psi_\mu(\boldsymbol{r} - \boldsymbol{t}_n) = \exp(\mathrm{i}\boldsymbol{k} \cdot \boldsymbol{t}_n)\psi_\mu(\boldsymbol{r}) \tag{1.15}$$

$$\boldsymbol{k} = k_1\boldsymbol{b}_1 + k_2\boldsymbol{b}_2 + k_3\boldsymbol{b}_3 \quad (k_j = \frac{l_j}{N_j} : l_j = 0, 1, \cdots, N_j - 1) \tag{1.16}$$

である. 結晶中の波動関数が (1.15) 式のように表されるということを**ブロッホ (Bloch) の定理**といい, (1.15) 式を満たす関数をブロッホ関数という. $\boldsymbol{k}$ は

(1.16) 式のように，逆格子空間内の平行6面体内の離散的な点をとる．$\bm{k}$ 点を適当に組み換えて，ブリルアン域内の点に取り換えてもよい．これらの議論から明らかなように，固有関数 $\psi_\mu(\bm{r})$ を指定する量子数 μ の一部分は，この波数 $\bm{k} = (k_x, k_y, k_z)$ である．

$\hbar\bm{k}$ は運動量の次元を持っている．無限小の並進操作に対してハミルトニアンが不変の場合，すなわち $V(\bm{r}) = $ 一定 である場合には，運動量は良い量子数となり，固有状態は運動量で指定される．結晶では任意の並進操作に対しては一般にハミルトニアンは変化するが，基本ベクトルの線形結合で表される並進移動に対しては不変である．そのため (1.16) 式を満足するとびとびの波数により状態が指定される．それに伴う $\hbar\bm{k}$ を単に「運動量」，あるいは「結晶運動量」という．N_j は十分大きい整数をとっておけばよいので，$\bm{k}$ はほとんど連続なものとして扱うことができる．したがって波数 $\bm{k}$ についての和はまた積分に置き換えて

$$\frac{1}{N}\sum_{\bm{k}} \to \frac{(\Omega/N)}{8\pi^3}\iiint \mathrm{d}\bm{k} = \frac{\Omega_c}{8\pi^3}\iiint \mathrm{d}\bm{k}, \quad N = N_1 N_2 N_3 \tag{1.17}$$

とすることができる．N は周期境界条件を課した1つの平行6面体（体積 Ω）中に含まれる基本単位格子（体積 $\Omega_c = \Omega/N$）の数である．$\bm{k}$ についての和または積分はブリルアン域（体積 $8\pi^3/\Omega_c$）について行う．

1.3.2　1電子エネルギー・バンド

波動関数の平面波による展開

固有状態が $\bm{k}$ で決まるのであるから，固有エネルギーも $\bm{k}$ の関数として書くことができる．これを1電子エネルギー・バンドあるいは単にエネルギー・バンドという．ポテンシャル $V(\bm{r}) = 0$ の場合は簡単である．

$$-\frac{\hbar^2}{2m}\Delta\psi_{\bm{k}\mu}(\bm{r}) = E_\mu(\bm{k})\psi_{\bm{k}\mu}(\bm{r}). \tag{1.18}$$

$\bm{k}$ 以外の量子数を μ と書いた．これを解けば

$$\psi_{\bm{k}\mu}(\bm{r}) = \frac{1}{\sqrt{\Omega}}\exp\{\mathrm{i}(\bm{k}+\bm{K}_n)\cdot\bm{r}\}, \tag{1.19}$$

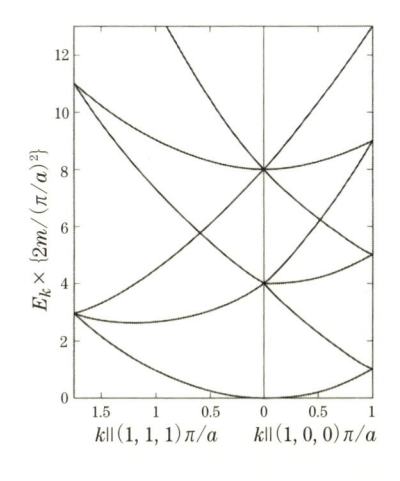

図1.6 単純立方格子の空格子エネルギー・バンド．各バンド・エネルギーは $E(\bm{k}) = \hbar^2/(2m)(\bm{k}+\bm{K}_n)^2$ である．エネルギーが高くなるにしたがっていろいろな $\bm{K}_n$ が K_n^2 について同じ値をとるため，バンド構造は複雑になる．またブリルアン域内の対称性の高い点 $\bm{k} = 0$ や端では縮退する．

$$E_\mu(\bm{k}) = \frac{\hbar^2}{2m}(\bm{k} + \bm{K}_n)^2 \tag{1.20}$$

と求められる．この波動関数は体積 $\Omega = N\Omega_\mathrm{c}$ の中で規格化してある．結晶の周期性のため逆格子ベクトル $\bm{K}_n$ が現れ，この場合量子数 μ は $\bm{K}_n$ を表す．波数 $\bm{k}$ を結晶の周期性に対応してブリルアン域内に限ったため，このような逆格子ベクトルが現れているといってよい．しかし $\bm{k}$ を (第1) ブリルアン域の外にまで拡張するなら $\bm{K}_n$ は必要なくなる．言い換えれば，自由電子のエネルギー・バンドをブリルアン域の端で折り返しているため，ゼロでない逆格子 $\bm{K}_n$ が現れている．ここで行ったポテンシャル $V(\bm{r}) = 0$ の場合のバンドを**空格子** (empty lattice) **エネルギー・バンド**という (**図1.6**)．

周期ポテンシャル $V(\bm{r})$ がゼロでなければ，そのポテンシャルにより (1.20) 式の波動関数が混ざり合う．その場合も，良い量子数である $\bm{k}$ は保存されなくてはならない．したがって正しい固有状態は

$$\psi_{\bm{k}\mu}(\bm{r}) = \sum_{\bm{K}_n} c_{\bm{K}_n}^{\bm{k}\mu} \exp\{\mathrm{i}(\bm{k}+\bm{K}_n)\cdot\bm{r}\} \tag{1.21}$$

と書くことができる．シュレディンガー方程式は

$$H\psi_{\bm{k}\mu}(\bm{r}) = E_\mu(\bm{k})\psi_{\bm{k}\mu}(\bm{r}) \tag{1.22}$$

である.

$$\int_\Omega e^{i(\boldsymbol{K}_n-\boldsymbol{K}_m)\cdot\boldsymbol{r}}d\boldsymbol{r}=\delta_{\boldsymbol{K}_n,\boldsymbol{K}_m}\Omega$$

に注意しながら,(1.22) 式に左から $\exp\{-i(\boldsymbol{k}+\boldsymbol{K}_m)\cdot\boldsymbol{r}\}$ をかけて積分すると,係数 $c_{\boldsymbol{K}_n}^{\boldsymbol{k}\mu}$ に関する連立方程式

$$\left\{\frac{\hbar^2}{2m}(\boldsymbol{k}+\boldsymbol{K}_m)^2-E_\mu(\boldsymbol{k})\right\}c_{\boldsymbol{K}_m}^{\boldsymbol{k}\mu}+\sum_{\boldsymbol{K}_n}\langle\boldsymbol{k}+\boldsymbol{K}_m|V|\boldsymbol{k}+\boldsymbol{K}_n\rangle c_{\boldsymbol{K}_n}^{\boldsymbol{k}\mu}=0 \quad (1.23)$$

が得られる.ここで行列要素は

$$\langle\boldsymbol{k}+\boldsymbol{K}_m|V|\boldsymbol{k}+\boldsymbol{K}_n\rangle=\frac{1}{\Omega}\int_\Omega d\boldsymbol{r} e^{-i(\boldsymbol{k}+\boldsymbol{K}_m)\cdot\boldsymbol{r}}V(\boldsymbol{r})e^{i(\boldsymbol{k}+\boldsymbol{K}_n)\cdot\boldsymbol{r}}$$

$$=\frac{1}{\Omega}\int_\Omega d\boldsymbol{r} e^{i(\boldsymbol{K}_n-\boldsymbol{K}_m)\cdot\boldsymbol{r}}V(\boldsymbol{r})$$

であり,$\boldsymbol{k}$ に依存しない $V(\boldsymbol{r})$ のフーリエ展開係数である.(1.23) 式を摂動論の立場から見れば,$\boldsymbol{k}+\boldsymbol{K}_n$ と $\boldsymbol{k}+\boldsymbol{K}_m$ の成分が強く混ざるのは,空格子バンド・エネルギーがほとんど縮退する

$$|\boldsymbol{k}+\boldsymbol{K}_n|\simeq|\boldsymbol{k}+\boldsymbol{K}_m| \quad (1.24)$$

の場合,例えば

$$\boldsymbol{K}_m=0,\ \boldsymbol{K}_n=-\boldsymbol{K}_0,\ \boldsymbol{k}=\boldsymbol{K}_0/2,$$

すなわち $\boldsymbol{k}$ がブリルアン域の端に位置する場合である.このようなときに異なる逆格子ベクトル $\boldsymbol{K}_n$ と $\boldsymbol{K}_m$ の状態が強く混ざり,バンド・エネルギーの分裂が生じる.バンド・エネルギーの分離で開いたエネルギー領域には状態が存在しない.この領域をバンド・ギャップ(禁止帯)という(**図1.7**).

バンド・ギャップの存在が,金属,半導体,絶縁体の区別を生んでいる.電子を**パウリ** (Pauli) **の規則**にしたがってエネルギー・バンドに詰めていったとき,バンドの途中で終わる場合,すなわち占有バンドと非占有バンドがエネルギー的に接している場合が金属である.基底状態では通常は電流は流れていないが,外部電場などにより簡単に電子の運動量分布を変化させ,無限小のエネルギーで電流を流すことができる.一方,占有バンド(充満帯または価電子帯)

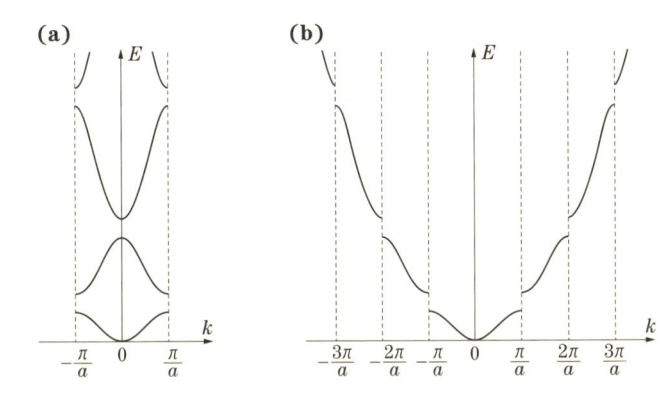

図1.7 結晶ポテンシャルがある場合のエネルギー・バンド．ブリルアン域端でギャップが開く．(a) ブリルアン域の端でバンドを折り返した場合，(b) 折り返さない場合．

と非占有バンド（伝導帯）の間にバンド・ギャップ（禁止帯）がある場合が絶縁体である．このときには電子を励起するためには有限のエネルギーが必要となる．ギャップの大きさが 1 eV 程度の狭い場合には半導体という．半導体では不純物を添加するなどにより，電流の担い手である電子あるいは正孔(ホール)の濃度を制御することができる．これは，伝導帯のすぐ下または充満帯のすぐ上のエネルギーに不純物による準位（不純物準位）ができ，そこから電子または正孔を熱的な励起によって供給できるからである．

波動関数の孤立原子の波動関数による展開

例えばポテンシャルが深い場合など，孤立原子の波動関数から出発した方が考えやすいときもある．このときには，全系の正しい固有状態として

$$\psi_{\bm{k}\nu}(\bm{r}) = \sum_{a\mu} c_{a\mu}^{\bm{k}\nu} \sum_{tn} \exp\{-i\bm{k}\cdot\bm{R}_{na}\}\phi_{a\mu}(\bm{r}-\bm{R}_{na}) \tag{1.25}$$

と書いて，係数 $c_{a\mu}^{\bm{k}\nu}$ を決めればよい．$\phi_{a\mu}(\bm{r})$ は単位胞内の a 原子（単位胞内の位置 $\bm{R}_a$，$\bm{R}_{na} = \bm{R}_a + \bm{t}_n$）の μ 軌道 (1s, 2s, 2p$_x$, 2p$_y$, 2p$_z$ など) の波動関数で $\bm{t}_n$ の和は単位胞についての和を示す．$\bm{k}\nu$ は固有状態を指定する量子数で，波数 $\bm{k}$ の異なる状態は混ざらない．シュレディンガー方程式

14 第1章 結晶の対称性と電子の状態

$$H\psi_{\bm{k}\nu}(\bm{r}) = E_\nu(\bm{k})\psi_{\bm{k}\nu}(\bm{r}) \tag{1.26}$$

に，左から $\exp\{+\mathrm{i}\bm{k}\cdot\bm{R}_{na}\}\phi^*_{a\mu}(\bm{r}-\bm{R}_{na})$ をかけて積分すると

$$\sum_{a'\mu'} c^{\bm{k}\nu}_{a'\mu'} \sum_{\bm{t}_{n'}} \mathrm{e}^{\mathrm{i}\bm{k}\cdot(\bm{R}_{na}-\bm{R}_{n'a'})} \{\langle\phi^n_{a\mu}|H|\phi^{n'}_{a'\mu'}\rangle - E_\nu(\bm{k})\langle\phi^n_{a\mu}|\phi^{n'}_{a'\mu'}\rangle\} = 0 \tag{1.27}$$

となる．ここで各行列要素は

$$\langle\phi^n_{a\mu}|H|\phi^{n'}_{a'\mu'}\rangle = \int \mathrm{d}\bm{r}\,\phi^*_{a\mu}(\bm{r}-\bm{R}_{na}) H \phi_{a'\mu'}(\bm{r}-\bm{R}_{n'a'}) \equiv H(\bm{n}a\mu:\bm{n}'a'\mu')$$

$$\langle\phi^n_{a\mu}|\phi^{n'}_{a'\mu'}\rangle = \int \mathrm{d}\bm{r}\,\phi^*_{a\mu}(\bm{r}-\bm{R}_{na}) \phi_{a'\mu'}(\bm{r}-\bm{R}_{n'a'}) \equiv S(\bm{n}a\mu:\bm{n}'a'\mu')$$

となる．$S(\bm{n}a\mu:\bm{n}'a'\mu')$ を重なり積分という．

議論をもう少し進めるために，単位胞には原子が1つしかなく ($\bm{R}_a=0$)，また各原子に軌道も1つしかないとしよう．すると，(1.27)式は

$$\sum_{\bm{t}_{n'}} \mathrm{e}^{\mathrm{i}\bm{k}\cdot(\bm{t}_n-\bm{t}_{n'})}\{H(\bm{n}:\bm{n}') - E(\bm{k})S(\bm{n}:\bm{n}')\} = 0 \tag{1.28}$$

となる．さらにハミルトニアンの行列要素は

$$\begin{cases} H(\bm{n}:\bm{n}) &= \varepsilon_0 \\ H(\bm{n}:\bm{n}') &= t \quad (\bm{t}_n-\bm{t}_{n'}=\Delta \text{ 最近接原子間}) \\ H(\bm{n}:\bm{n}') &= 0 \quad (\bm{t}_n-\bm{t}_{n'}\neq\Delta) \end{cases}$$

であり，重なり積分は

$$S(\bm{n}:\bm{n}') = \begin{cases} 1 & :\bm{n}=\bm{n}' \\ 0 & :\bm{n}\neq\bm{n}' \end{cases}$$

とする．ここで Δ は最近接原子の位置を示すベクトルである．エネルギー・バンドは

$$E(\bm{k}) = \varepsilon_0 + t\sum_{\Delta} \mathrm{e}^{\mathrm{i}\bm{k}\cdot\Delta} \tag{1.29}$$

となる．単純立方格子を例にとると

$$\Delta = a(\pm 1,0,0),\ a(0,\pm 1,0),\ a(0,0,\pm 1)$$

の6つであるから

$$E(\bm{k}) = \varepsilon_0 + 2t(\cos ak_x + \cos ak_y + \cos ak_z) \tag{1.30}$$

となる．ε_0 は，孤立した原子の状態のエネルギーにさらに環境の効果（結晶場効果）が加わって決まる．上のような1原子1軌道のモデルでは，軌道は s 対称性のものだと考えれば，$t<0$ である．$k_x = k_y = k_z = 0$ のとき，すなわち波動関数には節がなく全系に拡がっている場合には，エネルギー $E(\bm{k})$ は最も低くなる．$\bm{k}$ 点をブリルアン域の端，例えば $k_x = \pi/a, k_y = k_z = 0$ に向かって動かしていくと，エネルギーは上昇していく．$\bm{k} = (\pi/a, 0, 0)$ での波動関数は，ちょうど x 方向の近接原子に向かって節があり，隣の原子で符号が変わる．これらの2つの状態は，電子が全系に滑らかに拡がって運動エネルギーが下がる状態と，また波動関数が激しく振動して拡がるために運動エネルギーが上昇する状態であり，その中間のエネルギーに様々な運動エネルギーの状態が分布する．

以上のように原子軌道を考えて電子が各原子に強く束縛されている描像から出発する近似を強結合近似または**タイトバインディング** (tight-binding) **近似**という．出発の波動関数を，(1.21) 式のようにとるか，(1.25) 式のようにとるかは本質的な違いではないが，共有結合結晶 (Si, GaAs など) やイオン結晶 (NaCl など) のように原子軌道の性格が強く残っている物質ではタイトバインディング近似は自然な方法である．

1.4　エネルギー固有値および波動関数の対称性：群論の量子力学への応用

1.4.1　対称操作と群および群の表現

結晶点群や空間群は，シェーンフリース (Schönflies) 記号および国際記号という2種類の命名法によって名前が付けられる．ここでは記号の付け方と意味に関して詳しい説明はしないが，例えばダイヤモンド構造はシェーンフリース記号では O_h^7（点群が O_h，7 はその中で 7 番目の空間群という意味），国際記号では $F\frac{4_1}{d}\bar{3}\frac{2}{m}$ あるいは省略して Fd3m と書く．F は面心のブラベー格子，$\frac{4_1}{d}$ は周期に対する 1/4 らせんおよびその方向，$\bar{3}$ は 3 回回反軸（回転後に反転），

$\frac{2}{m}$ は 2 回軸とそれに垂直な鏡映面を表す.すべての対称操作などが一覧表になった本[*1],も出版されているので必要に応じて簡単に調べられる.Bradley and Cracknell の文献にはすべての結晶空間群および各 k 点での群(k 群)の既約表現 (本項 d, e 参照) の表も与えられていて大変便利である.また固体物理一般に関する群論の基礎と応用についての優れた邦文教科書もある[*2].ここでは,系の対称性がバンド構造や波動関数にどのように現れるかだけを調べておこう.

結晶空間群の対称操作は並進 b と回転 α の同時の操作である.一般的に

$$\{\alpha|b\} \tag{1.31}$$

と書こう.この記号を使うなら並進操作は (1.3 節では $T(n)$ と書いた)

$$\{\varepsilon|t_n\}, \quad \{\varepsilon|t_n\}r = r + t_n \tag{1.32}$$

である.ε は回転についての恒等操作を表す.また回転 α に対応する 3 行 3 列の直交行列を同じ α で表すと,回転操作は

$$\{\alpha|0\}r = \alpha r \tag{1.33}$$

となる.したがって,一般の操作 $\{\alpha|b\}$ を r に作用させると

$$\{\alpha|b\}r = \alpha r + b \tag{1.34}$$

である.また,この操作の逆演算は $\{\alpha|b\}^{-1}\{\alpha|b\} = 1$ であることに注意すれば

$$\{\alpha|b\}^{-1} = \{\alpha^{-1}|-\alpha^{-1}b\} \tag{1.35}$$

となる.

結晶群 $\mathcal{G}$ の操作 (元) を $E, A, B, \cdots$ などと書こう.群元素の数を位数 (ここでは g と書こう) という.E は具体的には何もしない操作 (恒等操作という),単位元である.

[*1] C. T. Bradley and A. P. Cracknell, *The Mathematical Theory of Symmetry in Solids*, Oxford Univ. Press (1972).
[*2] 犬井鉄郎,田辺行人,小野寺嘉孝,応用群論,裳華房 (1980).

1.4 エネルギー固有値および波動関数の対称性：群論の量子力学への応用

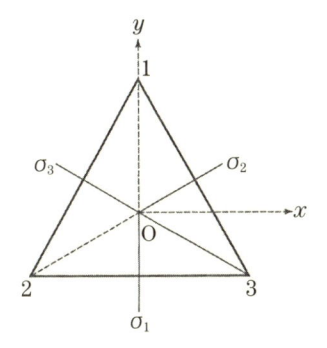

図1.8 群 C_{3v}. C_3 回転軸は 3 角形の重心を通り紙面に垂直な軸, 180° 回転軸は重心と頂点を通る軸.

$$\mathcal{G} = \{E = G_1, G_2, \cdots, G_g\}. \tag{1.36}$$

群の定義から, 群元 G には必ず逆元 G^{-1} が存在する ($GG^{-1} = G^{-1}G = E$). 群 $\mathcal{G}$ の元 A を同じ群の 1 つの元 G で変形した GAG^{-1} を A に共役な元という. A と B が共役で B と C が共役ならば, A と C は共役である. なぜなら

$$B = GAG^{-1}, \quad C = G'B(G')^{-1} \Rightarrow C = (G'G)A(G'G)^{-1} \tag{1.37}$$

だからである. 互いに共役な元のなす集合を類という. 単位元はそれ自身で群を構成する. 群の簡単な例を見てみよう.

正 3 角形を正 3 角形に重ねる対称操作の作る群を C_{3v} という (**図1.8**). この群の対称操作は具体的には, 恒等操作 E, 3 角形の面に垂直で重心を通る軸の周りでの 120° および 240° 回転 C_3, C_3^2, 3 角形の重心と 1 つの頂点を通る軸 (3 つある) の周りの 180° 回転 $\sigma_1, \sigma_2, \sigma_3$ の 6 つある. したがって位数 6 である. 基底を 2 次元ベクトル

$$\begin{pmatrix} x \\ y \end{pmatrix} \tag{1.38}$$

として対称操作を行列で表すと以下のようになる.

$$E = \begin{pmatrix} 1 & 0 \\ 0 & 1 \end{pmatrix}, \quad C_3 = \begin{pmatrix} -\frac{1}{2} & -\frac{\sqrt{3}}{2} \\ \frac{\sqrt{3}}{2} & -\frac{1}{2} \end{pmatrix}, \quad C_3^2 = \begin{pmatrix} -\frac{1}{2} & \frac{\sqrt{3}}{2} \\ -\frac{\sqrt{3}}{2} & -\frac{1}{2} \end{pmatrix},$$

18　第1章　結晶の対称性と電子の状態

$$\sigma_1 = \begin{pmatrix} -1 & 0 \\ 0 & 1 \end{pmatrix}, \quad \sigma_2 = \begin{pmatrix} \frac{1}{2} & \frac{\sqrt{3}}{2} \\ \frac{\sqrt{3}}{2} & -\frac{1}{2} \end{pmatrix}, \quad \sigma_3 = \begin{pmatrix} \frac{1}{2} & -\frac{\sqrt{3}}{2} \\ -\frac{\sqrt{3}}{2} & -\frac{1}{2} \end{pmatrix}. \tag{1.39}$$

この群元素の演算を試してみると，C_{3v} の類は以下の { } でまとめた3つ

$$\{E\}, \{C_3, C_3^2\}, \{\sigma_1, \sigma_2, \sigma_3\}$$

であることもわかる．

群の各元 G_i について対応する $d \times d$ 行列 $D(G_i)$ が与えられていて，群元の関係

$$G_i G_j = G_k \tag{1.40}$$

に対応して行列の関係

$$D(G_i)D(G_j) = D(G_k) \tag{1.41}$$

が成り立つとき $D(E), D(A), D(B), \cdots$ を群の「（行列による d 次元）表現」という．例えば (1.39) 式は2次元行列表現である．一般に群のすべての元に1を対応させることもできる（$D(G) = 1$）．このような表現を恒等表現という．すべての群に恒等表現は存在する．

1.4.2　対称操作による波動関数の変換

波動関数 $\psi(\boldsymbol{r})$ に対する演算規則の一部はすでに (1.11) 式で与えている．座標 $\boldsymbol{r}$ を $\boldsymbol{r}' = \{\alpha|\boldsymbol{b}\}\boldsymbol{r}$ へ進めたとき，そこでの波動関数が元の $\boldsymbol{r}$ での波動関数 $\psi(\boldsymbol{r})$ に等しく

$$\psi'(\{\alpha|\boldsymbol{b}\}\boldsymbol{r}) = \psi(\boldsymbol{r}) \tag{1.42}$$

となるように定められた波動関数を $\psi' = \{\alpha|\boldsymbol{b}\}\psi$ と書き，その $\boldsymbol{r}$ での値を

$$\psi'(\boldsymbol{r}) = [\{\alpha|\boldsymbol{b}\}\psi](\boldsymbol{r}) \tag{1.43}$$

と表すことにする．これを元の波動関数 ψ で表すと

$$\psi'(\boldsymbol{r}) = [\{\alpha|\boldsymbol{b}\}\psi](\boldsymbol{r}) = \{\alpha|\boldsymbol{b}\}\psi(\boldsymbol{r})$$

1.4 エネルギー固有値および波動関数の対称性：群論の量子力学への応用

$$= \psi(\{\alpha|\boldsymbol{b}\}^{-1}\boldsymbol{r}) = \psi(\alpha^{-1}\boldsymbol{r} - \alpha^{-1}\boldsymbol{b}) \tag{1.44}$$

である．$\{\alpha|\boldsymbol{b}\}$ を純粋な並進操作 $\{\varepsilon|\boldsymbol{t}\}$ としたものが (1.11) 式である．

原子軌道 ϕ_μ も回転操作 $\{\alpha|\boldsymbol{0}\}$ により変換される．原点にある原子に帰属する s, p_x, p_y, p_z 型原子軌道波動関数を次のように書こう ($r = |\boldsymbol{r}|$)．

$$\phi_\mathrm{s} = g(r), \quad \phi_{\mathrm{p}_x} = \frac{x}{r}f(r), \quad \phi_{\mathrm{p}_y} = \frac{x}{r}f(r), \quad \phi_{\mathrm{p}_z} = \frac{x}{r}f(r). \tag{1.45}$$

回転操作 α を行列 α で表し，3次元座標変換を

$$\begin{pmatrix} x' \\ y' \\ z' \end{pmatrix} = \alpha \begin{pmatrix} x \\ y \\ z \end{pmatrix} \tag{1.46}$$

と書くならば，(1.44) 式より波動関数の変換は

$$\alpha\phi_\mathrm{s} = \phi_\mathrm{s}, \tag{1.47}$$

$$(\alpha\phi_{\mathrm{p}_x}, \alpha\phi_{\mathrm{p}_y}, \alpha\phi_{\mathrm{p}_z}) = (\phi_{\mathrm{p}_x}, \phi_{\mathrm{p}_y}, \phi_{\mathrm{p}_z})\alpha \tag{1.48}$$

となる．(1.48) 式の右辺での α は (1.46) 式と同じ 3×3 行列である．

具体的に考えてみよう．α が z 軸を回転軸として時計と反対回りに $\pi/2$ だけ回す回転であるとすると以下のとおりである．

$$\alpha = \begin{pmatrix} 0 & -1 & 0 \\ 1 & 0 & 0 \\ 0 & 0 & 1 \end{pmatrix}, \quad \alpha^{-1}\begin{pmatrix} x \\ y \\ z \end{pmatrix} = \begin{pmatrix} y \\ -x \\ z \end{pmatrix}, \tag{1.49}$$

$$\alpha\phi_\mathrm{s}(\boldsymbol{r}) = \phi_\mathrm{s}(\boldsymbol{r}), \quad \alpha\phi_{\mathrm{p}_x}(\boldsymbol{r}) = \phi_{\mathrm{p}_x}(\alpha^{-1}\boldsymbol{r}) = \phi_{\mathrm{p}_y}(\boldsymbol{r}),$$

$$\alpha\phi_{\mathrm{p}_y}(\boldsymbol{r}) = -\phi_{\mathrm{p}_x}(\boldsymbol{r}), \quad \alpha\phi_{\mathrm{p}_z}(\boldsymbol{r}) = \phi_{\mathrm{p}_z}(\boldsymbol{r}). \tag{1.50}$$

1.4.3 既約表現と固有状態

群表現と基底

完全系をなす規格直交化された波動関数の組を $\{\psi_\nu\}$ とし，結晶の対称操作 R に対する行列要素を

$$D_{\mu\nu}(R) = \langle \psi_\mu, R\psi_\nu \rangle \tag{1.51}$$

と書こう．このとき

$$R\psi_\nu = \sum_\mu \psi_\mu D_{\mu\nu}(R) \tag{1.52}$$

であるから，この行列要素は対称操作 R による波動関数の変換規則を与える．さらに行列 $D_{\mu\nu}(R)$ はひとつの表現になっている．

$$SR\psi_\nu = \sum_\mu S\psi_\mu D_{\mu\nu}(R) = \sum_\mu \sum_\lambda \psi_\lambda D_{\lambda\mu}(S) D_{\mu\nu}(R)$$

から，確かに表現としての性質

$$D_{\lambda\nu}(SR) = \sum_\mu D_{\lambda\mu}(S) D_{\mu\nu}(R) \tag{1.53}$$

が成り立っている．ある ψ_ν を出発点として (1.52) 式で現れる組 $\{\psi_\mu\}$ を表現 D の基底という．2 次元行列表現 (1.39) 式の基底は 2 次元ベクトル (1.38) である．

群 $\mathcal{G}$ の 2 つの表現 D, D' が，すべての元素 G_i について正則行列 T によって

$$D'(G_i) = T^{-1} D(G_i) T \tag{1.54}$$

と結ばれているとき，D と D' は同値であるという．同値でない表現を異値であるという．また T による変換を同値変換という．同値変換 (1.54) 式は次のような基底の変換に対応する．

$$\psi'_\nu = \sum_\mu \psi_\mu T_{\mu\nu}, \quad \psi_\nu = \sum_\mu \psi'_\mu (T^{-1})_{\mu\nu}. \tag{1.55}$$

群表現 D がすべての群元素 G_i に対して，

$$D(G_i) = \begin{pmatrix} D^{(1)}(G_i) & 0 \\ 0 & D^{(2)}(G_i) \end{pmatrix} \tag{1.56}$$

のように同じ形のブロック対角形に変換可能であるとき，この表現を「可約である」，あるいは「**可約表現**」(reducible representation) という．表現行列

1.4 エネルギー固有値および波動関数の対称性：群論の量子力学への応用

をブロック対角形にする操作を簡約という．上のようなブロック対角化が不可能であるとき，その表現を「**既約表現**」(irreducible representation) という．表現 D が可約であり適当な同値変換により既約な複数の表現行列にブロック対角化されるとは，表現 D の基底関数の集合が「既約表現の基底」の組に分かれることを意味している．既約表現の基底波動関数にその群に属する対称操作をほどこすと，同じ既約表現の基底の組の中で変換されるが，異値な表現の基底が現れることはない．

既約表現の種類と数

波動関数の対称性を知る上でもあるいは行列要素を計算する際どの状態間にゼロでない要素が現れるかを知る上でも，どのような既約表現があるかあらかじめ知っておくと便利である．以下に，既約表現の種類に関する結果のみを記しておこう．

$$既約表現の個数 = 類の個数\ r \tag{1.57}$$

$$群の位数\ g\ と既約表現の次元数\ n_\alpha\ の関係：\quad g = \sum_\alpha n_\alpha^2 \tag{1.58}$$

例えば先に説明した群 C_{3v} は，位数が 6，類の数は 3 であったから，既約表現の数は 3 で，$6 = 1^2 + 1^2 + 2^2$ によりそれらは 1 次元表現 2 つ，2 次元表現 1 つであることがわかる．1 次元表現の 1 つは恒等表現，もう 1 つは

$$D(E) = D(C_3) = D(C_3^2) = 1,\ D(\sigma_1) = D(\sigma_2) = D(\sigma_3) = -1$$

である．既約な 2 次元表現は (1.39) 式である．

既約表現の形は基底が決まって初めて具体的に決めることができる．1 つの既約表現に対して基底の選択は一意的ではなく，任意の同値変換が可能である．基底の選択に依存しない既約表現の性質，例えば既約表現の数と次元数などが重要である．行列の対角和は行列の正規変換によって変わらない．したがって既約表現の対角和は基底の選択に依存せず，同値変換に対して不変である．表現の対角和を**指標** (character) という．

$$\chi(G) = \mathrm{Tr}D(G) = \sum_i D_{ii}(G)\ . \tag{1.59}$$

同じ類に属する群元素の指標は互いに等しい．このことは対角和の定義により簡単に証明することができる．

ブロッホ関数と k 群

ブロッホ関数 $\psi_{\boldsymbol{k}}(\boldsymbol{r})$ が，対称操作に関してどのような変換を受けるか考えてみよう．並進操作については平面波 (1.21) 式または原子軌道の線形結合 (1.25) 式のいずれの場合も

$$\{\varepsilon|\boldsymbol{t}_n\}\psi_{\boldsymbol{k}}(\boldsymbol{r}) = \psi_{\boldsymbol{k}}(\boldsymbol{r} - \boldsymbol{t}_n) = \exp(\mathrm{i}\boldsymbol{k}\cdot\boldsymbol{t}_n)\psi_{\boldsymbol{k}}(\boldsymbol{r}) \tag{1.60}$$

である．すなわち $\psi_{\boldsymbol{k}}(\boldsymbol{r})$ は運動量が $\hbar\boldsymbol{k}$ である状態の波動関数である．次に $\psi_{\boldsymbol{k}}(\boldsymbol{r})$ に結晶の持つ対称操作 $\{\alpha|\boldsymbol{b}\}$ をほどこした関数 $\phi_{\boldsymbol{k}}(\boldsymbol{r}) = \{\alpha|\boldsymbol{b}\}\psi_{\boldsymbol{k}}(\boldsymbol{r})$ を考えてみよう．並進操作をほどこしてみると

$$\begin{aligned}\{\varepsilon|\boldsymbol{t}_n\}\phi_{\boldsymbol{k}}(\boldsymbol{r}) &= \{\varepsilon|\boldsymbol{t}_n\}\{\alpha|\boldsymbol{b}\}\psi_{\boldsymbol{k}}(\boldsymbol{r}) = \{\alpha|\boldsymbol{b}\}\{\varepsilon|\alpha^{-1}\boldsymbol{t}_n\}\psi_{\boldsymbol{k}}(\boldsymbol{r}) \\ &= \{\alpha|\boldsymbol{b}\}\psi_{\boldsymbol{k}}(\boldsymbol{r} - \alpha^{-1}\boldsymbol{t}_n) = \{\alpha|\boldsymbol{b}\}\exp(\mathrm{i}\boldsymbol{k}\cdot\alpha^{-1}\boldsymbol{t}_n)\psi_{\boldsymbol{k}}(\boldsymbol{r}) \\ &= \exp(\mathrm{i}\boldsymbol{k}\cdot\alpha^{-1}\boldsymbol{t}_n)\phi_{\boldsymbol{k}}(\boldsymbol{r}) = \exp(\mathrm{i}\alpha\boldsymbol{k}\cdot\boldsymbol{t}_n)\phi_{\boldsymbol{k}}(\boldsymbol{r}) \end{aligned} \tag{1.61}$$

となる．したがって $\phi_{\boldsymbol{k}} = \{\alpha|\boldsymbol{b}\}\psi_{\boldsymbol{k}}$ は運動量 $\hbar\alpha\boldsymbol{k}$ の波動関数である．

通常は $\boldsymbol{k}$ と $\alpha\boldsymbol{k}$ は等価ではない．しかし点 $\boldsymbol{k}$ および点 $\boldsymbol{k}$ が回転操作 α によって移った点 $\alpha\boldsymbol{k}$ の2点が等価であることがある．

$$\alpha\boldsymbol{k} = \boldsymbol{k} + \boldsymbol{K}_n. \tag{1.62}$$

これらの対称操作の集合 $\{\alpha\}$ は，結晶空間群を構成している回転操作の集合の部分集合であり，$\boldsymbol{k}$ 群 $\mathcal{G}_{\boldsymbol{k}}$ という．ブロッホ関数 $\psi_{\boldsymbol{k}}$ にとっての対称操作の群は $\boldsymbol{k}$ 群である．

結晶内の電子状態の固有関数 $\psi_{\boldsymbol{k}}$ は，同時に $\boldsymbol{k}$ 群の既約表現の基底関数と選ぶことができる．さらに次のことがいえる．

(1) 1電子エネルギー・バンドの波動関数 $\psi_{\boldsymbol{k}}$ は $\boldsymbol{k}$ 群の既約表現の基底となる．各エネルギー・バンドは，$\boldsymbol{k}$ 群の既約表現によって指定される．

(2) 異なる既約表現の基底となる波動関数は混ざらない．

(3) ある既約表現の基底となる固有状態は，その既約表現の次元数と同じ縮重度を持つ．

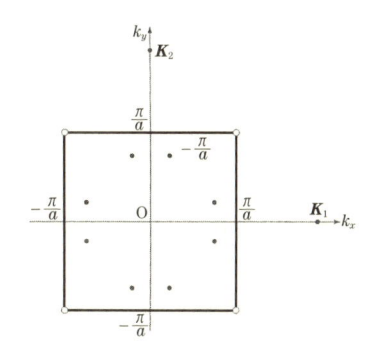

1.4 エネルギー固有値および波動関数の対称性：群論の量子力学への応用 23

図1.9 正方格子（対称性 C_{4v}）のブリルアン域と星．一般点の星を黒丸で示した．2次元ブリルアン域の4つの頂点は等価である．

点 k に結晶点群から決まっているすべての回転操作 $\{\alpha\}$ を作用させて作られる点 αk のうち，k と等価でない点の集合を星 (star) という．式 $\psi_{\alpha k}(r) = \{\alpha|b\}\psi_k(r)$ によって $\psi_k(r)$ の波動関数から同等でない星 αk の波動関数を作ることができる．一方，系のハミルトニアンは $\{\alpha|b\}$ と交換するから，k 点でのエネルギー固有値と αk 点でのエネルギー固有値は同じである．波動関数についても k 点での波動関数が知られれば，αk でのそれらを知ることができる．例えば単純立方格子の系では結晶空間群の対称操作としては，らせんや鏡映操作を含めて 24 または 48 個の回転操作がある．一方，一般の k 点での k 群は恒等操作だけである．一般の k 点は星を 24 個または 48 個持っていることになるから，単純立方格子の系では第 1 ブリルアン域内で全体の 24 分の 1 または 48 分の 1 の領域でだけ計算を行えばエネルギー・スペクトル構造を知るのに十分である．

1.4.4 適合関係とエネルギー・バンド

ブリルアン域内の k 点にも対称性の高い点と低い点など様々な点がある．対称性の高い点あるいは線，面は重要である．対称性の高い点 k_1 からわずかに離れた対称性の低い点 k_2 を考えると，k 群 $\mathcal{G}_{k_2}$ は k 群 $\mathcal{G}_{k_1}$ の部分群となる．したがって群 $\mathcal{G}_{k_1}$ の既約表現は，群 $\mathcal{G}_{k_2}$ に移ると一般に可約でありいくつかの既約表現に簡約される．これを**適合関係** (compatibility relation) という．簡約された既約表現の指標の和は元の表現の指標に等しいから，適合関係は既約表現の指標の表を見ればすぐにわかる．

例として体心立方格子である空間群 O_h^9 を考えてみよう．Γ 点 $(0,0,0)$ の k

表 1.2 体心立方格子:空間群 O_h^9 の Γ 点および H 点の $\boldsymbol{k}$ 群 O_h の既約表現の指標. n 回回転操作を C_n, 空間反転を I と表す. 異なる類に属する 2 種類の 2 回回転を区別して C_2 と C_2' と書く. 操作の前の数字はその類に属する元の数を示す. C_2 は x, y, z 軸周りの 3 つの回転操作, C_2' は立方体の中心と稜の中点を結ぶ軸の周りの 6 つの回転操作からなる類である.

$\mathcal{G}_\Gamma$	$\mathcal{G}_H$	E	$8C_3$	$3C_2$	$6C_4$	$6C_2'$	I	$8IC_3$	$3IC_2$	$6IC_4$	$6IC_2'$
Γ_1	H_1	1	1	1	1	1	1	1	1	1	1
Γ_2	H_2	1	1	1	-1	-1	1	1	1	-1	-1
Γ_{12}	H_{12}	2	-1	2	0	0	2	-1	2	0	0
$\Gamma_{15'}$	$H_{15'}$	3	0	-1	1	-1	3	0	-1	1	-1
$\Gamma_{25'}$	$H_{25'}$	3	0	-1	-1	1	3	0	-1	-1	1
$\Gamma_{1'}$	$H_{1'}$	1	1	1	1	1	-1	-1	-1	-1	-1
$\Gamma_{2'}$	$H_{2'}$	1	1	1	-1	-1	-1	-1	-1	1	1
$\Gamma_{12'}$	$H_{12'}$	2	-1	2	0	0	-2	1	-2	0	0
Γ_{15}	H_{15}	3	0	-1	1	-1	-3	0	1	-1	1
Γ_{25}	H_{25}	3	0	-1	-1	1	-3	0	1	1	-1

群は O_h といい,中心を固定して立方体をそれ自身に重ねる 48 個の回転操作からなる. 類は 10 個, したがって既約表現も 10 個ある. そのうち 5 個の表現は空間反転 I に対して偶の表現, 他の 5 個は奇の表現である. またそれらは 1 次元表現 4 個, 2 次元表現 2 個, 3 次元表現 4 個である.

$$48 = 4 \times 1^2 + 2 \times 2^2 + 4 \times 3^2.$$

H 点 $2\pi/a(0,0,1)$ はブリルアン域の端の点で, Γ 点と同じ高い対称性 O_h を持っている. Δ 線 $\pi/a(0,0,k)$ の $\boldsymbol{k}$ 群は, Δ 線を軸に体心立方格子のブリルアン域をそれ自身に重ねる 8 個の操作からなる C_{4v} という群である. O_h 群の対称操作である座標軸 x, y または z 軸を回転軸とする 2 回回転 $C_2 = \{C_{2x}, C_{2y}, C_{2z}\}$ のうち群 C_{4v} で残る対称操作は C_{2z} だけである. 同じように $IC_{2x}, IC_{2y}, IC_{2z}$ のうち初めの 2 つが C_{4v} の対称操作として残る.

O_h^9 の既約表現の表を**表1.2**, **表1.3**に示す. 第 1 行目に類を, 第 2 行目以下が最初は既約表現の名前, その右は各々の指標である. これから適合関係はすぐにわかり, **表1.4**に示すとおりである. この構造をとる鉄 (常磁性状態) のバンド構造のうち, Γ 点から H 点まで Δ 線に沿った部分を**図1.10**に示す. 各バンドの縮退度は既約表現の次元 (指数 $\chi(E)$) に等しい. 適合関係とバンド

1.4 エネルギー固有値および波動関数の対称性：群論の量子力学への応用   25

表1.3 体心立方格子：空間群 O_h^9 の Δ 線の k 群 C_{4v} の既約表現の指標.

$\mathcal{G}_\Delta$	E	C_{2z}	$2C_{4z}$	$2IC_{2x}$	$2IC_2'$
Δ_1	1	1	1	1	1
Δ_2	1	1	-1	1	-1
$\Delta_{1'}$	1	1	1	-1	-1
$\Delta_{2'}$	1	1	-1	-1	1
Δ_5	2	-2	0	0	0

表1.4 空間群 O_h^9 の Γ 点，Δ 線および H 点の既約表現の適合関係．例えば既約表現 Γ_{12} を群 C_{4v} として見ると Δ_1 と Δ_2 に簡約される．

Γ_1	Γ_2	Γ_{12}	Γ_{15}	Γ_{25}	$\Gamma_{1'}$	$\Gamma_{2'}$	$\Gamma_{12'}$	$\Gamma_{15'}$	$\Gamma_{25'}$
Δ_1	Δ_2	$\Delta_1\,\Delta_2$	$\Delta_1\,\Delta_5$	$\Delta_2\,\Delta_5$	$\Delta_{1'}$	$\Delta_{2'}$	$\Delta_{1'}\,\Delta_{2'}$	$\Delta_{1'}\,\Delta_5$	$\Delta_{2'}\,\Delta_5$
H_1	H_2	H_{12}	H_{15}	H_{25}	$H_{1'}$	$H_{2'}$	$H_{12'}$	$H_{15'}$	$H_{25'}$

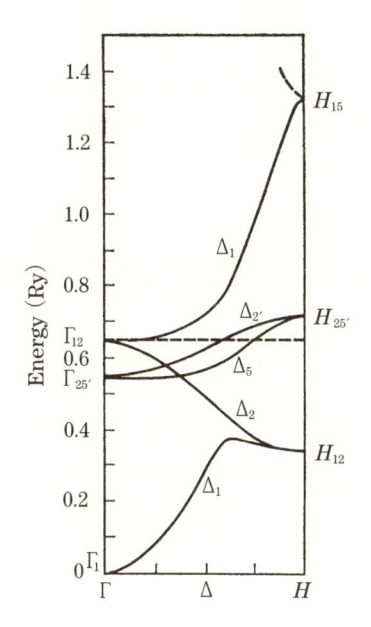

図1.10 常磁性鉄（体心立方格子）の Γ 点から H 点まで Δ 線に沿ったバンド構造．

のつながりに注意せよ．

1.5 多電子波動関数とハートリー・フォック方程式

1.5.1 スレーター行列式とハートリー・フォック近似

これまでは，ポテンシャル場内に 1 個の電子がおかれた場合の 1 電子準位について考えてきた．実際の系では原子でも分子でも固体でも，(水素原子以外は) たくさんの電子の集合である．電子はフェルミ統計にしたがい，相互作用のない場合にもパウリの排他律が働いている．フェルミ統計に従うために，多電子波動関数には特別の形が要請される．

i 電子の空間座標を $\bm{r}_i$，スピン座標を σ_i ($\sigma_i = \pm 1$) とし，両者を合わせて $\xi_i = (\bm{r}_i, \sigma_i)$ と書くことにする．N 個の電子の波動関数を

$$\Psi(\xi_1, \xi_2, \cdots, \xi_N) \tag{1.63}$$

と書き，i 電子の座標 ξ_i と j 電子 ($i < j$) の座標 ξ_j を入れ替える演算子を P_{ij} としよう．

$$P_{ij}\Psi(\xi_1 \cdots, \xi_i, \cdots \xi_j \cdots \xi_N) = \Psi(\xi_1 \cdots, \xi_j, \cdots, \xi_i, \cdots \xi_N) \tag{1.64}$$

系の多電子ハミルトニアン H は

$$H = \sum_i \left(-\frac{\hbar^2}{2m}\Delta_i + v(\xi_i)\right) + \sum_{i<j} \frac{e^2/(4\pi\varepsilon_0)}{|\bm{r}_i - \bm{r}_j|} = \sum_i f_i + \sum_{i<j} g_{ij} \tag{1.65}$$

である．ここで Δ_i は $\bm{r}_i$ についてのラプラシアンであり，第 1 項の 1 電子部分を f_i，第 2 項の 2 電子相互作用の部分を g_{ij} と書いた．ハミルトニアン H は ξ_i と ξ_j の順序に依存しないから，$[P_{ij}, H] = P_{ij}H - HP_{ij} = 0$ である．このことは，量子力学的粒子の固有状態の波動関数 $\Psi(\xi_1 \cdots \xi_N)$ は座標を入れ替えても同じ固有エネルギーの状態であり，さらに波動関数 $\Psi(\xi_1 \cdots \xi_N)$ を P_{ij} の固有関数としてとることができることを意味している．P_{ij} の固有値を p とすると次式を得る．

$$P_{ij}\Psi(\cdots \xi_i, \cdots \xi_j \cdots) = p\Psi(\cdots \xi_i \cdots \xi_j \cdots) \tag{1.66}$$

1.5 多電子波動関数とハートリー・フォック方程式

一方 $P_{ij}^2 = 1$ であるから $p^2 = 1$, すなわち $p = \pm 1$ でなくてはならない. (1.64), (1.66) 式にこれを代入すると $\Psi(\cdots \xi_j \cdots \xi_i \cdots) = \pm \Psi(\cdots \xi_i \cdots \xi_j \cdots)$ となる. すなわち, 量子力学的粒子の座標の交換に対し, 波動関数は符号を変えるか, 変えないかしかない. 実際には電子や陽子あるいは ^{3}He のような半奇整数スピンを持つ粒子はこうで $-$ 符号の場合, すなわち $p = -1$ しか許されず, 座標の交換に対して必ず符号を変える.

$$\Psi(\cdots \xi_j \cdots \xi_i \cdots) = -\Psi(\cdots \xi_i \cdots \xi_j \cdots) \tag{1.67}$$

これがフェルミ粒子である. 一方, 光子 (スピン 0) や ^{4}He のように 0 または整数スピンを持つ粒子はボース粒子であり, $p = 1$ に対応している.

1 電子軌道が 2 つ $\phi_a(\xi), \phi_b(\xi)$ あり, これに 2 つの電子を詰めることを考えよう. 2 電子の波動関数としては $\phi_a(\xi_1)\phi_b(\xi_2), \phi_b(\xi_1)\phi_a(\xi_2)$ が考えられるが, 粒子の交換に関して (1.66) 式で $p = -1$ とする対称性を満たす波動関数は

$$\begin{aligned}\Phi(\xi_1, \xi_2) &= A_2(\phi_a(\xi_1)\phi_b(\xi_2) - \phi_b(\xi_1)\phi_a(\xi_2)) \\ &= A_2 \begin{vmatrix} \phi_a(\xi_1) & \phi_b(\xi_1) \\ \phi_a(\xi_2) & \phi_b(\xi_2) \end{vmatrix}\end{aligned} \tag{1.68}$$

しかない. A_2 は波動関数の規格化から決められる定数である. ϕ_a, ϕ_b が直交規格化されているなら, $\Phi(\xi_1, \xi_2)$ の規格化条件より

$$A_2 = 1/\sqrt{2!}$$

である.

以上の形を N 電子について一般的に書くなら

$$\begin{aligned}\Psi_N(\xi_1 \cdots \xi_N) &= A_N \begin{vmatrix} \phi_{a_1}(\xi_1) & \phi_{a_2}(\xi_1) & \cdots & \phi_{a_N}(\xi_1) \\ \phi_{a_1}(\xi_2) & \phi_{a_2}(\xi_2) & \cdots & \phi_{a_N}(\xi_2) \\ \vdots & & & \\ \phi_{a_1}(\xi_N) & \phi_{a_2}(\xi_N) & \cdots & \phi_{a_N}(\xi_N) \end{vmatrix} \\ &\equiv |\phi_{a_1} \phi_{a_2} \cdots \phi_{a_N}|\end{aligned} \tag{1.69}$$

である．これを**スレーター** (Slater) **行列式**という．行列式が行または列の交換に対して符号を変えることが，フェルミ粒子の統計と一致しているのである．2つの軌道が同じであれば，列が同じであるから0となる．また座標が同じであれば，行が等しくなり，やはり波動関数が0となる．このために電子が同じ軌道に入らずまた空間的にも（たとえクーロン相互作用がなくても）斥けあうことを表していて，(1.69) 式はパウリの排他律を満足する波動関数となっている．

多電子の状態は，一般にスレーター行列式の線形結合で書き表すことができる．一方，多電子波動関数を単一のスレーター行列式で近似することもできる．これを**ハートリー・フォック近似**（Hatree–Fock approximation）という．

1.5.2　ハートリー・フォック方程式とクープマンスの定理

多電子の最低エネルギー状態（基底状態）を求める際に，ハートリー・フォック近似を用いるならば最適の1電子軌道 $\phi_a(\xi)$ はどのように決めたらよいだろうか．状態 Ψ_N についてハミルトニアンの期待値を計算しそれを最小化するようにすれば，基底状態の良い近似となるであろう．1電子軌道 $\phi_a(\xi)$ はあらかじめ規格直交化しておく．

$$\langle \phi_a | \phi_b \rangle = \sum_\sigma \int d\boldsymbol{r}\, \phi_a^*(\xi)\phi_b(\xi) = \delta_{ab} \tag{1.70}$$

これにより定数 A_N は

$$A_N = (N!)^{-1/2} \tag{1.71}$$

となり，Ψ_N も規格化される．

$$\langle \Psi_N | \Psi_N \rangle = \sum_{\sigma_1} \cdots \sum_{\sigma_N} \int d\boldsymbol{r}_1 \cdots \int d\boldsymbol{r}_n\, \Psi_N^*(\xi_1 \cdots \xi_N)\Psi_N(\xi_1 \cdots \xi_N) = 1 \tag{1.72}$$

ハミルトニアン (1.65) 式の期待値は，行列式を展開して計算すると

$$\begin{aligned} E_N &= \langle \Psi_N | H | \Psi_N \rangle \\ &= \sum_a \langle \phi_a | f | \phi_a \rangle + \frac{1}{2}\sum_{a\neq b}\{\langle \phi_a\phi_b | g | \phi_a\phi_b \rangle - \langle \phi_a\phi_b | g | \phi_b\phi_a \rangle\} \end{aligned} \tag{1.73}$$

となる．ここで

1.5 多電子波動関数とハートリー・フォック方程式

$$\langle \phi_a | f | \phi_a \rangle = \sum_\sigma \int d\bm{r} \phi_a^*(\xi) \left(-\frac{\hbar^2}{2m} \Delta + v(\bm{r}) \right) \phi_a(\xi), \tag{1.74}$$

$$\langle \phi_a \phi_b | g | \phi_c \phi_d \rangle = \sum_{\sigma\sigma'} \int d\bm{r} \int d\bm{r}' \phi_a^*(\xi) \phi_b^*(\xi') \left(\frac{e^2}{4\pi\varepsilon_0} \right) \cdot \frac{1}{|\bm{r} - \bm{r}'|} \phi_c(\xi) \phi_d(\xi') \tag{1.75}$$

である.軌道の添字 a は,波動関数の空間の対称性とスピンの対称性との両方を示している.スピン座標 σ についてはスピン上向き ($\sigma = +1$) およびスピン下向き ($\sigma = -1$) の和をとる.

波動関数を空間座標とスピン座標それぞれについて分離して

$$\phi_a(\xi) = \varphi_{a_r}(\bm{r}) \alpha(\sigma) \quad \text{または} \quad \phi_a(\xi) = \varphi_{a_r}(\bm{r}) \beta(\sigma)$$

などと書こう.$\alpha(\sigma), \beta(\sigma)$ は各々,上向きスピン,下向きスピンの状態を示すスピン波動関数であり

$$\alpha(1) = 1, \quad \alpha(-1) = 0, \quad \beta(1) = 0, \quad \beta(-1) = 1 \tag{1.76}$$

または 2 次元ベクトル表示を用いて

$$\alpha = \begin{pmatrix} 1 \\ 0 \end{pmatrix}, \quad \beta = \begin{pmatrix} 0 \\ 1 \end{pmatrix} \tag{1.77}$$

と書かれる.したがってスピン波動関数の規格直交関係は

$$\sum_\sigma \alpha(\sigma)\alpha(\sigma) = 1, \quad \sum_\sigma \beta(\sigma)\beta(\sigma) = 1,$$

$$\sum_\sigma \alpha(\sigma)\beta(\sigma) = 0, \quad \sum_\sigma \beta(\sigma)\alpha(\sigma) = 0$$

である.2 電子間クーロン相互作用 g は,スピンに依存しないので,ϕ_a 軌道のスピン状態を σ_a と書くと

$$\langle \phi_a \phi_b | g | \phi_c \phi_d \rangle = \delta_{\sigma_a \sigma_c} \delta_{\sigma_b \sigma_d} \langle \phi_a \phi_b | g | \phi_c \phi_d \rangle$$

である.これに注意すると,(1.73) 式の第 3 項では ϕ_a, ϕ_b のスピン軌道は等しくなければならない.これを陽に

30   第1章 結晶の対称性と電子の状態

$$E_N = \sum_a \langle \phi_a|f|\phi_a\rangle + \frac{1}{2}\sum_{a\neq b}\langle \phi_a\phi_b|g|\phi_a\phi_b\rangle - \frac{1}{2}\sum_{a\neq b\,(\uparrow\uparrow)}\langle \phi_a\phi_b|g|\phi_b\phi_a\rangle \quad (1.78)$$

と書く．第3項ではスピン状態が同じ軌道の組についてのみ和をとる．第2項を(静電的)クーロン相互作用(ハートリー項)，第3項を交換相互作用と呼ぶ．

(1.78)式の全エネルギー期待値 E_N に対して，規格直交性(1.70)式の条件下で波動関数 ϕ について変分 $\phi \to \phi + \delta\phi$ をとることにより，1電子軌道 $\phi_a(\xi)$ の満たすべき方程式として

$$h(\xi)\phi_a(\xi) = \sum_b \varepsilon_{ab}\phi_b(\xi), \quad \varepsilon_{ab} = \varepsilon_{ba}^*, \quad \varepsilon_{ab} = \varepsilon_{ab}\delta_{\sigma_a\sigma_b} \quad (1.79)$$

$$h(\xi) = f(\xi) + \sum_b \sum_{\sigma'} \int d\mathbf{r}' \Big[\phi_b^*(\xi')\phi_b(\xi')g(\mathbf{r}',\mathbf{r}) - \phi_b^*(\xi')g(\mathbf{r}',\mathbf{r})\phi_b(\xi)P_{\xi\xi'}\Big] \quad (1.80)$$

が得られる．$P_{\xi\xi'}$ はその右にくる波動関数 $\phi_a(\xi)$ を $\phi_a(\xi')$ に置き換える演算子である．軌道 b の和はすべてについて行うが，実際には右にくる $\phi_a(\xi)$ に対して，$b=a$ の項についてはハートリー項と交換相互作用項が打ち消し合う．また交換相互作用項(第3項)については，σ' の和によって b のスピン状態は，右からかかった波動関数 $\phi_a(\xi)$ と同じでなければ消える．

$\varepsilon_{ab} = \varepsilon_{ba}^*$ ($\{\varepsilon_{ab}\}$ はエルミート行列) という条件から，$\{\phi_a\}$ をユニタリ変換することにより，$\{\varepsilon_{ab}\}$ を対角にすることができる．こうして，1電子軌道を決める方程式として

$$h(\xi)\phi_a(\xi) = \varepsilon_a \phi_a(\xi) \quad (1.81)$$

が得られる．この方程式を**ハートリー・フォック** (Hartree–Fock) **方程式**という．シュレディンガー方程式は(1電子の場合にも多電子の場合にも)線形方程式である．一方，ハートリー・フォック方程式は，解がセルフコンシステント（自己無撞着）に決まる非線形方程式となっている．

N 電子状態および $N-1$ 電子状態

$$\Psi_N = |\phi_1\phi_2\cdots\phi_{N-1}\phi_a|, \quad \Psi_{N-1} = |\phi_1\phi_2\cdots\phi_{N-1}|$$

を考えよう．(1.81)式に左から $\phi_a(\xi)$ をかけて $\sum_\sigma \int d\mathbf{r}$ を行うことにより，ε_a を

$$\varepsilon_a = \langle \phi_a | f | \phi_a \rangle + \sum_b \{\langle \phi_a \phi_b | g | \phi_a \phi_b \rangle - \langle \phi_a \phi_b | g | \phi_b \phi_a \rangle\} \qquad (1.82)$$

と得る．これを (1.78) 式と比較することによって

$$\varepsilon_a = \langle \Psi_N | H | \Psi_N \rangle - \langle \Psi_{N-1} | H | \Psi_{N-1} \rangle \qquad (1.83)$$

が導かれる．すなわち ϕ_a 軌道の 1 電子エネルギー ε_a は，その軌道にある電子を系から取り除くのに要するエネルギー (イオン化エネルギー) の符号をかえたものに等しい．これを**クープマンス** (Koopmans) **の定理**という．相互作用している系では，相互作用エネルギーの 2 重数え上げがあるから，1 電子エネルギーの和が全系のエネルギーにはならない．実際の系では電子を 1 個取り除けば他の電子の波動関数が変化するので事情はもう少し複雑である．多電子波動関数の対称性も空間群により議論することができる．

　本小節の最初に述べたように，これまでの議論は全エネルギーの変分原理に基づいていて，したがって基底状態の議論である．励起状態は，ヒルベルト空間の対称性を制限しその中で変分を行うことによって求められる．まったく異なる方法としては，たくさんのスレーター行列式波動関数を用意して，それらの線形結合で多体の固有状態を表すことができる．このようにして多体のハミルトニアンを対角化すれば，多体の基底状態から励起状態までの固有状態が得られる．よりたくさんのスレーター行列式波動関数をとることにより正確な固有エネルギーと固有状態が得られる．この方法を**配置間相互作用** (Configuration Interaction (CI)) **の方法**という．

2

電子ガスとフェルミ液体

　この章は第 1 章とともに第 3 章以降で議論する本書の本題への準備である．多電子の振る舞いを理解するために，最初に電子ガスを学ぶ．電子ガスは例題として学ぶべき系であるばかりでなく，第 3 章以降の議論でもしばしば重要な役割を果たす標準体系である．ここでは電子ガスの誘電応答や相関エネルギーについて考える．本章の後半ではさらにランダウのフェルミ流体理論を説明する．フェルミ流体理論は相互作用しているフェルミ粒子系に関する種々の基本的概念を与える．

2.1　一様な電子ガスと電子相関

2.1.1　電子ガスの誘電応答

　実際の凝縮系で，電子が感じるポテンシャルがどのようなものであるかを決めることは，凝縮系物理学における中心課題のひとつである．電子は原子核のポテンシャルを感じるだけでなく，電子相互間のクーロン・ポテンシャルを感じ，また交換相互作用も存在する．他の電子の配置は自分自身の状態の反映であるから，有効ポテンシャルの形は非常に複雑に決まっている．

　簡単のために，最初に内殻電子を含めた陽イオンを一様な正電荷のバックグラウンドに置き換え，その中に価電子が一様に分布している場合を考えよう．これを**ジェリウム** (jellium) **模型**という．電子はイオンの分布した中をイオンの動きよりはるかに速く動き回っているので，イオンの分布を静的にならしたこのような取り扱いが許される．また本書では以降，**原子単位** (atomic unit) を用いる．電子の質量を m，電子の電荷を $-e$ と書くと，

$$e = 1,\ m = 1,\ \hbar = 1$$

(および $4\pi\varepsilon_0 = 1$) とするのが原子単位である．したがって長さの単位はボーア半径 $a_0 = \hbar^2/me^2 = 0.0529$ nm，質量の単位は電子質量 $m = 9.1094 \times 10^{-28}$ g，エネルギー単位はハートリー ($me^4/\hbar^2 = 1$ Hartree $= 2$ Rydberg $= 27.2116$ eV，水素原子の 1s 状態の束縛エネルギーの 2 倍) をとる．今後，単位や相互作用の意味についての注意を喚起するためにこれらをあからさまに書くこともあるが，その場合も原子単位を用いていることに変わりはない．

系は局所的にも電気的に中性であり電子密度の揺らぎもないとする．電子密度 n および 1 個の電子の占める球の半径 r_s は，スピンの自由度 2 を考慮し

$$n = \frac{N}{\Omega} = \frac{2}{\Omega} \sum_{|\boldsymbol{k}|<k_{\mathrm{F}}} 1 = 2 \times \frac{4\pi}{3} k_{\mathrm{F}}^3 \frac{1}{(2\pi)^3} = \frac{k_{\mathrm{F}}^3}{3\pi^2} \tag{2.1}$$

$$r_s = \left(\frac{3}{4\pi n}\right)^{1/3} = \left(\frac{9\pi}{4}\right)^{1/3} \frac{1}{k_{\mathrm{F}}} \tag{2.2}$$

となる．ここで電子の総数および全系の体積を N, Ω と書いた．k_{F} はフェルミ波数であり，フェルミ運動量は $p_{\mathrm{F}} = \hbar k_{\mathrm{F}}$ である．k_{F} および r_s は以後，電子密度を表す重要なパラメターとなる．アルカリ金属では $r_s = 2 \sim 5$ (原子単位) 程度である．

これらを用いると，電子ガスの運動エネルギーは

$$\begin{aligned} T &= 2 \sum_{|\boldsymbol{k}|<k_{\mathrm{F}}} \frac{\hbar^2 k^2}{2m} = 2 \frac{\Omega}{(2\pi)^3} \int_0^{k_{\mathrm{F}}} \mathrm{d}k 4\pi k^2 \frac{\hbar^2 k^2}{2m} \\ &= \frac{3}{10} k_{\mathrm{F}}^2 N = \frac{3}{5} \varepsilon_{\mathrm{F}}^0 N = \frac{3}{10} \left(\frac{9\pi}{4}\right)^{2/3} \frac{1}{r_s^2} N \end{aligned} \tag{2.3}$$

である．相互作用がない場合のフェルミ・エネルギー (原子単位) を $\varepsilon_{\mathrm{F}}^0 = k_{\mathrm{F}}^2/2$ と書く．交換相互作用エネルギーは，波動関数 $\psi_{\boldsymbol{k}}(\boldsymbol{r}) = \Omega^{-1/2} \exp(\mathrm{i}\boldsymbol{k} \cdot \boldsymbol{r})$ を用いて次のように計算できる．

$$\begin{aligned} E_{\mathrm{x}} &= -2 \sum_{|\boldsymbol{k}|<k_{\mathrm{F}}} \sum_{|\boldsymbol{k}'|<k_{\mathrm{F}}} \frac{e^2}{2} \int \mathrm{d}\boldsymbol{r} \int \mathrm{d}\boldsymbol{r}' \frac{\psi_{\boldsymbol{k}}^*(\boldsymbol{r})\psi_{\boldsymbol{k}'}^*(\boldsymbol{r}')\psi_{\boldsymbol{k}'}(\boldsymbol{r})\psi_{\boldsymbol{k}}(\boldsymbol{r}')}{|\boldsymbol{r}-\boldsymbol{r}'|} \\ &= -2 \left(\frac{\Omega}{(2\pi)^3}\right)^2 \frac{e^2}{2} \int_{|\boldsymbol{k}|<k_{\mathrm{F}}} \mathrm{d}\boldsymbol{k} \int_{|\boldsymbol{k}'|<k_{\mathrm{F}}} \mathrm{d}\boldsymbol{k}' \frac{1}{\Omega} \frac{4\pi}{|\boldsymbol{k}-\boldsymbol{k}'|^2} \\ &= -2 \frac{\Omega}{(2\pi)^3} \frac{e^2}{2} 4\pi \int_0^{k_{\mathrm{F}}} \mathrm{d}k k^2 \frac{2k_{\mathrm{F}}}{\pi} \left[\frac{1}{2} + \frac{k_{\mathrm{F}}^2 - k^2}{4kk_{\mathrm{F}}} \ln\left|\frac{k_{\mathrm{F}}+k}{k_{\mathrm{F}}-k}\right| \right] \end{aligned}$$

$$= -\frac{3}{4\pi}(3\pi^2 n)^{1/3}N = -\frac{3}{4\pi}k_{\mathrm{F}}N = -\frac{3}{4\pi}\left(\frac{9\pi}{4}\right)^{1/3}\frac{1}{r_s}N. \tag{2.4}$$

系は局所的にも電気的中性が保たれているとの仮定により,静電相互作用エネルギー (原子核–原子核,電子–電子,原子核–電子間の静電相互作用エネルギーの和) はゼロになっている.基底状態にある金属において,許される最大の 1 電子エネルギーをとる状態がつくる運動量空間での曲面をフェルミ面という.電子ガスのフェルミ面は半径 k_{F} の球面となる.

T/N と E_{x}/N はそれぞれ $1/r_s^2$,$1/r_s$ に比例する.このため低密度領域 (r_s 大) では交換相互作用が,高密度領域 (r_s 小) では運動エネルギーが,系の特徴を決める.r_s を大きくしていくと電子はやがて互いに斥け合い,$r_s = 100$ 付近で結晶に 1 次転移する.これを**ウィグナー** (Wigner) **結晶**という[*1].

電子ガスの揺らぎの効果と動的な性質を知るために,外部から電荷を持ち込んだときの応答を調べてみよう.ジェリウムモデルでの電子密度関数が $n(\boldsymbol{r}) = \sum_i \delta(\boldsymbol{r} - \boldsymbol{r}_i)$ であり,ハミルトニアンは i 電子 の座標を $\boldsymbol{r}_i$ として

$$H = \sum_i \frac{\boldsymbol{p}_i^2}{2} + \frac{1}{2}\sum_{i\neq j}\frac{1}{|\boldsymbol{r}_i - \boldsymbol{r}_j|}$$
$$+ (\text{電子・イオン相互作用}) + (\text{イオン・イオン相互作用})$$
$$= \sum_i \frac{\boldsymbol{p}_i^2}{2} + \frac{1}{\Omega}\sum_{\boldsymbol{k}\neq 0}\frac{2\pi}{k^2}(\rho_{\boldsymbol{k}}\rho_{-\boldsymbol{k}} - N) \tag{2.5}$$

である.$\boldsymbol{k} = 0$ の密度–密度相互作用は電気的中性条件によって電子・イオン,イオン・イオン相互作用と打ち消し合っているので,最後の式では除いている.また電子間相互作用に関する条件 $i \neq j$ によって,(2.5) 式の括弧内の項 $-N$ が現れる.$\rho_{\boldsymbol{k}}$ は電子の密度揺らぎの演算子 $\rho(\boldsymbol{r})$ をフーリエ変換したもので,それぞれ次のようになる.

$$\rho(\boldsymbol{r}) = \sum_i \delta(\boldsymbol{r} - \boldsymbol{r}_i) - n, \tag{2.6}$$

$$\rho_{\boldsymbol{k}} = \int \mathrm{d}\boldsymbol{r}\rho(\boldsymbol{r})\mathrm{e}^{-\mathrm{i}\boldsymbol{k}\cdot\boldsymbol{r}} = \sum_i \mathrm{e}^{-\mathrm{i}\boldsymbol{k}\cdot\boldsymbol{r}_i} - N\delta_{\boldsymbol{k},0}. \tag{2.7}$$

[*1] 0.1 K 以下の低温において,液体ヘリウム上に形成された 2 次元電子系ではウィグナー結晶の形成が実験的にも確認されている.

外部電荷 $-e\rho_{\rm t}(\boldsymbol{r},t)$ を持ち込んだとき誘導される電荷を $-e\rho_{\rm ind}(\boldsymbol{r},t)$ として $(e=1)$，また誘電関数を $\varepsilon(\boldsymbol{k},\omega)$ と書く．外部電荷によって誘導された密度の揺らぎが $\rho_{\rm ind}(\boldsymbol{r},t)$ である．マックスウェル方程式およびポアソン方程式は

$$\boldsymbol{D}(\boldsymbol{k},\omega) = \varepsilon(\boldsymbol{k},\omega)\boldsymbol{E}(\boldsymbol{k},\omega)$$
$$\mathrm{i}\boldsymbol{k}\cdot\boldsymbol{D}(\boldsymbol{k},\omega) = (-e)4\pi\rho_{\rm t}(\boldsymbol{k},\omega)$$
$$\mathrm{i}\boldsymbol{k}\cdot\boldsymbol{E}(\boldsymbol{k},\omega) = (-e)4\pi\{\rho_{\rm t}(\boldsymbol{k},\omega)+\rho_{\rm ind}(\boldsymbol{k},\omega)\}$$

となる．ここでフーリエ変換は

$$A(\boldsymbol{r},t) = \frac{1}{2\pi}\int_{-\infty}^{\infty}\mathrm{d}\omega\frac{1}{N}\sum_{\boldsymbol{k}}\exp[\mathrm{i}(\boldsymbol{k}\cdot\boldsymbol{r}-\omega t)]A(\boldsymbol{k},\omega) \tag{2.8}$$

$$A(\boldsymbol{k},\omega) = \int_{-\infty}^{\infty}\mathrm{d}t\frac{N}{\Omega}\int\mathrm{d}\boldsymbol{r}\mathrm{e}^{-\mathrm{i}(\boldsymbol{k}\cdot\boldsymbol{r}-\omega t)}A(\boldsymbol{r},t) \tag{2.9}$$

と定義する．これを解けば誘電関数 $\varepsilon(\boldsymbol{k},\omega)$ は

$$\frac{1}{\varepsilon(\boldsymbol{k},\omega)} = 1 + \frac{\rho_{\rm ind}(\boldsymbol{k},\omega)}{\rho_{\rm t}(\boldsymbol{k},\omega)} = 1 + \frac{4\pi e^2}{k^2}\chi(\boldsymbol{k},\omega) \tag{2.10}$$

である．ここで誘電応答関数 $\chi(\boldsymbol{k},\omega)$ が定義される．誘導電荷 $(-e)\rho_{\rm ind}$ が求められれば，$\varepsilon(\boldsymbol{k},\omega)$ が計算される．

外部から電荷 $(-e)\rho_{\rm t}(\boldsymbol{r},t)$ を持ち込んだときの摂動ハミルトニアンは

$$H' = \sum_i\int\mathrm{d}\boldsymbol{r}\frac{e^2\rho_{\rm t}(\boldsymbol{r},t)}{|\boldsymbol{r}_i-\boldsymbol{r}|} = \frac{4\pi e^2}{\Omega}\sum_{\boldsymbol{k}}\frac{\rho_{-\boldsymbol{k}}}{k^2}\int_{-\infty}^{\infty}\frac{\mathrm{d}\omega}{2\pi}\rho_{\rm t}(\boldsymbol{k},\omega)\mathrm{e}^{-\mathrm{i}\omega t} \tag{2.11}$$

である．これを用いて，"時間に依存した1次摂動"の範囲で密度の揺らぎ $\rho_{\rm ind}$ を求めよう．$H+H'$ で表される多電子系の基底状態 $|\Psi(t)\rangle$ は

$$|\Psi(t)\rangle = \mathrm{e}^{-\frac{\mathrm{i}}{\hbar}E_0 t}|\Psi_0^{(0)}\rangle$$
$$\quad + \frac{1}{\mathrm{i}\hbar}\sum_n\mathrm{e}^{-\frac{\mathrm{i}}{\hbar}E_n t}\int_{-\infty}^{t}\mathrm{d}t_1 \mathrm{e}^{\frac{\mathrm{i}}{\hbar}(E_n-E_0)t_1+\delta t_1}(H')_{n0}|\Psi_n^{(0)}\rangle + \cdots$$
$$= |\Psi_0^{(0)}(t)\rangle + |\Psi^{(1)}(t)\rangle + \cdots \tag{2.12}$$

である．$|\Psi_0^{(0)}\rangle$, $|\Psi_n^{(0)}\rangle$ は H の時間に依存しない基底状態および励起状態で，それぞれの固有エネルギーを E_0, E_n と書いた．$|\Psi^{(1)}(t)\rangle$ は摂動の 1 次の状態という意味で肩に (1) を付けた．また行列要素は

$$(H')_{n0} = \langle \Psi_n^{(0)} | H' | \Psi_0^{(0)} \rangle = \frac{4\pi e^2}{\Omega} \sum_{\boldsymbol{k}} \frac{(\rho_{-\boldsymbol{k}})_{n0}}{k^2} \int_{-\infty}^{\infty} \frac{\mathrm{d}\omega}{2\pi} \rho_t(\boldsymbol{k}, \omega) \mathrm{e}^{-\mathrm{i}\omega t},$$

$$(\rho_{-\boldsymbol{k}})_{n0} = \langle \Psi_n^{(0)} | \rho_{-\boldsymbol{k}} | \Psi_0^{(0)} \rangle$$

である．δ は摂動を断熱的に導入するために用いたパラメーターで最後に $\delta \to +0$ とする．これにより因果率の成り立つことが保証されている．

H の基底状態 $|\Psi_0^{(0)}\rangle$ については密度の揺らぎがないから

$$\langle \Psi_0^{(0)} | \rho_{-\boldsymbol{k}} | \Psi_0^{(0)} \rangle = 0$$

である．これを用いると $\rho_t(\boldsymbol{k}, \omega)$ の 1 次の範囲で，誘導された密度の揺らぎは

$$\rho_{\mathrm{ind}}(\boldsymbol{k}, \omega) = \int_{-\infty}^{\infty} \mathrm{d}t \mathrm{e}^{\mathrm{i}\omega t} \langle \Psi(t) | \rho_{\boldsymbol{k}} | \Psi(t) \rangle$$
$$= -\frac{4\pi e^2}{\hbar k^2 \Omega} \sum_n |(\rho_{\boldsymbol{k}})_{n0}|^2 \left\{ \frac{1}{\omega_{n0} - \omega - \mathrm{i}\delta} + \frac{1}{\omega_{n0} + \omega + \mathrm{i}\delta} \right\} \rho_t(\boldsymbol{k}, \omega) \quad (2.13)$$

となる．ただし，$\hbar \omega_{n0} = E_n - E_0$ とした．

1 次摂動により求めた誘電関数（ハートリー・フォック近似の誘電関数）は (2.10) 式に (2.13) 式を代入して

$$\frac{1}{\varepsilon_{HF}(\boldsymbol{k}, \omega)} = 1 - \frac{4\pi e^2}{\hbar k^2 \Omega} \sum_n |(\rho_{\boldsymbol{k}})_{n0}|^2 \left\{ \frac{1}{\omega_{n0} - \omega - \mathrm{i}\delta} + \frac{1}{\omega_{n0} + \omega + \mathrm{i}\delta} \right\} \quad (2.14)$$

となる．$1/\varepsilon(\boldsymbol{k}, \omega)$ の極は $\omega = \pm\omega_{n0} - \mathrm{i}\delta$ にあり，複素 ω 平面の上半平面 (Im $\omega > 0$) では $1/\varepsilon(\boldsymbol{k}, \omega)$ は正則である．これは摂動を断熱的に加えた結果であり因果律を満たしているためである．$1/\varepsilon(\boldsymbol{k}, \omega)$ の上半平面上の正則性により，誘電応答関数 $\chi(\boldsymbol{k}, \omega)$ の実部・虚部の間で**クラマース・クローニッヒ** (Kramers–Kronig) **の関係**

$$\mathrm{Re}\, \chi(\boldsymbol{k}, \omega) = -\frac{1}{\pi} \int_{-\infty}^{\infty} \mathrm{Im}\, \chi(\boldsymbol{k}, \omega')\, \mathrm{Pv}\, \frac{1}{\omega - \omega'} \mathrm{d}\omega'$$

$$\mathrm{Im}\,\chi(\boldsymbol{k},\omega) = \frac{1}{\pi}\int_{-\infty}^{\infty}\mathrm{Re}\,\chi(\boldsymbol{k},\omega')\,\mathrm{Pv}\,\frac{1}{\omega-\omega'}\mathrm{d}\omega' \tag{2.15}$$

が満足されている．Pv はコーシー（Cauchy）の主値積分を表す．

誘電関数を用いて，基底状態の全エネルギーを求めることができる．ここでは，ハミルトニアン (2.5) 式の第 1 項（運動エネルギー）を非摂動項 H_0，第 2 項（電子–電子相互作用）を摂動項 H_int と考える．

$$H_0 = \sum_i \frac{\boldsymbol{p}_i^2}{2m},$$

$$H_\mathrm{int} = \frac{1}{\Omega}\sum_{\boldsymbol{k}\neq 0}\frac{2\pi e^2}{k^2}(\rho_{\boldsymbol{k}}\rho_{-\boldsymbol{k}} - N).$$

$H = H_0 + H_\mathrm{int}$ の基底状態 $|\Psi_0\rangle$（(2.12) 式では $|\Psi_0^{(0)}\rangle$ と書いた）のエネルギー E_0 は

$$E_0 = \langle\Psi_0|H|\Psi_0\rangle$$

である．相互作用の強さ e^2 で微分すると

$$\frac{\partial E_0}{\partial e^2} = E_0\frac{\partial}{\partial e^2}\langle\Psi_0|\Psi_0\rangle + \left\langle\Psi_0\left|\frac{\partial H}{\partial e^2}\right|\Psi_0\right\rangle = \frac{1}{e^2}\langle\Psi_0|H_\mathrm{int}|\Psi_0\rangle$$

となる．さらに積分すれば

$$E_0 = E_0^{(0)} + \int_0^{e^2}\mathrm{d}e^2\frac{1}{e^2}\langle\Psi_0|H_\mathrm{int}|\Psi_0\rangle \tag{2.16}$$

が得られる．これを**ヘルマン・ファインマン**（Hellmann–Feynmann）**の定理**という．$E_0^{(0)}$ は相互作用がないときのハミルトニアン H_0 の基底状態のエネルギーを表す．右辺第 2 項を計算する基底状態 $|\Psi_0\rangle$ の波動関数も e^2 に依存していることに注意しなくてはならない．

H_int の具体的な形から (2.16) 式は計算され，誘電関数と結び付けられる．

$$\begin{aligned}\langle\Psi_0|H_\mathrm{int}|\Psi_0\rangle &= \sum_{\boldsymbol{k}\neq 0}\frac{2\pi e^2}{k^2\Omega}\sum_n|(\rho_{-\boldsymbol{k}})_{n0}|^2 - \sum_{\boldsymbol{k}\neq 0}\frac{2\pi e^2}{k^2}\frac{N}{\Omega}\\ &= -\hbar\sum_{\boldsymbol{k}\neq 0}\int_0^{\infty}\frac{\mathrm{d}\omega}{2\pi}\mathrm{Im}\frac{1}{\varepsilon(\boldsymbol{k},\omega)} - \sum_{\boldsymbol{k}\neq 0}\frac{2\pi e^2}{k^2}n.\end{aligned}$$

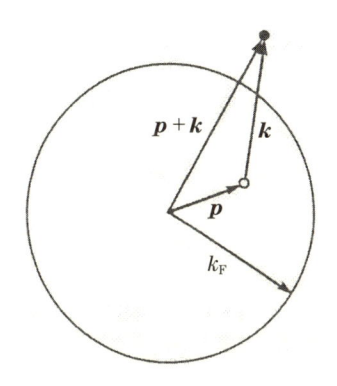

図 2.1 ハートリー・フォック近似に対応するフェルミ球の励起. $\hbar \boldsymbol{p}$ 電子がフェルミ球の外 $\hbar(\boldsymbol{p}+\boldsymbol{k})$ に励起され,フェルミ球内に正孔が $\hbar\boldsymbol{p}$ に1つ残る.

誘電関数 $\varepsilon(\boldsymbol{k},\omega)$ は e^2 の関数である. これを (2.16) 式に代入すれば,全エネルギー

$$E_0 = E_0^{(0)} - \hbar \int_0^{e^2} \mathrm{d}e^2 \frac{1}{e^2} \sum_{\boldsymbol{k}\neq 0} \int_0^\infty \frac{\mathrm{d}\omega}{2\pi} \mathrm{Im} \frac{1}{\varepsilon(\boldsymbol{k},\omega)} - \sum_{\boldsymbol{k}\neq 0} \frac{2\pi e^2}{k^2} n \quad (2.17)$$

が得られる. 誘電関数が厳密であれば基底状態のエネルギーについてのこの結果は厳密である.

誘電関数を具体的に計算するためには,行列要素 $(\rho_{-\boldsymbol{k}})_{n0}$ を求めなくてはならない. 丸いフェルミ球 (フェルミ波数 k_F) を仮定し, N 電子波動関数としては1電子平面波波動関数から作ったスレーター行列式をとってみよう. 基底状態は電子がフェルミ球に詰まった状態, 励起状態としてはフェルミ球内部の波数 $\boldsymbol{p}$ スピン σ の電子がフェルミ球外の波数 $\boldsymbol{p}+\boldsymbol{k}$ の状態に跳び出して後に正孔(ホール)が $\boldsymbol{p}$ に残った状態(電子・正孔対)を考えることにする (**図 2.1**). このような簡単な場合には

$$(\rho_{\boldsymbol{k}})_{n0} = n_{\boldsymbol{p}\sigma}(1 - n_{\boldsymbol{p}+\boldsymbol{k}\sigma}), \quad n_{\boldsymbol{p}\sigma} = \begin{cases} 1 & : |\boldsymbol{p}| < k_\mathrm{F} \\ 0 & : |\boldsymbol{p}| > k_\mathrm{F} \end{cases} \quad (2.18)$$

$$\hbar\omega_{n0} = E_{\boldsymbol{p}+\boldsymbol{k}} - E_{\boldsymbol{p}}, \quad E_{\boldsymbol{p}} = \frac{\hbar^2 p^2}{2m} \quad (2.19)$$

である. これらを代入して計算すれば先の結果 (2.3), (2.4) 式が得られる.

$$E_0^\mathrm{HF} = \left(\frac{3}{5}\frac{\hbar^2 k_\mathrm{F}^2}{2m} - \frac{3e^2 k_\mathrm{F}}{4\pi}\right)N. \quad (2.20)$$

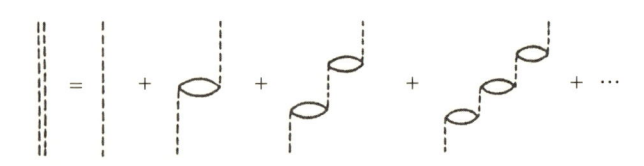

図2.2 RPAに対応する電子・正孔対の系統的な励起．実線は分極された電子・正孔対，1重の点線はクーロン相互作用，2重の点線は遮蔽されたクーロン相互作用を表す．

2.1.2 電子ガスの相関エネルギー

誘電関数に対して，ハートリー・フォック近似より進んだ取り扱いを行おう．ここでは電子ガス中のクーロン相互作用の**遮蔽効果** (screening) をより正しく見積もることにする．ハートリー・フォック近似の誘電関数は，注目している電子が電子・正孔対の励起により遮蔽される過程で決まった．電子ガスにおけるより高い近似の誘電関数を求めるには，電子・正孔対励起による遮蔽効果を高次の過程まで系統的に取り入れればよい．これを図2.2に**ファインマン** (Feynman)**図形**を用いて示した．図の実線は分極された(フェルミ球外の)電子と(フェルミ球内に取り残された)正孔の対を表す．1重の点線はクーロン相互作用を，2重の点線は遮蔽されたクーロン相互作用を表す．ファインマン図形およびその計算法の詳細は脚注に与えた多体論の優れたテキスト[*2]を参照してほしい．

これを式に書くと

$$\begin{aligned}\tilde{v}_{\mathrm{RPA}}(\boldsymbol{k},\omega) &= \frac{v(\boldsymbol{k})}{\varepsilon_{\mathrm{RPA}}(\boldsymbol{k},\omega)} \\ &= v(\boldsymbol{k}) + \{-4\pi\alpha_0(\boldsymbol{k},\omega)\}v(\boldsymbol{k}) + \{-4\pi\alpha_0(\boldsymbol{k},\omega)\}^2 v(\boldsymbol{k}) + \cdots \\ &= \{1 + 4\pi\alpha_0(\boldsymbol{k},\omega)\}^{-1}v(\boldsymbol{k})\end{aligned} \quad (2.21)$$

となる．$\alpha_0(\boldsymbol{k},\omega)$ は単一の電子・正孔対励起による分極率である．第2項までがハートリー・フォック近似による取り扱いである．

[*2] A. L. Fetter and J. D. Walecka, *Quantum Theory of Many-Particle Systems*, McGraw-Hill (1971); G. D. Mahan, *Many-Particle Physics*, 2nd edition, Plenum (1990).

2.1 一様な電子ガスと電子相関

$$\tilde{v}_{\mathrm{HF}}(\boldsymbol{k},\omega) = \{1 - 4\pi\alpha_0(\boldsymbol{k},\omega)\}v(\boldsymbol{k}) \ .$$

したがって,

$$\varepsilon_{\mathrm{HF}}(\boldsymbol{k},\omega) = \{1 - 4\pi\alpha_0(\boldsymbol{k},\omega)\}^{-1} \quad (2.22)$$

となり,これが (2.14) 式である.一方,ここで行った高次の項の取り込みによる誘電関数は次のようになる.

$$\begin{aligned}\varepsilon_{\mathrm{RPA}}(\boldsymbol{k},\omega) &= 1 + 4\pi\alpha_0(\boldsymbol{k},\omega) \\ &= 1 + \frac{4\pi e^2}{\hbar k^2 \Omega}\sum_n |(\rho_{\boldsymbol{k}})_{n0}|^2 \Big\{\frac{1}{\omega_{n0}-\omega-\mathrm{i}\delta} + \frac{1}{\omega_{n0}+\omega+\mathrm{i}\delta}\Big\} \ .\end{aligned}$$
$$(2.23)$$

丸いフェルミ球を仮定すると,(2.18), (2.19) 式により (2.23) 式の誘電関数は

$$\varepsilon_{\mathrm{RPA}}(\boldsymbol{k},\omega) = 1 + \frac{4\pi e^2}{\hbar k^2 \Omega}\sum_{\boldsymbol{p}\sigma}\Big\{\frac{1}{\omega_{n0}-\omega-\mathrm{i}\delta} + \frac{1}{\omega_{n0}+\omega+\mathrm{i}\delta}\Big\}n_{\boldsymbol{p}\sigma}(1-n_{\boldsymbol{p}+\boldsymbol{k}\sigma})$$
$$(2.24)$$

となる.(2.21) 式の無限級数では,分極を生じる密度の揺らぎが運動量成分 $\hbar\boldsymbol{k}$ に限られるという制限が加わっている.それ以外の成分は位相の違いが全体として打ち消し合い,無視し得る程度の小さな寄与しか与えないと考えるからである.これを**乱雑位相近似** (Random Phase Approximation (RPA)) という.フェルミ面が半径 k_F の球面であるとの仮定により,(2.24) の積分は厳密に実行でき,

$$\varepsilon_{\mathrm{RPA}}(\boldsymbol{k},\omega) = 1 + \Big(\frac{4}{9\pi}\Big)^{1/3}\frac{1}{\pi}r_s\frac{1}{q^3}\Big[2q + f\Big(q-\frac{\varepsilon}{q}\Big) + f\Big(q+\frac{\varepsilon}{q}\Big)\Big], \quad (2.25)$$

$$q = \frac{k}{k_\mathrm{F}} \ , \quad \varepsilon = \frac{\hbar\omega + \mathrm{i}\delta}{\varepsilon_\mathrm{F}} \ , \quad f(z) = \Big(1 - \frac{z^2}{4}\Big)\ln\Big(\frac{z+2}{z-2}\Big) \ .$$

となる.$\hbar\omega \gg (E_{\boldsymbol{p}+\boldsymbol{k}} - E_{\boldsymbol{p}})$ の場合,誘電関数 (2.24) 式は長波長の極限で

$$\varepsilon_{\mathrm{RPA}}(\boldsymbol{k},\omega) = 1 - \frac{4\pi e^2 n}{m\omega^2} = 1 - \frac{\omega_\mathrm{p}^2}{\omega^2} \quad (2.26)$$

と変形することができ,誘電応答として $\omega = \omega_\mathrm{p}$ の振動が存在することがわかる.これは電子密度揺らぎの疎密が振動しているものでプラズマ振動と呼ばれ

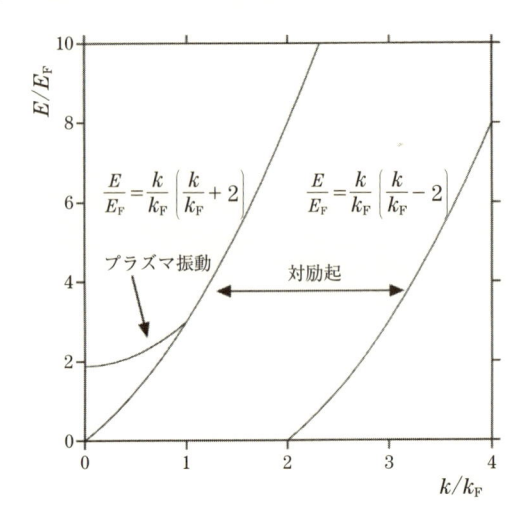

図 2.3 電子ガスに対する RPA の結果のスペクトル．電子・正孔対の励起スペクトル（2 曲線 $E/E_F = (k/k_F)\{(k/k_F) \pm 2\}$ の間）とプラズマ振動エネルギー（$r_s = 4$ の場合）．

る．プラズマ振動のエネルギーは電子密度により決まり，典型的な金属においては，例えば

$$\text{Al} : \hbar\omega_p \simeq 16 \text{ eV}, \quad \text{K} : \hbar\omega_p \simeq 3.9 \text{ eV}$$

である．$1/\varepsilon(\boldsymbol{k},\omega)$ から全体の誘電応答がわかる．(2.25) 式からわかるスペクトルの様子を**図 2.3** に示す．$\varepsilon = q(q \pm 2)$ に挟まれた部分が電子・正孔対励起の連続スペクトルの領域（$\text{Im } \varepsilon_{\text{RPA}}(\boldsymbol{k},\omega) \neq 0$）で，それから分離してプラズマ振動による孤立した $\varepsilon_{\text{RPA}}(\boldsymbol{k},\omega)$ の極がある．

RPA は長波長極限で正しい結果を与える．一方，短波長極限では交換相互作用はクーロン相互作用の半分を打ち消さねばならないが，これまでの結果はそうなっていない．Hubbard[*3] は交換相互作用の寄与を正しく見積もり，次の結果を得た．

$$\varepsilon_{\text{H}}(\boldsymbol{k},\omega) = 1 + \frac{4\pi\alpha_0(\boldsymbol{k},\omega)}{1 - 4\pi\alpha_0(\boldsymbol{k},\omega)G(\boldsymbol{k})}, \tag{2.27}$$

[*3] J. Hubbard, Proc. Roy. Soc. A**243**, 336 (1957).

$$G(\boldsymbol{k}) = \frac{k^2}{2(k^2 + k_{\mathrm{F}}^2)}.$$

正確な全エネルギーのハートリー・フォック近似の結果との差を**相関エネルギー** (correlation energy) という．Nozieres と Pines[*4]は，通常の金属に対応する r_s の領域で 10 % 程度の誤差の範囲で近似的に相関エネルギーを

$$E_{\mathrm{c}} = E_0 - E_0^{\mathrm{HF}} = \left(-0.0575 + 0.0155 \ln \frac{r_s}{a_0} \right) \cdot \frac{N}{\Omega} = \varepsilon_{\mathrm{c}} \frac{N}{\Omega} \quad (\text{Hartree}) \quad (2.28)$$

と導いた．ε_{c} は 1 電子当たりの相関エネルギー (原子単位，Hartree) である．

2.2 フェルミ液体

2.2.1 準粒子

金属状態を記述する基本は，次の章で詳しく議論する密度汎関数理論とともに，特に金属中の低エネルギー励起の描像としてのフェルミ液体論にある．相互作用のないフェルミ粒子系はフェルミ気体ともいう．基底状態の全エネルギー E_0 は，運動量 $\boldsymbol{p}$ の粒子密度を $n_{\boldsymbol{p}\sigma}^0$ とすると

$$E_0 = \sum_{\boldsymbol{p}\sigma} \frac{\boldsymbol{p}^2}{2m} n_{\boldsymbol{p}\sigma}^0 = \sum_{\boldsymbol{p}\sigma} \varepsilon_{\boldsymbol{p}\sigma} n_{\boldsymbol{p}\sigma}^0 \quad (2.29)$$

と書かれる．(2.1) 式で示したように

$$\frac{N}{\Omega} = \frac{1}{3\pi^2} \left(\frac{p_{\mathrm{F}}}{\hbar} \right)^3$$

で決まるフェルミ運動量 p_{F} を境とし，温度 0 のとき密度は

$$n_{\boldsymbol{p}\sigma}^0 = \begin{cases} 1 & : |\boldsymbol{p}| \leq p_{\mathrm{F}} \\ 0 & : |\boldsymbol{p}| > p_{\mathrm{F}} \end{cases}$$

となる．運動量空間で $|\boldsymbol{p}| = p_{\mathrm{F}}$ が定める等エネルギー面がフェルミ面である．フェルミ面の存在（したがってそこでの分布 $n_{\boldsymbol{p}\sigma}^0$ の有限の跳び）が通常の金属の特徴である．有限温度 T では密度分布はフェルミ・ディラック分布

[*4] P. Nozieres and D. Pines, Phys. Rev. **111**, 442 (1958).

44　第2章　電子ガスとフェルミ液体

$$n_{p\sigma}^0 = n_F(\varepsilon_{p\sigma} - \mu) = \frac{1}{e^{(\varepsilon_{p\sigma}-\mu)/k_B T} + 1} \tag{2.30}$$

となる．化学ポテンシャル μ は，粒子数が1個変化したときのエネルギー差であり

$$\mu = E_0(N+1) - E_0(N) = \frac{\partial E_0}{\partial N}$$

と決められる．温度0では $\mu = \varepsilon_F = p_F^2/2m$ （フェルミ・エネルギー）である．励起状態は密度 $n_{p\sigma}$ により記述され，全エネルギーは

$$E = \sum_{p\sigma} \frac{p^2}{2m} n_{p\sigma} \tag{2.31}$$

となる．したがって励起エネルギーは

$$\delta E = E - E_0 = \sum_{p\sigma} \frac{p^2}{2m} \delta n_{p\sigma}, \quad \delta n_{p\sigma} = n_{p\sigma} - n_{p\sigma}^0 \tag{2.32}$$

である．相互作用のないフェルミ気体では，比熱 C_v^0，音速 s_0，スピン帯磁率（パウリ常磁性帯磁率）χ_P^0 は

$$C_v^0 = \frac{\pi^2}{3} k_B^2 T \frac{m p_F}{\pi^2 \hbar^3}, \tag{2.33}$$

$$s_0^2 = \frac{N/\Omega}{m} \Big/ \frac{m p_F}{\pi^2 \hbar^3} = \frac{v_F^2}{3}, \tag{2.34}$$

$$\chi_P^0 = \mu_B^2 \frac{m p_F}{\pi^2 \hbar^3} \tag{2.35}$$

となる．ここで v_F はフェルミ・エネルギーでの粒子の速度 p_F/m である．

　相互作用しているフェルミ粒子系についても，フェルミ気体と同じように考えることができる[*5]．相互作用のない系から断熱的に相互作用を増していって，相互作用している系に連続的に移行することができると仮定する．言い換えると，量子数 $p\sigma$ で記述される状態は相互作用のない系でのそれと1対1対応をつけることができると仮定するのである．さらに相互作用している系の基底状態のエネルギーを E_0 と書いて，励起状態のエネルギー E を

[*5]　D. Pines and P. Nozieres, *The Theory of Quantum Liquids*, Vol. I *Normal Fermi Liquids*, Benjamin, New York (1966).

$$E - E_0 = \sum_{\bm{p}\sigma} \varepsilon_{\bm{p}\sigma} \delta n_{\bm{p}\sigma} + O(\delta n_{\bm{p}\sigma}{}^2) \tag{2.36}$$

と記述できるとしよう．基底状態および励起状態の粒子密度をそれぞれ

$$n^0_{\bm{p}\sigma}, \quad n_{\bm{p}\sigma} = n^0_{\bm{p}\sigma} + \delta n_{\bm{p}\sigma} \tag{2.37}$$

と書く．$\varepsilon_{\bm{p}\sigma}$ は $E - E_0$ を $\delta n_{\bm{p}\sigma}$ について展開したときの 1 次の係数である．相互作用のある粒子系の全エネルギーは，1 粒子エネルギーの和ではない．このようなフェルミ粒子系をフェルミ液体といい，$\bm{p}\sigma$ で記述される状態を**準粒子** (quasi-particle) という．準粒子の平衡状態における分布は，フェルミ気体と同じく

$$n^0_{\bm{p}\sigma} = n_{\mathrm{F}}(\varepsilon_{\bm{p}\sigma} - \mu) \tag{2.38}$$

となる．相互作用のない系での状態と相互作用を断熱的に大きくしていった系での状態が 1 対 1 の対応をしているということから，フェルミ気体に相互作用を導入しフェルミ液体となってもフェルミ面の面積は変わらない．これを**ラッティンジャー** (Luttinger) **の定理**という．

いま考えている系では粒子間の平均距離は $n^{-1/3}$ であるから，フェルミ速度 v_{F} の粒子の衝突時間は $n^{-1/3}/v_{\mathrm{F}}$ と見積もることができる．一方パウリの排他原理が働いているからすべての粒子が衝突に関係するのではなく，フェルミ・エネルギーの内側と外側の幅 $\Delta \simeq k_{\mathrm{B}}T$ 程度の範囲にある粒子だけが衝突に関与する．したがって衝突の前後を考えて衝突の確率には，衝突前の状態密度と衝突後に占有し得る状態密度の積である因子 $(\Delta/\varepsilon_{\mathrm{F}})^2$ が必要である．こうして準粒子の寿命が

$$\frac{n^{-1/3}}{v_{\mathrm{F}}} \left(\frac{\varepsilon_{\mathrm{F}}}{\Delta}\right)^2$$

と見積もられる．これは $(k_{\mathrm{B}}T)^{-2}$ に比例するから，フェルミ・エネルギー近傍の励起状態の寿命は低温において十分に長くなる．このために独立粒子としての描像を持つことができ，「準粒子」の名前がある．

運動量 $\bm{p}$ の準粒子の速度は $v_{\bm{p}} = \nabla_{\bm{p}} \varepsilon_{\bm{p}}$ である．フェルミ・エネルギー近傍で準粒子のエネルギーを

$$\varepsilon_{\bm{p}} = \mu + \frac{p_{\mathrm{F}}(p - p_{\mathrm{F}})}{m^*} \tag{2.39}$$

と書くとフェルミ速度は
$$v_F = \frac{p_F}{m^*} \tag{2.40}$$
である. m^* を有効質量という.

2.2.2 準粒子間相互作用とランダウ・パラメター

フェルミ液体の自由エネルギー F を平衡状態（自由エネルギー F_0）からの準粒子密度の揺らぎ $\delta n_{p\sigma}$ で展開すると

$$F - F_0 = \sum_{p\sigma}(\varepsilon_{p\sigma} - \mu)\delta n_{p\sigma} + \frac{1}{2}\sum_{pp'}\sum_{\sigma\sigma'} f_{p\sigma:p'\sigma'}\delta n_{p\sigma}\delta n_{p'\sigma'} \tag{2.41}$$

となる. ただし $f_{p\sigma:p'\sigma'} = f_{p'\sigma':p\sigma}$ ととる. フェルミ面の変化を $\varepsilon_{p\sigma} - \mu \approx \delta$ とすると, $F - F_0$ は δ について 2 次の微少量である. (2.41) 式から準粒子のエネルギー $\bar{\varepsilon}_{p\sigma}$ は

$$\bar{\varepsilon}_{p\sigma} = \varepsilon_{p\sigma} + \sum_{p'\sigma'} f_{p\sigma:p'\sigma'}\delta n_{p'\sigma'} \tag{2.42}$$

である.

相互作用 $f_{p\sigma:p'\sigma'}$ は体積 Ω について見ると Ω^{-1} 程度の量であり, 対称性から次のような性質がある.

$$f_{p\sigma:p'\sigma'} = f_{-p-\sigma:-p'-\sigma'} \quad \text{(外場 0 の場合：時間反転対称性より)}$$

$$f_{p\sigma:p'\sigma'} = f_{-p\sigma:-p'\sigma'} \quad \text{(空間反転対称性)}$$

$f_{p\sigma:p'\sigma'}$ をスピンについて対称な部分 (s) と反対称な部分 (a) に分ける.

$$f_{p\uparrow:p'\uparrow} \equiv f^s_{pp'} + f^a_{pp'}, \quad f_{p\uparrow:p'\downarrow} \equiv f^s_{pp'} - f^a_{pp'}. \tag{2.43}$$

この定義に従えば交換相互作用は $2f^a_{pp'}$ である. $f^{s(a)}_{pp'}$ を散乱波の角運動量成分で展開し, さらに次のような無次元の量 $F^{s(a)}_l$ を導入すると便利である.

$$f^{s(a)}_{pp'} = \sum_{l=0}^{\infty} f^{s(a)}_l P_l(\cos\theta_{pp'}), \quad F^{s(a)}_l = \frac{\Omega m^* p_F}{\pi^2 \hbar^3} f^{s(a)}_l = \Omega D(0) f^{s(a)}_l .$$
$$\tag{2.44}$$

ここで P_l はルジャンドル多項式，$\theta_{pp'}$ は運動量 p と p' のなす角であり，$D(0)$ は質量 m^* のフェルミ気体のフェルミ準位における単位体積当たりの状態密度である．ここで定義した相互作用の強さ $F_l^{s(a)}$ はフェルミ液体論における基本的量であり，**ランダウ (Landau) パラメター**という．

密度の揺らぎに伴う流れの密度は，実際の粒子の流れ $j_{p\sigma} = p/m$ と準粒子の流れの速度 $v_{p\sigma} = p/m^*$ の間の関係は，ランダウ・パラメターを用いると

$$\frac{p}{m} = \frac{p}{m^*} - \sum_{p'\sigma'} f_{p\sigma:p'\sigma'} \frac{\partial n_F(\varepsilon_{p'\sigma'} - \mu)}{\partial \varepsilon_{p'\sigma'}} \frac{p'}{m^*} \tag{2.45}$$

であることが示される．p をフェルミ面上にとり，さらに十分低音であることを仮定すれば，有効質量を相互作用パラメターで表した関係

$$\frac{m^*}{m} = 1 + \frac{1}{3} F_1^s \tag{2.46}$$

を得る．同じようなことを行うとフェルミ液体の比熱 C_v，音速 s，スピン帯磁率 χ_P は

$$\frac{C_v}{C_v^0} = \frac{m^*}{m} = 1 + \frac{1}{3} F_1^s \tag{2.47}$$

$$\left(\frac{s}{s_0}\right)^2 = \frac{1 + F_0^s}{1 + \frac{1}{3} F_1^s} \tag{2.48}$$

$$\frac{\chi_P}{\chi_P^0} = \frac{1 + \frac{1}{3} F_1^s}{1 + F_0^a} \tag{2.49}$$

を得る．フェルミ液体は粒子間相互作用によって局在化 ($F_1^s \to \infty$) していくと $m^* \to \infty$ となる．すなわち，フェルミ液体の金属・絶縁体転移では必ず磁気的不安定性を伴う．一方，磁気的不安定性は $1 + F_0^a$ の項によってももたらされる．このときには相互作用による長波長のスピン密度揺らぎが不安定性の原因で $1 + F_0^a \to 0$ となるもので，金属・絶縁体転移は伴わない．

正常なフェルミ液体は，有効質量 m^* あるいはその他の $F_l^{s(a)}$ をとおして現象論的にわずかな変化を受ける．金属等では第3章で説明する密度汎関数理論による取り扱いが重要で，またその枠組みの中でランダウ・パラメターが議論される．強相関系のモデル・ハミルトニアンであるハバード・モデルのフェル

ミ液体論については，**グッツウィラー** (Gutzwiller) **近似**[*6]により詳細な議論がなされている．

[*6] D. Volhardt, Rev. Mod. Phys. **56**, 99 (1984)；山田耕作，岩波講座 現代の物理学 第 16 巻，電子相関，岩波書店 (1993) 第 6 章．

3
密度汎関数理論とその展開

密度汎関数理論によって初めて物質の電子構造がパラメターなしで定量的に議論でき，また多電子構造と1電子エネルギー・バンドの関係が理解できる．

3.1 密度汎関数理論

3.1.1 エネルギー汎関数

多電子系の相関エネルギーに関する理解は，固体の電子構造に関する理論に大きな進歩をもたらした．(**スピン**)**密度汎関数理論** ((Spin) Density Functional Theory ((S)DFT)) により全系の基底状態のエネルギーが電子(スピン)密度の汎関数として一意的に決まることが保証され，さらに1電子密度（または1電子波動関数）を決める式が与えられる[*1]．

スピン↑または↓を持つ電子の密度 $n_↑(\boldsymbol{r}), n_↓(\boldsymbol{r})$ が与えられたとき，その電子密度を与える N 電子波動関数 $\Psi_{n_↑ n_↓}$ に関して極小化された汎関数

$$Q[n_↑, n_↓] = \min_{\Psi \in \{n_↑ n_↓\}} \langle \Psi_{n_↑ n_↓} | \hat{T} + \hat{V}_{\text{e-e}} | \Psi_{n_↑ n_↓} \rangle \tag{3.1}$$

を定義する．ここで，$\hat{T}$ と $\hat{V}_{\text{e-e}}$ はそれぞれ運動エネルギーおよび電子・電子相互作用演算子である．$Q[n_↑, n_↓]$ は，系の個別的特徴や外場ポテンシャルに依存しないという意味で，電子密度のユニバーサルな汎関数である．基底状態の全エネルギーを E_{gs} とすると外場ポテンシャル $w_{\text{ext}}(\boldsymbol{r})$ のもとで以下の式が成り立つ．

[*1] P. Hohenberg and W. Kohn, Phys. Rev. **136**B, 864 (1964)；W. Kohn and L. S. Sham, Phys. Rev. **140**A, 1133 (1965)；M. Levy, Natl. Acad. Sci. USA **76**, 6062 (1979).

$$E_{\text{DFT}}[n_\uparrow, n_\downarrow] \equiv Q[n_\uparrow, n_\downarrow] + \int \mathrm{d}\boldsymbol{r} w_{\text{ext}}(\boldsymbol{r}) n(\boldsymbol{r}) \geq E_{\text{gs}} \qquad (3.2)$$

ここで，$n(\boldsymbol{r}) = n_\uparrow(\boldsymbol{r}) + n_\downarrow(\boldsymbol{r})$ は全電子密度である．等号は電子密度が基底状態の電子密度 $n_\uparrow^{\text{gs}}(\boldsymbol{r}), n_\downarrow^{\text{gs}}(\boldsymbol{r})$ に等しくなったときに成り立つ．これが，密度の汎関数として与えられた全エネルギーの電子密度に関する変分により基底状態を求める手順である．

上で与えられた汎関数 $Q[n_\uparrow, n_\downarrow]$ を次のように運動エネルギー $T[n_\uparrow, n_\downarrow]$ と電子間相互作用 $E^{\text{e-e}}[n_\uparrow, n_\downarrow]$ に分けて書く．ここでは $Q[n_\uparrow, n_\downarrow]$ に関する極値操作の意味で各々が $n_\uparrow, n_\downarrow$ の汎関数となっている．

$$E_{\text{DFT}}[n_\uparrow, n_\downarrow] = T[n_\uparrow, n_\downarrow] + E^{\text{e-e}}[n_\uparrow, n_\downarrow] + \int \mathrm{d}\boldsymbol{r} w_{\text{ext}}(\boldsymbol{r}) n(\boldsymbol{r}) . \quad (3.3)$$

これをさらに

$$E_{\text{DTF}}[n_\uparrow, n_\downarrow] = T_0[n_\uparrow, n_\downarrow] + U[n] + E_{\text{xc}}[n_\uparrow, n_\downarrow] + \int \mathrm{d}\boldsymbol{r} w_{\text{ext}}(\boldsymbol{r}) n(\boldsymbol{r}) \quad (3.4)$$

と書き換える．$T_0[n_\uparrow, n_\downarrow]$ は考えている系と同じ電子密度 $n_\uparrow(\boldsymbol{r}), n_\downarrow(\boldsymbol{r})$ を持った相互作用のない系の運動エネルギー，$w_{\text{ext}}(\boldsymbol{r})$ は外場ポテンシャルであり，$U[n]$ は電子間静電相互作用エネルギー (ハートリー・エネルギー)

$$U[n] = \frac{1}{2} \int \mathrm{d}\boldsymbol{r} \int \mathrm{d}\boldsymbol{r}' \frac{n(\boldsymbol{r})n(\boldsymbol{r}')}{|\boldsymbol{r} - \boldsymbol{r}'|} \qquad (3.5)$$

である．E_{xc} は交換相互作用および他のすべての寄与を含む交換・相関エネルギーである．運動エネルギー部分を，同じ電子密度を持った相互作用のない系の運動エネルギーで置き換え，その置き換えのための残りの項 $T - T_0$ は相関エネルギーに含める．基底状態の電子密度は，全エネルギー E_{DFT} が最低値を与えるように定められる．これが密度汎関数理論の出発点，ホーエンベルク・コーンの定理である．(3.4) 式は一般的に厳密である．

3.1.2　コーン・シャム方程式とヤナックの定理

コーン・シャム方程式

電子密度を規格直交化された 1 電子波動関数 $\{\psi_{\alpha\sigma}(\boldsymbol{r})\}$ によって

$$n_\sigma(\boldsymbol{r}) = \sum_\alpha^{\text{occ}} |\psi_{\alpha\sigma}(\boldsymbol{r})|^2 \tag{3.6}$$

と書くことができるとする．N 電子波動関数が単一のスレーター行列式で書けるときは，この式は正しい．和は占有状態についてとる．相互作用のない系の運動エネルギーは，それに対応して

$$T_0[\{\psi_{\alpha\sigma}\}] = \sum_{\alpha\sigma}^{\text{occ}} \langle \psi_{\alpha\sigma} | -\frac{1}{2}\Delta | \psi_{\alpha\sigma} \rangle \tag{3.7}$$

である．

規格直交条件の下で 1 電子波動関数 $\psi_{\alpha\sigma}(\boldsymbol{r})$ に関する全エネルギー (3.4) 式の変分を行うことにより，1 電子波動関数に関する以下の微分方程式が得られる (コーン・シャム (Kohn–Sham) の定理)．この式を**コーン・シャム方程式**という．

$$H_{\text{KS}} = -\frac{1}{2}\Delta + v_{\text{eff}}^\sigma(\boldsymbol{r}), \quad H_{\text{KS}}\psi_{\alpha\sigma}(\boldsymbol{r}) = \varepsilon_{\alpha\sigma}\psi_{\alpha\sigma}(\boldsymbol{r}) . \tag{3.8}$$

v_{eff}^σ は自己無撞着に決まる有効 1 電子ポテンシャルであり

$$\begin{aligned} v_{\text{eff}}^\sigma(\boldsymbol{r}) &= w_{\text{ext}}(\boldsymbol{r}) + \int d\boldsymbol{r}' \frac{n(\boldsymbol{r}')}{|\boldsymbol{r}-\boldsymbol{r}'|} + \frac{\delta E_{\text{xc}}[n_\uparrow, n_\downarrow]}{\delta n_\sigma(\boldsymbol{r})} \\ &= w_{\text{ext}}(\boldsymbol{r}) + v_{\text{H}}(\boldsymbol{r}) + \mu_{\text{xc}}^\sigma(\boldsymbol{r}) \end{aligned} \tag{3.9}$$

と与えられる．第 2 項 $v_{\text{H}}(\boldsymbol{r})$ は電子間静電ポテンシャル（ハートリー・ポテンシャル）である．コーン・シャム方程式に至る重要な仮定は 1 電子密度と 1 電子波動関数を結び付ける (3.6) 式である．こうして，相互作用している多電子系の全エネルギーの問題から，相互作用のない有効ポテンシャル中の 1 電子問題へと書き換えられた．全エネルギー (3.4) 式を 1 電子軌道エネルギー $\varepsilon_{\alpha\sigma}$ を用いて書き換えると

$$\begin{aligned} E_{\text{DTF}} = &\sum_{\alpha\sigma}^{\text{occ}} \varepsilon_{\alpha\sigma} - \frac{1}{2} \int d\boldsymbol{r} \int d\boldsymbol{r}' \frac{n(\boldsymbol{r})n(\boldsymbol{r}')}{|\boldsymbol{r}-\boldsymbol{r}'|} \\ &+ E_{\text{xc}}[n_\uparrow, n_\downarrow] - \sum_\sigma \int d\boldsymbol{r} n_\sigma(\boldsymbol{r})\mu_{\text{xc}}^\sigma(\boldsymbol{r}) \end{aligned} \tag{3.10}$$

となる．右辺第 2 項は，第 1 項目で電子間静電相互作用エネルギーが 2 重に数えられていることに対する補正項，第 3, 4 項は交換相関エネルギーである．

ヤナックの定理

軌道 α スピン σ に対する非整数の占有数 $f_{\alpha\sigma}$ を導入して，(3.6) および (3.7) 式を

$$n_\sigma(\boldsymbol{r}) = \sum_\alpha f_{\alpha\sigma} |\psi_{\alpha\sigma}(\boldsymbol{r})|^2 \tag{3.11}$$

$$T_0[\{f_{\alpha\sigma}, \psi_{\alpha\sigma}\}] = \sum_{\alpha\sigma} f_{\alpha\sigma} \langle \psi_{\alpha\sigma} | -\frac{1}{2}\Delta | \psi_{\alpha\sigma} \rangle \tag{3.12}$$

と書こう．$f_{\alpha\sigma} = 0, 1$ とすればこれまでの議論に戻る．その上で全エネルギー (3.10) 式を占有数 $f_{\alpha\sigma}$ の関数と見なして微分することにより，

$$\frac{\partial}{\partial f_{\alpha\sigma}} E_{\mathrm{DTF}} = \varepsilon_{\alpha\sigma} \tag{3.13}$$

が得られる．これによれば，系から無限小の電荷を取り去ったときの単位電荷当たりのイオン化エネルギーの符号を換えたものが密度汎関数理論での 1 電子軌道エネルギー $\varepsilon_{\alpha\sigma}$ である．これを「**ヤナック (Janak) の定理**」といい[*2]，ハートリー・フォック近似における「クープマンスの定理」に対応する．

3.2 局所密度近似

3.2.1 局所近似による交換相関エネルギー

通常はさらに交換相関エネルギーが密度の局所的な関数として書けるとする **局所密度近似** (Local Density Approximation (LDA))

$$E_{\mathrm{xc}} = \int \mathrm{d}\boldsymbol{r}\, n(\boldsymbol{r}) \varepsilon_{\mathrm{xc}}(n_\uparrow(\boldsymbol{r}), n_\downarrow(\boldsymbol{r})) \tag{3.14}$$

あるいは **局所スピン密度近似** (Local Spin Density Approximation (LSDA))

$$E_{\mathrm{xc}} = \sum_\sigma \int \mathrm{d}\boldsymbol{r}\, n_\sigma(\boldsymbol{r}) \varepsilon_{\mathrm{xc}}^\sigma(n_\uparrow(\boldsymbol{r}), n_\downarrow(\boldsymbol{r})) \tag{3.15}$$

を行う．この近似のもとで交換相関ポテンシャルは

[*2] J. F. Janak, Phys. Rev. B**18**, 7165 (1978).

3.2 局所密度近似

$$\mu_{\mathrm{xc}}^{\sigma}(\boldsymbol{r}) \equiv \frac{\mathrm{d}}{\mathrm{d}n_{\sigma}}\{n\varepsilon_{\mathrm{xc}}(n_{\uparrow},n_{\downarrow})\}\Big|_{n_{\sigma}=n_{\sigma}(\boldsymbol{r}),\ n_{-\sigma}=n_{-\sigma}(\boldsymbol{r})} \tag{3.16}$$

または

$$\mu_{\mathrm{xc}}^{\sigma}(\boldsymbol{r}) \equiv \frac{\mathrm{d}}{\mathrm{d}n_{\sigma}}\{\sum_{\sigma'} n_{\sigma'}\varepsilon_{\mathrm{xc}}^{\sigma'}(n_{\uparrow},n_{\downarrow})\}\Big|_{n_{\sigma}=n_{\sigma}(\boldsymbol{r}),\ n_{-\sigma}=n_{-\sigma}(\boldsymbol{r})} \tag{3.17}$$

となる.

ハートリー・フォック近似のもとでの正しい交換エネルギーはすでに (2.4), (2.20) 式で与えた. これは一様な密度の場合であったが, 局所密度近似のもとでは密度が空間的に変動する場合にもそのまま成立し

$$\varepsilon_{\mathrm{x}}[n(\boldsymbol{r})] = -\frac{3}{4\pi}[3\pi^2 n(\boldsymbol{r})]^{1/3} \tag{3.18}$$

となる. 交換ポテンシャルは (3.16) 式を用いて,

$$\mu_{\mathrm{x}}(n(\boldsymbol{r})) = \frac{\mathrm{d}}{\mathrm{d}n}n\varepsilon_{\mathrm{x}}[n] = -\frac{1}{\pi}[3\pi^2 n(\boldsymbol{r})]^{1/3} = -\left[\frac{3}{\pi}n(\boldsymbol{r})\right]^{1/3} \tag{3.19}$$

と計算できる. これが局所密度近似の枠内でハートリー・フォック近似の結果得られる交換相互作用ポテンシャルである.

Barth–Hedin による RPA の結果に基づく交換相関エネルギーの具体的形を与えよう[*3]. 局所密度は $n(\boldsymbol{r}) \propto r_s^{-3}(\boldsymbol{r})$ であるから交換相関ポテンシャル μ あるいは交換ポテンシャル μ_{x}, 相関ポテンシャル μ_{c} ($\mu = \mu_{\mathrm{x}} + \mu_{\mathrm{c}}$) は

$$\mu = \frac{\partial}{\partial n}(n\varepsilon) = \varepsilon - \frac{r_s}{3}\frac{\partial \varepsilon}{\partial r_s} \tag{3.20}$$

$$\mu_{\mathrm{x}} = \varepsilon_{\mathrm{x}} - \frac{r_s}{3}\frac{\partial \varepsilon_{\mathrm{x}}}{\partial r_s}, \quad \mu_{\mathrm{c}} = \varepsilon_{\mathrm{c}} - \frac{r_s}{3}\frac{\partial \varepsilon_{\mathrm{c}}}{\partial r_s}$$

である. このことに注意して局所スピン密度を $x(\boldsymbol{r}) = n_{\uparrow}(\boldsymbol{r})/n(\boldsymbol{r})$ とおくと, 交換相互作用エネルギーおよびポテンシャルは原子単位で

$$\varepsilon_{\mathrm{x}} = \varepsilon_{\mathrm{x}}^{\mathrm{P}} + \gamma^{-1}\mu_{\mathrm{x}}^{\mathrm{P}} \cdot f(x) = \varepsilon_{\mathrm{x}}^{\mathrm{P}} + (\varepsilon_{\mathrm{x}}^{\mathrm{F}} - \varepsilon_{\mathrm{x}}^{\mathrm{P}}) \cdot f(x) \tag{3.21}$$

$$f(x) = \frac{1}{1 - 2^{-1/3}}\{x^{4/3} + (1-x)^{4/3} - 2^{-1/3}\}$$

[*3] U. von Barth and L. Hedin, J. Phys. C**5**, 1629 (1972).

$$\gamma = \frac{4}{3} \cdot \frac{2^{-1/3}}{1 - 2^{-1/3}} \simeq 5.1297628\cdots,$$

$$\mu_x = \frac{4}{3}\varepsilon_x = \mu_x^P + (\mu_x^F - \mu_x^P) \cdot f(x) \tag{3.22}$$

$$\mu_x^P = \frac{4}{3}\varepsilon_x^P, \quad \mu_x^F = \frac{4}{3}\varepsilon_x^F$$

となる.ここで $\varepsilon_x^P = -\frac{3}{8}(\frac{6}{\pi})^{2/3}2^{-1/3}\frac{1}{r_s}$, $\varepsilon_x^F = -\frac{3}{8}(\frac{6}{\pi})^{2/3}\frac{1}{r_s}$(原子単位)はそれぞれ常磁性状態 ($x = 1/2$, $f(1/2) = 0$) および強磁性状態 ($x = 1$, $f(1) = 1$) での交換相互作用エネルギーである.

相関エネルギーに関しては数値的に十分な正確さで

$$\varepsilon_c = \varepsilon_c^P + (\varepsilon_c^F - \varepsilon_c^P) \cdot f(x) \tag{3.23}$$

が成り立つ.ε_c^F, ε_c^P は相関エネルギーの $x = 1$(強磁性),$x = 1/2$(常磁性)のときの値である.相関ポテンシャル μ_c は

$$\mu_c = \mu_c^P + (\mu_c^F - \mu_c^P) \cdot f(x) \tag{3.24}$$

となる.**図 3.1** に種々の取り扱いによる交換相関エネルギーおよび交換相関ポテンシャルの $\zeta = 2x - 1$ 依存性を示す.

3.2.2 なぜ局所密度近似が良いのか,またどこが悪いのか

ヘルマン・ファインマンの定理によれば,交換相関エネルギー E_{xc} を

$$E_{xc} = \frac{1}{2}\iint \mathrm{d}\bm{r}\mathrm{d}\bm{r}'\frac{n(\bm{r})n(\bm{r}')}{|\bm{r} - \bm{r}'|}\{\tilde{g}(\bm{r},\bm{r}') - 1\} \tag{3.25}$$

と書くことができる.$\tilde{g}$ は 2 電子相関関数であり,電子密度演算子 $\hat{n}(\bm{r}) = \sum_{\bm{k}} e^{i\bm{k}\cdot\bm{r}}$ を用いて

$$\tilde{g}(\bm{r},\bm{r}') = \int_0^{e^2} g_\lambda(\bm{r},\bm{r}')\mathrm{d}\lambda, \tag{3.26}$$

$$g_\lambda(\bm{r},\bm{r}') = 1 + \frac{\langle[\hat{n}(\bm{r}) - n(\bm{r})][\hat{n}(\bm{r}') - n(\bm{r}')]\rangle_\lambda - \delta(\bm{r} - \bm{r}')n(\bm{r})}{n(\bm{r})n(\bm{r}')} \tag{3.27}$$

と定義される.ここでブラケットの添え字 λ は,2 電子相関関数 $g_\lambda(\bm{r},\bm{r}')$ をクーロン相互作用が $\lambda/|\bm{r}_i - \bm{r}_j|$ である系で計算することを意味している.

3.2 局所密度近似

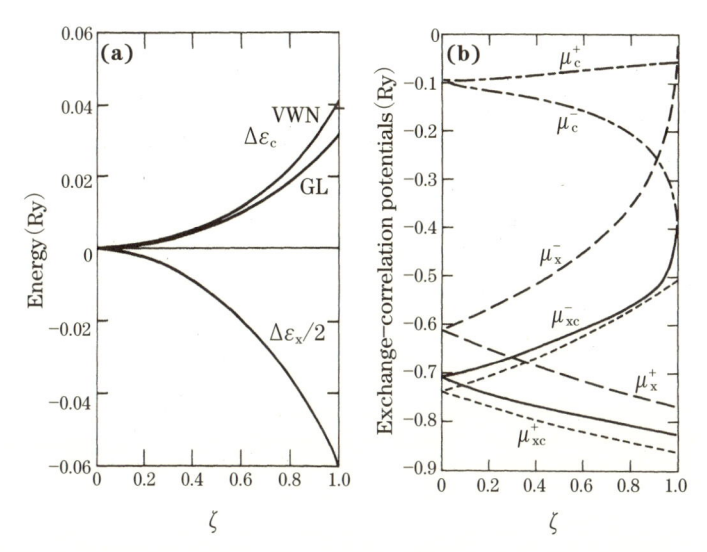

図 3.1 (a) 交換エネルギー $\varepsilon_x(r_s) = \varepsilon_x^P(r_s) + \Delta\varepsilon_x(r_s, \zeta)$, および相関エネルギー $\varepsilon_c(r_s) = \varepsilon_c^P(r_s) + \Delta\varepsilon_c(r_s, \zeta)$ の $\Delta\varepsilon_{x/c}$ の部分. VWN は Vosko ら (Can. J. Phys. **58**, 1200 (1980)) による表式, GL は Gunnarsson ら (Phys. Rev. B**13**, 4274 (1976)) による表式で計算したもの. ζ は $\zeta = 2x - 1$. (b) 交換相関ポテンシャル $\mu_{xc} = \mu_x + \mu_c$. ($\pm$) は多数 ($+$) および少数 ($-$) スピンに対する交換相関ポテンシャル. (a)(b) とも $r_s = 2$ の場合 (G. S. Painter, Phys. Rev. B**24**, 4264 (1981)).

(3.25) 式で

$$n_{xc}(\boldsymbol{r}_1, \boldsymbol{r}_2) = n(\boldsymbol{r}_2)\{\tilde{g}(\boldsymbol{r}_1, \boldsymbol{r}_2) - 1\} \tag{3.28}$$

を交換相関ホールといい, 交換相関相互作用によって電子の周りに生じた電子密度の孔 (hole) を表す. 交換相関ホールは重要な総和則

$$\int d\boldsymbol{r}_2 n_{xc}(\boldsymbol{r}_1, \boldsymbol{r}_2) = -1 \tag{3.29}$$

を満足する. (3.29) 式は定義式 (3.27), (3.28) から直接示すことができる. 交換相関エネルギーは交換相関ホール $n_{xc}(\boldsymbol{r}_1, \boldsymbol{r}_2)$ と電子との静電相互作用の形をしている.

同様に
$$n_{\text{x}}(\boldsymbol{r}_1,\boldsymbol{r}_2) = -\frac{\sum_\sigma |\sum_\alpha f_{\alpha\sigma}\psi^*_{\alpha\sigma}(\boldsymbol{r}_1)\psi_{\alpha\sigma}(\boldsymbol{r}_2)|^2}{n(\boldsymbol{r}_1)} \tag{3.30}$$

を交換ホールと呼ぶ. 交換ホールを用いると交換相互作用エネルギーは正確に

$$E_{\text{x}} = \frac{1}{2}\iint d\boldsymbol{r}d\boldsymbol{r}' \frac{n(\boldsymbol{r})n_{\text{x}}(\boldsymbol{r},\boldsymbol{r}')}{|\boldsymbol{r}-\boldsymbol{r}'|} \tag{3.31}$$

となる. 交換ホールは一般に

$$n_{\text{x}}(\boldsymbol{r}_1,\boldsymbol{r}_2) \leq 0, \tag{3.32}$$

であり, 同時に常磁性 (非磁性) 状態では条件

$$n_{\text{x}}(\boldsymbol{r},\boldsymbol{r}) = -\frac{1}{2}n(\boldsymbol{r}), \tag{3.33}$$

$$\int d\boldsymbol{r}_2 n_{\text{x}}(\boldsymbol{r}_1,\boldsymbol{r}_2) = -1 \tag{3.34}$$

を満足する. (3.34) 式から, 常磁性 (非磁性) 状態では交換相関ホールの総和則 (3.29) 式は交換ホールがすべてを担っていることがわかる.

交換相関ホールの密度を球関数で展開しよう.

$$n_{\text{xc}}(\boldsymbol{r}_1,\boldsymbol{r}_2) = \sum_{l=0}^{\infty}\sum_m n_{lm}(\boldsymbol{r}_1,|\boldsymbol{r}_2-\boldsymbol{r}_1|)Y_{lm}(\widehat{\boldsymbol{r}_2-\boldsymbol{r}_1}). \tag{3.35}$$

これを (3.31) に代入すると, 交換相関エネルギーは

$$E_{\text{xc}} = \pi^{1/2}\int d\boldsymbol{r}n(\boldsymbol{r})\int_0^\infty dr'r'^2 n_{00}(\boldsymbol{r},r')\frac{1}{r'} \tag{3.36}$$

と書かれる. したがって球対称成分 n_{00} ($l=0$, $m=0$) しか交換相関エネルギーには寄与しない. 一方, 総和則は

$$\sqrt{4\pi}\int dr'r'^2 n_{00}(\boldsymbol{r},r') = -1 \tag{3.37}$$

の形になる. つまり, 近似が悪くても $n_{00}(\boldsymbol{r},r')$ が総和則を満たしさえすればゼロ次のモーメントが正しいという意味で, 交換相関エネルギーには比較的良

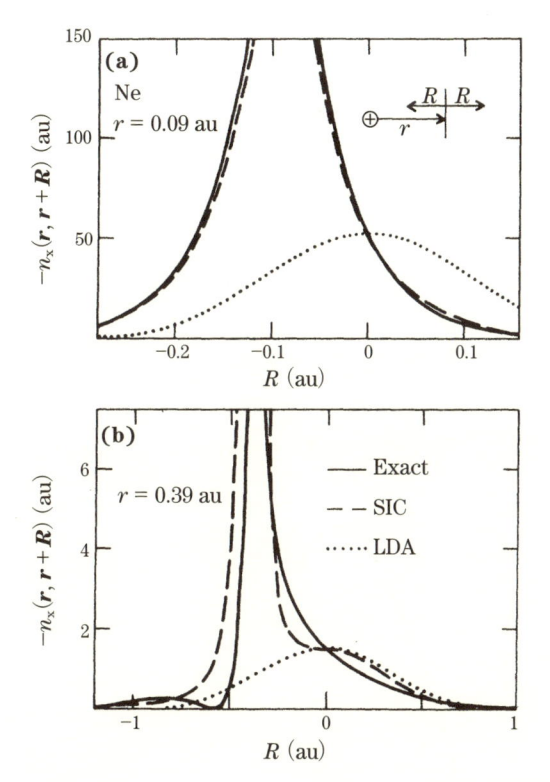

図 3.2 Ne 原子の交換ホール (1). ネオン原子中の原子核から距離 r にある電子の周りの交換ホール濃度. (a) (b) は各々 $r = 0.09$ au および $r = 0.39$ au にあり, 実線は正確な値, 点線は LDA の結果, 破線は自己相互作用補正を行ったもの. 交換ホールは $r' = r + R$ にあり, $r \parallel R$ とし, 横軸は R を表す (J. P. Perdew and A. Zunger, Phys. Rev. B**23**, 5048 (1981)).

い結果が保証される. 交換ホール $n_x(r, r')$ およびそれの球対称成分 $n_x^{00}(r, |r'|)$ の例として Ne 原子における正確な結果と局所密度汎関数法の結果を**図 3.2**, **図 3.3** に示す. これらの図には後で説明する自己相互作用補正後の結果 (SIC) も示されている. $n_x(r, r')$ が正確なものと著しく異なるように見えるが, 角度平均後の $n_x^{00}(r, |r'|)$ については正しい値に近づいてくることを見ることができよう. n_x^{00} に関する誤差は, 総和則のために必ずプラス・マイナスの打ち消し

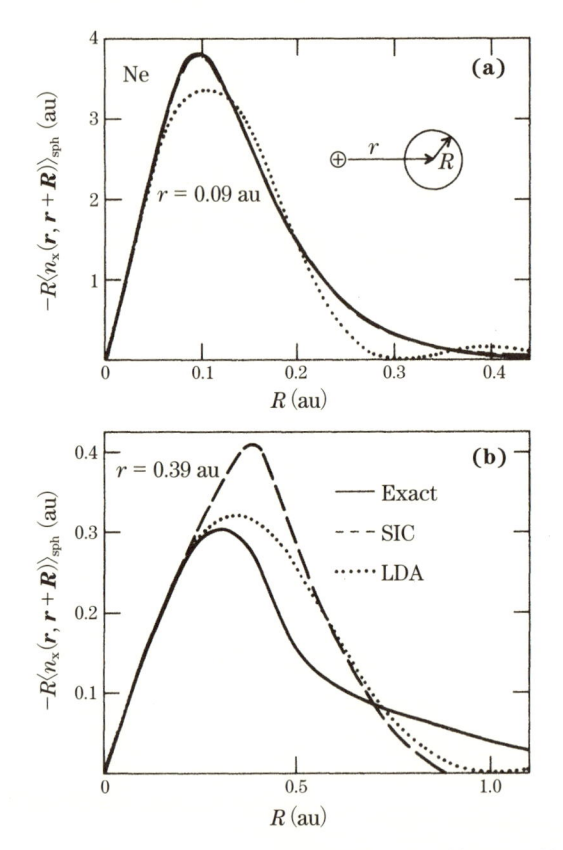

図 3.3 Ne 原子の交換ホール (2). ネオン原子中の原子核から距離 r にある電子の周り R の球面上で平均した交換ホール濃度. (a) (b) は各々 $r = 0.09$ au および $r = 0.39$ au. 実線は正確な値, 点線は LDA の結果, 破線は自己相互作用補正を行ったもの (J. P. Perdew and A. Zunger, Phys. Rev. B**23**, 5048 (1981)).

合いが生じて, エネルギーの誤差は見かけより小さくなる.

多くの場合に, 分子や固体の凝集エネルギー, 核間距離, 振動状態, 磁気モーメントなど基底状態の性質について, 局所密度近似は大変良い結果を与える[*4].

[*4] V. L. Moruzzi, J. F. Janak and A. R. Williams, *Calculated Electronic Properties of Metals*, Pergamon Press (1978).

表 3.1 局所密度近似 (LDA) による 2 原子分子の平衡核間距離 R_e（原子単位）と振動数 ω (cm^{-1}) (G. S. Painter and F. W. Avarill, Phys. Rev. B**26**, 1781 (1982)).

	H_2	Li_2	Be_2	B_2	C_2	N_2	O_2	F_2
R_e (LDA)	1.45	5.12	4.63	3.03	2.36	2.08	2.31	2.62
R_e (実験値)	1.40	5.05	4.71	3.04	2.35	2.07	2.28	2.68
ω (LDA)	4277	347	362	1082	1869	2387	1610	1069
ω (実験値)	4400	351	294	1051	1857	2358	1580	892

局所密度近似により求めた 2 原子分子の平衡核間距離と振動数を**表 3.1** にまとめておく．電子密度の非一様性を考えれば 2 原子分子等は局所密度近似によって最も記述しにくいはずであるが，このような系についてすら結果は良い．バルクな系についての具体的な結果は第 5 章, 6 章に示す．

上に示した例にもかかわらず，局所密度近似はいつでも良い結果を与えるとは限らない．求められた基底状態が実際のものと異なる系もたくさんある．局所密度近似の問題点としては次のようなものがあげられる[*5]．

(1) 中性原子において，$r \to \infty$ の極限で電子の感じるポテンシャルが $-1/r$ より速くゼロになる．これについては 9.1 節で再び述べる．

(2) 半導体・絶縁体のバンドギャップを過小評価する．

(3) 金属–絶縁体転移を正しく記述しない．

(4) 遷移金属酸化物 FeO, CoO, あるいは La$_2$CuO$_4$ は LDA 計算では金属状態になるが，実際は絶縁体である．

(5) 鉄の基底状態は LDA 計算では常磁性面心立方格子となるが，実際は強磁性体心立方格子である．

以上の問題点の起源と，それへの対応について次に述べることにしよう．

[*5] J. P. Perdew and A. Zunger, Phys. Rev. B**23**, 5048 (1981).

3.3 密度汎関数理論の新しい展開

3.3.1 局所近似を超える取り扱い：密度勾配展開

　密度汎関数理論のごく初期の段階から，交換相関エネルギーを密度勾配で展開する必要性が強く主張された．実際の系では，電子密度が場所の関数として激しく変動しているからである．密度を一様な部分と変動している部分に

$$n(\boldsymbol{r}) = n_0 + \delta n(\boldsymbol{r}), \quad n_0 \gg |\delta n| \tag{3.38}$$

と分けて，交換相関エネルギーを δn で展開できるとしよう．平衡条件により δn についての 1 次の項は現れない．

$$E_{\mathrm{xc}}[n] - E_{\mathrm{xc}}^{\mathrm{LDA}}[n] = \frac{1}{2}\int \frac{\mathrm{d}\boldsymbol{q}}{(2\pi)^3}|\delta n_{\boldsymbol{q}}|^2\{K_{\mathrm{xc}}(\boldsymbol{q}) - K_{\mathrm{xc}}(0)\}. \tag{3.39}$$

長波長揺らぎが主なら，核 $K_{\mathrm{xc}}(\boldsymbol{q})$ は波数 $\boldsymbol{q}$ により

$$K_{\mathrm{xc}}(\boldsymbol{q}) = K_{\mathrm{xc}}(0) + 2B_{\mathrm{xc}}(n_0)q^2 + \cdots \tag{3.40}$$

と展開される．これから，交換相関エネルギーの密度勾配 $\nabla n(\boldsymbol{r})$ による展開

$$E_{\mathrm{xc}}[n] = E_{\mathrm{xc}}^{\mathrm{LDA}}[n] + \int \mathrm{d}\boldsymbol{r} B_{\mathrm{xc}}(n_0)|\nabla n|^2 \tag{3.41}$$

が得られる．

　実際にはこの展開では結果が悪くなってしまうことが知られている．密度展開が有効なのはトーマス・フェルミ波数 $k_{\mathrm{TF}} = \sqrt{4k_{\mathrm{F}}/(\pi a_0)}$ で代表される遮蔽距離 $1/k_{\mathrm{TF}}$ が $\nabla n/(k_{\mathrm{TF}} n) \ll 1$ を満たす領域である．長波長極限では，実際には上のような単純な**密度勾配展開** (gradient expansion) が成り立っていない．一方で局所密度近似でも δn を特徴づける波長より長波長の成分が正しく考慮されていない．そのようなことを意識して，交換相関ホールの拡がりを波数成分に分解し次のように書くことにする．

$$E_{\mathrm{xc}} = \int \mathrm{d}\boldsymbol{r} n(\boldsymbol{r})\int \mathrm{d}\boldsymbol{R}\frac{1}{2R}n_{\mathrm{xc}}(\boldsymbol{r},\boldsymbol{r}+\boldsymbol{R})$$

3.3 密度汎関数理論の新しい展開

$$= \int d\bm{r} n(\bm{r}) \int \frac{d\bm{k}}{(2\pi)^3} \frac{2\pi}{k^2} \tilde{n}_{\mathrm{xc}}(\bm{k};\bm{r})$$

$$= E_{\mathrm{xc}}^{\mathrm{LDA}} + \int \frac{d\bm{k}}{(2\pi)^3} \Delta E_{\mathrm{xc}}(\bm{k}) \tag{3.42}$$

ただし

$$n_{\mathrm{xc}}(\bm{r}, \bm{r}+\bm{R}) = \frac{1}{(2\pi)^3} \int d\bm{k} e^{-i\bm{k}\cdot\bm{R}} \tilde{n}_{\mathrm{xc}}(\bm{k};\bm{r}) .$$

密度の揺らぎを特徴づける長さのスケールとしては,フェルミ波数 k_{F} の逆数の他にもうひとつ次式で定義される ξ (フェルミ波長の空間的な変化) を考える必要がある[*6]。

$$\xi(\bm{r}) = \frac{2k_{\mathrm{F}}}{|\nabla k_{\mathrm{F}}|} = \frac{6n(\bm{r})}{|\nabla n(\bm{r})|} \equiv q(\bm{r})^{-1} \quad ; n = \frac{k_{\mathrm{F}}^3}{3\pi^2} . \tag{3.43}$$

交換相関ホールを,局所密度近似の結果とそれからのずれに分けて

$$\tilde{n}_{\mathrm{xc}}(\bm{k};\bm{r}) = \tilde{n}_{\mathrm{xc}}^{\mathrm{LDA}}(\bm{k}; n_\uparrow(\bm{r}), n_\downarrow(\bm{r})) + \frac{3}{4} k_{\mathrm{F}} z_{\mathrm{xc}}(k_{\mathrm{F}}; q=\xi^{-1}, \bm{k}) \left(\frac{1}{k_{\mathrm{F}}\xi}\right)^2 \tag{3.44}$$

と書いてみよう.この形だと密度の揺らぎの波長を無限大とする極限 $\xi \to \infty (q(\bm{r}) \to 0)$ では局所密度近似の結果に一致する.局所密度近似の交換相関ホールが総和則 (3.29) 式を満足するならば

$$\lim_{k \to 0} z_{\mathrm{xc}}(k_{\mathrm{F}}; q, k) = 0 \tag{3.45}$$

でなくてはならない.さらに,z_{xc} が正しく計算されれば,$2k_{\mathrm{F}} z_{\mathrm{xc}}$ は k の小さいところで $(k\xi)^2$ でスケールされ,上の式が任意の ξ について成立しなければならない.しかし相関ホールからの寄与を単純な密度勾配展開などで計算した結果についてこの正しい振る舞いは成り立っていない.

z_{xc} を交換相互作用と相関相互作用による部分に分けて $z_{\mathrm{xc}} = z_{\mathrm{x}} + z_{\mathrm{c}}$ としそれぞれについて議論を進めよう.z_{c} は $k < q < k_{\mathrm{TF}}/\sqrt{3}$ では $(k/q)^2$ という振る舞いをしなくてはならず,密度勾配展開ではこのようにならない.一方 $k < k_{\mathrm{TF}}/\sqrt{3} < q$ では z_{c} の寄与は小さく,かつ密度勾配展開の結果とよく一

[*6] D. C. Langreth and M. J. Mehl, Phys. Rev. Lett. **47**, 446 (1981); D. C. Langreth and M. J. Mehl, Phys. Rev. B**28**, 1809 (1983).

致する．以上により z_c の振る舞いを密度勾配展開の結果 $\tilde{z}_\mathrm{c}$ についての簡単な切断近似

$$z_\mathrm{c} = \tilde{z}_\mathrm{c}(k_\mathrm{F}, 0, k)\Theta(k-q), \quad \Theta(x) = \begin{cases} 1 & : x > 0 \\ 0 & : x < 0 \end{cases} \quad (3.46)$$

により取り扱うことができる．z_x については $q/k \sim 0$ でも特異性を持たず，密度勾配展開の結果 $\tilde{z}_\mathrm{x}$ でよく表すことができるので $z_\mathrm{x} \sim \tilde{z}_\mathrm{x}(k_\mathrm{F}, 0, k)$ で代用する．密度勾配展開の計算から $\tilde{z}_\mathrm{c}$ と $\tilde{z}_\mathrm{x}$ の各々を求めると近似的な内挿公式として次を得る（δ' はデルタ関数 δ の微分）．

$$\tilde{z}_\mathrm{c}(k_\mathrm{F}, 0, k) = \frac{4\sqrt{3}}{k_\mathrm{TF}} e^{-2\sqrt{3}k/k_\mathrm{TF}} \quad (3.47)$$

$$2k_\mathrm{F}\tilde{z}_\mathrm{x}(k_\mathrm{F}, 0, k) \approx -4\frac{k}{2k_\mathrm{F}}\Theta\left(1-\frac{k}{2k_\mathrm{F}}\right) + \frac{11}{9}\delta\left(\frac{k}{2k_\mathrm{F}}-1\right) + \frac{1}{9}\delta'\left(\frac{k}{2k_\mathrm{F}}-1\right). \quad (3.48)$$

これらを (3.42), (3.44) 式に代入すると，長波長の密度揺らぎを考慮した結果の式として

$$E_\mathrm{xc}[n] = E_\mathrm{xc}^\mathrm{LDA}[n] + \frac{1}{16\pi^3}\int d\boldsymbol{r}\{\nabla k_\mathrm{F}(\boldsymbol{r})\}^2 \left[2e^{-\frac{2\sqrt{3}}{\xi k_\mathrm{TF}}} - \frac{7}{9}\right] \quad (3.49)$$

が導かれる．(3.49) 式の [ ] 内第 1 項，第 2 項はそれぞれ相関エネルギー，交換エネルギーの寄与である．またこの取り扱いから，局所密度近似の適用範囲は ($|\nabla n(\boldsymbol{r})|/n(\boldsymbol{r}) \ll k_\mathrm{F}$ ではなく)

$$(\xi k_\mathrm{F})^{-1} = |\nabla n(\boldsymbol{r})|/[6k_\mathrm{F} n(\boldsymbol{r})] \ll 1 \quad (3.50)$$

であることがわかる．このことが，局所密度近似の適用範囲が初め考えられていたもの ($|\nabla n|/n \ll k_\mathrm{F}$) より広く，多くの現実的な系で良い結果を与えている理由である．

3.3.2 一般化勾配展開近似

Perdew と Wang は，交換ホールの条件 (3.33) 式 を実空間の表現に対して課しさらに総和則 (3.34) を満たすように長距離の裾の振動部分を切断し，一方，相関エネルギーに対しては k 空間でそれと相補的な形を要請した．これを

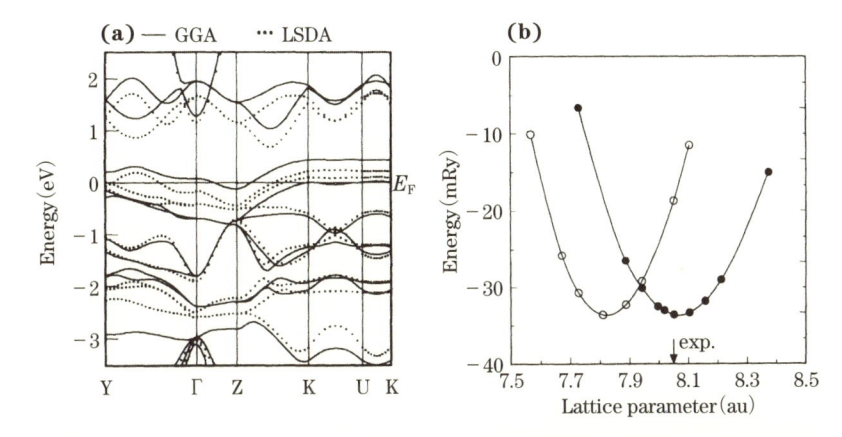

図 3.4 GGA-2 と LSDA の比較. (a) CoO のエネルギー・バンド. GGA のためにポテンシャルの非球対称性が増加し交換相関ポテンシャルが深くなり, バンドのエネルギーが下がっている. (b) 全エネルギーの格子定数依存性. 白丸:LSDA, 黒丸:GGA. LSDA では格子間隔は実験値 (矢印で示す) に比べて 5%ほど小さめに出るが, GGA ではほぼ完全に一致する. この理由はフェルミエネルギー近傍の Z 点および K 点をよぎるバンドのエネルギーが交換相関ポテンシャルの非球対称性により体積依存性が敏感になり安定化が図られるからである (P. Dufek, P. Blaha, V. Sliwko and K. Schwarz, Phys. Rev. B**49**, 10170 (1994)).

一般化勾配展開近似 (Generalized Gradient Approximation (GGA)) あるいはその後の表式 (GGA-2) と区別して GGA-1 という[*7].

A. D. Becke は, 希薄な極限で正しい結果を与える交換エネルギーに対する密度勾配の式を, 実空間における表示で提案した[*8]. これらの詳しい検討を経て相関エネルギーについても実空間で切断した式が提案されている. これを GGA-2 と呼ぶ. GGA-2 では交換相関エネルギーが実空間のエネルギー密度として, 電子密度 $n(\boldsymbol{r})$, 電子密度の勾配 $\nabla n(\boldsymbol{r})$, スピン密度 $\zeta(\boldsymbol{r}) = n_\uparrow(\boldsymbol{r}) - n_\downarrow(\boldsymbol{r})$ およびスピン密度の勾配 $\nabla\zeta(\boldsymbol{r})$ の汎関数として与えられる[*9].

GGA-2 の計算結果は原子・分子および固体について詳しく調べられている

[*7] J. P. Perdew and Y. Wang, Phys. Rev. B**33**, 8800 (1986); J. P. Perdew, Phys. Rev. B**33**, 8822 (1986); J. P. Perdew, Phys. Rev. B**34**, 7406 (1986).
[*8] A. D. Becke, Phys. Rev. A**38**, 3098 (1988).

(図3.4). 一般にGGA-2は，中性原子のポテンシャルの $r \to \infty$ での振る舞いについては局所密度近似と同様に完全ではないが，非局所項の取り扱いを通して電子密度分布の非一様性，特に原子核の周りの非球対称性成分をより正確に記述し，分子や固体の原子間距離や磁性，凝集エネルギーなどについてより満足のいく結果を与える．また計算による鉄の基底状態が強磁性体心立方であり，格子間隔の値もLDAの結果より大きく実験値との一致も良い．基底状態の物性に関してGGA-2はLDAやLSDAより良い結果を与えることができる．しかしGGA-1，GGA-2ともに絶縁体や遷移金属酸化物のバンドギャップの過小評価に対する改善にはなっていない．

3.4 様々な密度汎関数

Barth-HedinによるRPAの結果に基づく交換相関エネルギーの具体的形はすでに与えた．他にextended-RPAによるもの[*10]，量子モンテカルロ法を用いた数値的結果によるもの[*11]，さらに，GGA-2など密度の勾配を含んだより一般的な表示が提案されている．

GGA-2以降の同様な考え方で構成されているものとしてはPBE[*12]や，あるいはBLYP[*13]があげられるだろう．一般にここに書いたような著者の頭文字を組み合わせた形で引用されることが多い．これに対応してGGA-2，あるいは特に1991年のPWの結果は，PW91とも引用される．

[*9] J. P. Perdew and Y. Wang, Phys. Rev. B**45**, 13244 (1992); J. P. Perdew, J. A. Chevary, S. H. Vosko, K. A. Jackson, M. R. Pederson, D. H. Singh and C. Fiolhais, Phys. Rev. B**46**, 6671 (1992).

[*10] O. Gunnarsson and B. I. Lundquist, Phys. Rev. B**13**, 4274(1976).

[*11] D. M. Ceperley and B. J. Alder, Phys. Rev. Lett. **45**, 566 (1980); J. P. Perdew and A. Zunger, Phys. Rev. B**23**, 5048 (1981).

[*12] J. P. Perdew, K. Burke and M. Ernzerhof, Phys. Rev. Lett. **77**, 3865 (1996); ibid. **78**, 1396 (1997).

[*13] これはBeckeの交換項 (K. Becke, Phys. Rev. A**38**, 3098 (1988)) とLYP (C. Lee, W. Yang and R. G. Parr, Phys. Rev. B**37**, 785 (1988)) が与えた相関項の組み合わせ．

Hybrid 汎関数の方法

このほかに，DFT 汎関数とハートレー・フォック型の正確な交換相互作用ポテンシャルを組み合わせた Hybrid 汎関数の方法が試みられることも少なくない．ただしこれは例えば絶縁体のバンド・ギャップの値などに関して数値的な値はより正確に与えるが，その物理的正当性に乏しいという欠点がある．この中で代表的かつ量子化学の分野で非常に広く用いられているのが B3LYP という形で BLYP にハートレー・フォック型の正確な交換相互作用ポテンシャルを組み合わせたものである．組み合わせのパラメターの個数が 3 つであるためこのように名づけられている[*14].

3.5 時間依存密度汎関数

Runge と Gross は，時間に依存する外場のものでホーエンベルク・コーン (Hohenberg–Kohn) の定理，コーン・シャム (Kohn–Sham) の定理と類似の定理が成り立つことを示した[*15]．これは，(1) 周期的に時間に依存する 1 電子ポテンシャル $v(r,t)$ に対して，時間に依存した 1 電子密度 $n(r,t)$ は一意に対応する ($v \to n$ mapping); (2) この時間依存の 1 電子密度は，対応するある時刻の波動関数を初期状態とし，$v(r,t)$ によって与えられる時間依存シュレディンガー方程式を解いて求められる，というものである (ルンゲ・グロス (Runge–Gross) の定理).

$v(r,t) \leftrightarrow$ 電流密度 $j(r,t) \leftrightarrow n(r,t)$ の関係式およびポテンシャルの時間に関する任意回微分可能性（これが前提条件の意味）を用いて，この定理の前半部分 (1) が示される．コーン・シャムの定理が基底状態エネルギーとしての極小条件で成り立ったのと異なり，今の問題では極小を与える汎関数が存在しない．後半部分 (2) は，作用

$$A[\Psi] = \int dt \langle \Psi(t) | H - i\frac{\partial}{\partial t} | \Psi(t) \rangle \qquad (3.51)$$

に対する停留条件 $\delta A/\delta n(r,t) = 0$ より導かれる．ただし H は系の多電子ハ

[*14] 原田義成, 量子化学 (下), 裳華房 (2007).
[*15] E. Runge and E. K. U. Gross, Phys. Rev. Lett. **55**, 2850 (1985).

ミルトニアン，$\Psi(t)$ は全電子波動関数である．この方法を「**時間に依存した密度汎関数理論**」(Time-Dependent Density Functional Theory (TDDFT))と呼ぶ[*16]．

停留条件から時間依存シュレディンガー方程式は

$$(\mathrm{i}\frac{\partial}{\partial t} + \frac{1}{2}\nabla)\psi_\alpha = v_{\text{eff}}(\boldsymbol{r}, n(\boldsymbol{r},t)\psi_\alpha \tag{3.52}$$

$$v_{\text{eff}}(\boldsymbol{r}, n(\boldsymbol{r},t)) = v(\boldsymbol{r},t) + \int \mathrm{d}\boldsymbol{r}' \frac{n(\boldsymbol{r}',t)}{|\boldsymbol{r}-\boldsymbol{r}'|} + \frac{\delta A_{\text{xc}}}{\delta n(\boldsymbol{r},t)} \tag{3.53}$$

となる．ただし，A_{xc} は作用 (3.51) のうちの交換相関部分である．$v_{\text{eff}}(\boldsymbol{r}, n(\boldsymbol{r},t))$ は (時間に依存した) コーン・シャム・ポテンシャルとなる．

TDDFT では，例えば基底状態の波動関数と電子密度から出発して，時間依存のシュレディンガー方程式を解くことにより，密度の時間に依存した応答を見ることができる．応答関数を知ることで，励起状態のエネルギー・スペクトルの情報を得ることができ，小さい分子の非占有状態までを含んだエネルギー・スペクトル，分子等の光学応答，レーザーと物質の相互作用などが議論されている．

実際の計算例ではほとんどの場合，

$$\frac{\delta A_{\text{xc}}}{\delta n(\boldsymbol{r},t)} = \frac{\delta E_{\text{xc}}}{\delta n(\boldsymbol{r},t)} \tag{3.54}$$

とする近似が使われている．これを TDDFT の断熱近似と呼んでいる．時間依存ポテンシャル $v_{\text{eff}}(\boldsymbol{r}, n(\boldsymbol{r},t))$ の形については，時間依存密度だけの汎関数ではなく，時間依存の電流密度の項が重要であるとの指摘もあり[*17]，TDDFT はなお発展途中の理論である．

[*16] E. Runge and E. K. U. Gross, Phys. Rev. Lett. **52**, 997 (1984).
M. A. L. Marques et al., *Time-Dependent Density Functional Theory*, Lecture Note in Physics, Springer-Verlag (2006).
[*17] E. K. U. Gross and W. Kohn, Phys. Rev. Lett. **55**, 2850 (1985); G. Vignale and W. Kohn, Phys. Rev. Lett. **77**, 2037 (1996).

3.6 密度汎関数摂動論

密度汎関数理論あるいはその局所密度近似の成功が電子バンド構造を正しく記述できるのならば，その結果に基づく結晶の様々な性質も正しく記述できるのだろうか．ここでは結晶の格子振動と誘電的性質について考えてみよう[*18]．格子振動はそれ自身直接興味の対象であるばかりでなく，結晶の光学物性や，電子-格子相互作用を介して超伝導転移温度が決まっているなど重要な物性である．この節の結果は，密度汎関数理論が諸物性に対する基礎として十分良い記述を与えていることの証明となっている．

3.6.1 密度汎関数理論の摂動論

外場あるいは原子の微小変位を摂動として，系の全エネルギー変化を摂動論 (密度汎関数摂動論) により調べてみよう．この摂動に対応するパラメター $\lambda = \{\lambda_i\}$ の変化による全エネルギーの変化を考える．ヘルマン・ファインマンの定理により基底状態のエネルギー E_{LDA} の 1 次および 2 次の変化率は

$$\frac{\partial E_{\mathrm{LDA}}}{\partial \lambda_i} = \int d\bm{r} \frac{\partial v_{\mathrm{eff}}(\bm{r})}{\partial \lambda_i} n_\lambda(\bm{r}) \tag{3.55}$$

$$\frac{\partial^2 E_{\mathrm{LDA}}}{\partial \lambda_i \partial \lambda_j} = \int d\bm{r} \frac{\partial^2 v_{\mathrm{eff}}(\bm{r})}{\partial \lambda_i \partial \lambda_j} n_\lambda(\bm{r}) + \int d\bm{r} \frac{\partial n_\lambda(\bm{r})}{\partial \lambda_i} \frac{\partial v_{\mathrm{eff}}(\bm{r})}{\partial \lambda_j} \tag{3.56}$$

である．電子密度の変化 $\delta n(\bm{r})$ は 1 次摂動により

$$\delta n(\bm{r}) = 4\mathrm{Re} \sum_{\alpha=1}^{N/2} \psi_\alpha^*(\bm{r}) \delta\psi_\alpha(\bm{r}) \tag{3.57}$$

となる．ただし (3.57) 式ではスピンの縮退度 2 を含み，N は全電子数であり，波動関数の摂動に関する 1 次変化を $\delta\psi_\alpha(\bm{r})$ と書いた．$\delta\psi_\alpha(\bm{r})$ はコーン・シャム方程式 $(H_{\mathrm{KS}} - \varepsilon_\alpha)\psi_\alpha = 0$ から，その変分をとって，

$$(H_{\mathrm{KS}} - \varepsilon_\alpha)\delta\psi_\alpha = -(\delta v_{\mathrm{eff}} - \delta\varepsilon_\alpha)\psi_\alpha \tag{3.58}$$

[*18] S. Baroni, S. Gironcoli and A. Testz, Phys. Rev. Lett. **58**, 1861 (1987); S. Baroni, S. Gironcoli, A. D. Corso and P. Giannozzi, Rev. Mod. Phys. **73**, 515 (2001).

により決められる.さらにコーン・シャム・ポテンシャルの1次変化 δv_eff およびコーン・シャム固有エネルギーの1次変化 $\delta\varepsilon_\alpha$ は

$$\delta v_\text{eff}(\boldsymbol{r}) = \delta w_\text{ext}(\boldsymbol{r}) + e^2 \int \frac{\delta n(\boldsymbol{r}')}{|\boldsymbol{r}-\boldsymbol{r}'|}\mathrm{d}\boldsymbol{r} + \left.\frac{\mathrm{d}\mu_\text{xc}}{\mathrm{d}n}\right|_{n=n(\boldsymbol{r})}\delta n(\boldsymbol{r}) \quad (3.59)$$

$$\delta\varepsilon_\alpha = \langle\psi_\alpha|\delta v_\text{eff}|\psi_\alpha\rangle \quad (3.60)$$

である.(3.58)〜(3.60) 式は連立して自己無撞着に解くべき方程式である.

(3.58) 式より直ちに

$$\delta\psi_\alpha(\boldsymbol{r}) = \sum_{\beta(\neq\alpha)} \psi_\beta(\boldsymbol{r}) \frac{\langle\psi_\beta|\delta v_\text{eff}|\psi_\alpha\rangle}{\varepsilon_\alpha - \varepsilon_\beta} \quad (3.61)$$

が得られる.さらにこれから電子密度の1次変化は

$$\delta n(\boldsymbol{r}) = 4\sum_{\alpha=1}^{N/2} \sum_{\beta}^{\text{all except }\alpha} \psi_\alpha^*(\boldsymbol{r})\psi_\beta(\boldsymbol{r}) \frac{\langle\psi_\beta|\delta v_\text{eff}|\psi_\alpha\rangle}{\varepsilon_\alpha - \varepsilon_\beta}$$

$$= 4\sum_{\alpha=1}^{N/2} \sum_{\beta=N/2+1}^{\text{unoccupied}} \psi_\alpha^*(\boldsymbol{r})\psi_\beta(\boldsymbol{r}) \frac{\langle\psi_\beta|\delta v_\text{eff}|\psi_\alpha\rangle}{\varepsilon_\alpha - \varepsilon_\beta} \quad (3.62)$$

となる.(3.62) 式の第1式における β の和ではすべての(占有,非占有)状態をとっている.しかし β が占有状態をとるとき $(1 \leq \beta \leq N/2)$, α と β を取り換えると分母の $\varepsilon_\alpha - \varepsilon_\beta$ のために全体の符号が換わり,したがってこの部分は0となるはずのものである.こうして最後の式が得られる.

3.6.2 格子振動

基底状態では原子 I には力 $\boldsymbol{F}_I$ は働かず,

$$\boldsymbol{F}_I = -\frac{\partial E_\text{DFT}(\boldsymbol{R}_I)}{\partial \boldsymbol{R}_I} = 0 \quad (3.63)$$

である.したがって原子変位によって生じる力は微小変位の2次の量であり,格子振動の振動周波数 ω は

$$\det\left|\frac{1}{\sqrt{M_I M_J}} \frac{\partial^2 E_\text{DFT}}{\partial \boldsymbol{R}_I \partial \boldsymbol{R}_J} - \omega^2\right| = 0 \quad (3.64)$$

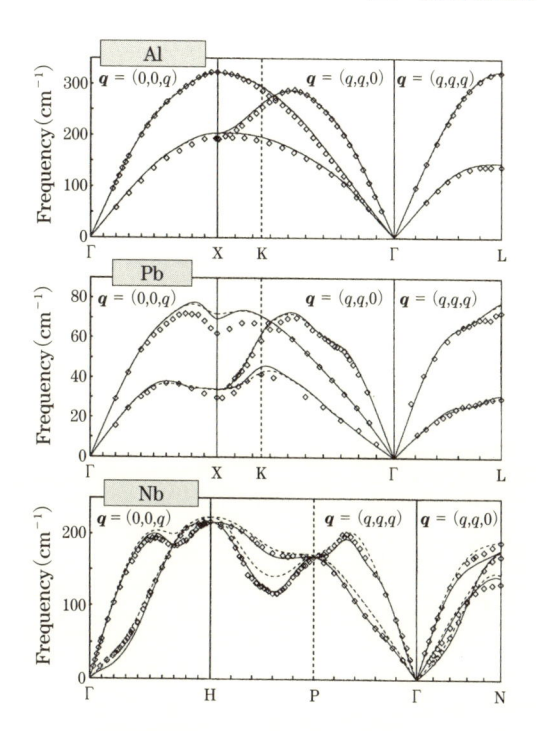

図 3.5 Al, Pb, Nb の格子振動. 計算と実験の比較 (S. de Gironcoli, Phys. Rev. B**51**, 6773 (1995)).

により決められる. さらに原子 I の原子核が周りの電子に及ぼすポテンシャルを $v_I(r)$, 原子核-原子核相互作用エネルギーを E_N と書くと, 原子 I に働く力は (3.55) 式が示すように

$$F_I = -\int dr n(r) \frac{\partial v_I(r)}{\partial R_I} - \frac{\partial E_N}{\partial R_I} \tag{3.65}$$

であり, また (3.56) 式から $\partial^2 E_{\mathrm{DFT}}/\partial R_I \partial R_J = -\partial F_I/\partial R_J$ は

$$\frac{\partial^2 E_{\mathrm{DFT}}}{\partial R_I \partial R_J} = \int dr \frac{\partial n(r)}{\partial R_J} \frac{\partial v_I(r)}{\partial R_I} + \int dr n(r) \frac{\partial^2 v_I(r)}{\partial R_I \partial R_J} + \frac{\partial^2 E_N}{\partial R_I \partial R_J} \tag{3.66}$$

となる.ここで電子密度に関する 1 次の変化量は (3.62) 式で与えられるので,(3.66) 式が計算でき,したがって格子振動の振動周波数が求められる.格子振動の分散関係の例を図 3.5 に示す[19].Pb および遷移金属である Nb でも,実験値との一致は大変良い.実験で見られている格子振動の分散関係の異常 (Kohn-anomaly) に関しても,よく再現している.

3.6.3　外部一様電場に対する摂動論:ボルン有効電荷

一様な外部電場 E_0 のもとで誘導される電気分極 P の議論を,密度汎関数理論の摂動として取り扱おう[20].バルクな系で誘導される分極 P は全電場 $E = E_0 - 4\pi P$ を摂動として

$$P = -\frac{e}{V}\int_V d\bm{r}\ \bm{r}\delta^E n(\bm{r}) \tag{3.67}$$

と計算される.$\delta^E n(\bm{r})$ は E により誘導される電荷であり,これはすでに見たように

$$\delta^E n(\bm{r}) = 4\sum_{\alpha=1}^{N/2}\psi_\alpha(\bm{r})^*\delta^E\psi_\alpha(\bm{r}) \tag{3.68}$$

である.

位置座標 $\bm{r}$ の期待値を周期境界条件に依存しない形で[21]

$$\langle\psi_\alpha|\bm{r}|\psi_\beta\rangle = \frac{\langle\psi_\alpha|\,[H_{\mathrm{KS}},\bm{r}]\,|\psi_\beta\rangle}{\varepsilon_\alpha - \varepsilon_\beta} \tag{3.69}$$

と書くことにする.これを用いれば誘導された電気分極は

$$P_\mu = -\frac{4e}{V}\sum_{\alpha=1}^{N/2}\langle\psi_\alpha|r_\mu|\delta^E\psi_\alpha\rangle$$

---

[19] S. de Gironcoli, Phys. Rev. B**51**, 6773 (1995).
[20] P. Giannozzi, S. de Gironcoli, P. Pavone and S. Baroni, Phys. Rev. B**43**, 7231 (1991).
[21] バルクな系を周期的境界条件のもとで考える場合の困難については 7.2.1 項で詳しく述べる.

表3.2 いくつかの化合物半導体におけるボルン有効電荷とその実験値 (P. Giannozzi, S. de Gironcoli, P. Pavone and S. Baroni, Phys. Rev. B**43**, 7231 (1991)).

		GaAs	AlAs	GaSb	AlSb
Z^*	(計算値)	2.07	2.17	1.73	1.91
	(実験値)	2.07	2.18	1.88	2.18

$$= -\frac{4e}{V} \sum_{\alpha=1}^{N/2} \sum_{\beta=N/2+1}^{\infty} \frac{\langle\psi_\alpha| [H_{\mathrm{HS}}, r_\mu] |\psi_\beta\rangle}{\varepsilon_\alpha - \varepsilon_\beta} \langle\psi_\beta|\delta^{\boldsymbol{E}}\psi_\alpha\rangle$$

$$= -\frac{4e}{V} \sum_{\alpha=1}^{N/2} \langle\bar{\psi}_\alpha^\mu|\delta^{\boldsymbol{E}}\psi_\alpha\rangle \quad (3.70)$$

と書くことができる．このことから，原子変位 δu^μ に線形な分極成分を

$$\delta \boldsymbol{P} = \frac{e}{V} \sum_{m \in \mathrm{cell}} Z_m^* \cdot \delta \boldsymbol{u}^m \quad (3.71)$$

と書くならば

$$Z_{m,\mu\nu}^* = \frac{V}{e}\frac{\partial P_\mu}{\partial u_\nu^m} = -4\sum_{\alpha=1}^{N/2} \left\langle \bar{\psi}_\alpha^\mu \middle| \frac{\partial \psi_\alpha}{u_\nu^m} \right\rangle \quad (3.72)$$

である．Z_m^* を**ボルン** (Born) **有効電荷**という．**表3.2**にいくつかの化合物半導体で求められたボルン有効電荷とその実験値を挙げておこう．両者の一致は大変良い．この話題はもう一度 7.2.4 項で触れる．

4

1電子バンド構造を決定するための種々の方法

本章では，1 電子状態，1 電子波動関数を計算する方法について具体的に説明する．多くの方法の中から問題に応じた最適な方法を選ぶ必要がある．

4.1 基底関数と LDA ポテンシャル

4.1.1 局在基底：スレーター型軌道とガウス型軌道

最初に量子化学の分野で広く用いられる 2 種類の局在基底関数について簡単に述べておこう．本書ではそれらを用いる方法は説明しないが，歴史的にもあるいは量子化学との関連性においても重要である．

スレーター型軌道

水素様原子の動径波動関数に似せた基底関数

$$R_{nl}^{(a)}(r) = \sqrt{\frac{(2\zeta_l^a)^{2n+1}}{(2n)!}} r^{n-1} \exp(-\zeta_l^a r), \tag{4.1}$$

を**スレーター** (Slater) **型軌道**と呼ぶ[*1]．スレーター型軌道は本来の原子波動関数が持つ特性を備えた優れたものである．また重なり積分や多中心クーロン積分を実行することができる[*2]．しかしそれでも膨大な数の行列要素を計算する負荷が大きい．計算の取り扱いやすさなどの理由で，量子化学計算では次に述べるガウス型軌道の方が一般に用いられることが多い．

[*1] J. C. Slater, "Atomic Shielding Constants", Phys. Rev. **36**, 57 (1930).
[*2] K. Ruedenberg, K.O-ohata and D. G. Wilson, J. Math. Phys. **7**, 539 (1966); K.O-ohata and K. Ruedenberg, J. Math. Phys. **7**, 547 (1966).

ガウス型軌道

スレーター型軌道は優れたものであるが，なお計算量が多い．そのため，スレーター型軌道を複数のガウス型関数の重ね合わせで表すことが考えられた．ガウス型関数は

$$R_{nl}^{(a)}(r) = \sqrt{\frac{2(2\xi_l^a)^{n+1/2}}{\Gamma(n+1/2)}}\, r^{n-1} \exp(-\xi_l^a r_a^2) \qquad (4.2)$$

と書かれ，**ガウス** (Gauss) **型軌道**という[*3]．中心の異なるガウス関数の積はガウス関数になる，またガウス関数のフーリエ変換もガウス関数である等の優れた性質があるため，重なり積分や多中心クーロン積分の形を具体的に求めることができる[*4]．このためガウス型軌道はスレーター型軌道に比べてもさらに計算付加が少なく，量子化学分野では，広く用いられ，John Pople らの Gaussian プログラム・パッケージは世界中で広く用いられている．また多くの発展が Gaussian プログラムの上で行われている．

4.1.2　全電子ポテンシャル，凍結された内殻電子近似，擬ポテンシャル

全電子計算

一般に電子構造計算は内殻電子から価電子，伝導電子まですべてを含めて議論されるべきである．このような方法を**全電子計算** (all-electron calculation) という．しかし実際には内殻電子が個々の固体の物性を決めるのではなく，多くの場合には占有されている電子軌道の内でエネルギーの高い（フェルミ・エネルギーに近い）ものだけが強く関与している．密度汎関数理論によって導かれた有効ポテンシャルは全電子ポテンシャルと呼ばれ，価電子か内殻電子であるか区別しない．

凍結された内殻電子の近似

内殻電子は，塗りつぶされた電子密度としてのみ取り入れ，波動関数を議論しないという取り扱いを行うことも多い．これを「**凍結された内殻電子**」近似 (frozen core approximation) という．

[*3]　S. F. Boys, Proc. Roy. Soc. A**200**, 542 (1950).
[*4]　H. Taketa, S. Huzinaga and K. O-ohata, J. Phys. Soc. Jpn. **21**, 2313 (1966).

擬ポテンシャル

　価電子波動関数は内殻電子波動関数と直交するため，一般に原子核の近くでは激しく振動する．この結果，その波動関数の変化を平面波で展開するには，短い波長成分 (高いエネルギー成分) の平面波が必要となる．価電子の (有効) 波動関数がゆっくりと変化し節がないものになるように，有効ポテンシャルを構成しようというのが，**擬ポテンシャル** (pseudo potential) **法**のアイデアである．

1 電子ポテンシャルの球対称近似と full potential 計算

　各原子の周りのポテンシャルについては球対称性を仮定するのが広く用いられる方法である．各原子の近傍の球領域 (**原子球** (atomic sphere)) で 1 電子ポテンシャルは球対称である，という近似から出発することが多い．

　エネルギーに関して高い精度が要求される場合や，任意の格子変形によるエネルギーの変化，格子振動スペクトル，電子系と原子系との相互作用の結果生じる変形 (ヤーン・テラー変形) などの解析のためには，ポテンシャルや全電荷分布に対して特別の仮定を用いない計算 (full potential 計算) が重要になる．例えば体積剛性率は体系に対する等方的な圧縮に対するエネルギーの上昇率であるから原子球内の電荷あるいはポテンシャルに対する球対称性の仮定は決して悪いものではない．一方，ズリ変形を考えると，まず電荷の球対称分布からの変形が起き，それによるイオンの電荷や他の電子電荷分布との間の相互作用の結果，全体としての電荷分布が平衡状態に達する．したがってズリ変形による凝集エネルギーの変化を考える場合には，球対称性からのずれが本質的に重要である．

4.2　直交化された平面波と擬ポテンシャル

　簡単な金属の場合には，電子は見かけ上ほとんど自由であるように振る舞う．伝導電子は自由電子の波動関数である平面波でよく記述され，それからのずれはごく少ないとする．

$$\phi_{\boldsymbol{k}}(\boldsymbol{r}) = \frac{1}{\sqrt{\Omega}} \mathrm{e}^{\mathrm{i}\boldsymbol{k}\cdot\boldsymbol{r}} + \sum_{\mathrm{c}} \beta_{\mathrm{c}\boldsymbol{k}} \phi_{\mathrm{c}}(\boldsymbol{r}) \tag{4.3}$$

$\phi_{\mathrm{c}}(\boldsymbol{r})$ は互いに直交している規格化された内殻電子の波動関数である．$\phi_{\boldsymbol{k}}(\boldsymbol{r})$

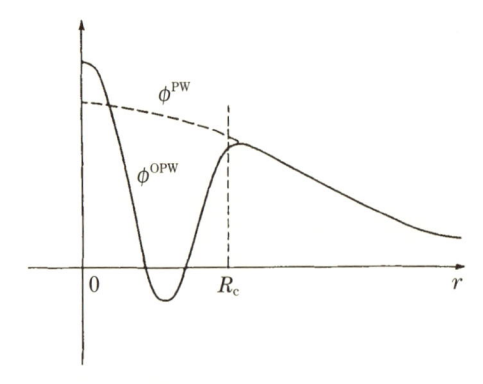

第 4 章　1 電子バンド構造を決定するための種々の方法

図 4.1　平面波 ϕ^{PW} と内殻電子の波動関数と直交化された平面波 ϕ^{OPW} (4.3) 式.

と $\phi_{\mathrm{c}}(\boldsymbol{r})$ との直交性により $\beta_{c\boldsymbol{k}}$ は次のように決まる.

$$\beta_{c\boldsymbol{k}} = -\int \mathrm{d}\boldsymbol{r}\phi_{\mathrm{c}}^*(\boldsymbol{r})\frac{1}{\sqrt{\Omega}}\mathrm{e}^{\mathrm{i}\boldsymbol{k}\cdot\boldsymbol{r}} \tag{4.4}$$

このような内殻状態と直交するように補正した平面波波動関数を，**直交化された平面波** (Orthogonalized Plane Wave (OPW)) という．OPW は，内殻波動関数と直交しているため内殻領域で激しく変動し，また内殻領域の深いポテンシャルを感じなくなっている (**図 4.1**).

結晶全体に拡がった波動関数を $\phi_{\boldsymbol{k}}(\boldsymbol{r})$ で展開して

$$\psi_{\boldsymbol{k}}(\boldsymbol{k}) = \sum_{\boldsymbol{K}_n} a_{\boldsymbol{K}_n}\phi_{\boldsymbol{k}-\boldsymbol{K}_n}(\boldsymbol{r}) \tag{4.5}$$

と書く．この波動関数は内殻波動関数と直交しているから，大きな $\boldsymbol{K}_n$ 成分は不要である．$\phi_{\boldsymbol{k}}$ によるハミルトニアン H の行列要素を計算すると

$$\langle \phi_{\boldsymbol{k}-\boldsymbol{K}_n}|H-E|\phi_{\boldsymbol{k}-\boldsymbol{K}m}\rangle = \left\{\frac{\hbar^2}{2m}(\boldsymbol{k}-\boldsymbol{K}_n)^2 - E\right\}\delta_{\boldsymbol{K}_n,\boldsymbol{K}_m} + V_{\boldsymbol{k}-\boldsymbol{K}_n,\boldsymbol{k}-\boldsymbol{K}_m}$$
$$+ \sum_{\mathrm{c}} \beta_{c\boldsymbol{k}-\boldsymbol{K}_n}^* \beta_{c\boldsymbol{k}-\boldsymbol{K}_m}(E-E_{\mathrm{c}}) \tag{4.6}$$

となる．ただし $H\phi_{\mathrm{c}} = E_{\mathrm{c}}\phi_{\mathrm{c}}$ とした．$V_{\boldsymbol{k},\boldsymbol{k}'}$ は結晶ポテンシャルのフーリエ成分

4.2 直交化された平面波と擬ポテンシャル

$$V_{\bm{k},\bm{k'}} = \frac{1}{\Omega}\int d\bm{r} e^{-i\bm{k}\cdot\bm{r}} V(\bm{r}) e^{i\bm{k'}\cdot\bm{r}} \tag{4.7}$$

である. (4.5) 式と (4.6) 式より, 固有エネルギーを決める固有値方程式は

$$\det\left\{\left(\frac{\hbar^2}{2m}(\bm{k}-\bm{K}_n)^2 - E\right)\delta_{\bm{K}_n,\bm{K}_m} + V^{\mathrm{ps}}_{\bm{k}-\bm{K}_n,\bm{k}-\bm{K}_m}\right\} = 0 \tag{4.8}$$

となる. ここで $V^{\mathrm{ps}}_{\bm{k},\bm{k'}}$ は

$$V^{\mathrm{ps}}_{\bm{k}-\bm{K}_n,\bm{k}-\bm{K}_m} = V_{\bm{k}-\bm{K}_n,\bm{k}-\bm{K}_m} + \sum_c (E-E_c)\beta^*_{c\bm{k}-\bm{K}_n}\beta_{c\bm{k}-\bm{K}_m} \tag{4.9}$$

と定義される. (4.8) 式は, フーリエ成分が $V^{\mathrm{ps}}_{\bm{k}-\bm{K}_n,\bm{k}-\bm{K}_m}$ であるポテンシャルによって決められる状態を, 平面波基底をもちいて論じていることになる.

$$\left[-\frac{\hbar^2}{2m}\Delta + V^{\mathrm{ps}}(\bm{r})\right]\phi(\bm{r}) = E\phi(\bm{r}) \tag{4.10}$$

$$V^{\mathrm{ps}}(\bm{r}) = V(\bm{r}) + \sum_c (E-E_c)|\phi_c\rangle\langle\phi_c| . \tag{4.11}$$

非局所演算子 V^{ps} は一種の擬ポテンシャルである. そのおおよその意味を見るために次のように局所近似を行ってみよう. 内殻電子の波動関数と重なりの大きな領域において, 興味ある運動量の平面波 ϕ に関しては, 運動エネルギーの部分よりポテンシャル・エネルギーの寄与がはるかに大きいと考える. その結果,

$$\begin{aligned}V^{\mathrm{ps}}\phi &= V\phi + \sum_c (E-E_c)\phi_c\langle\phi_c|\phi\rangle = V\phi - \sum_c \phi_c\langle\phi_c|H-E|\phi\rangle \\ &\approx V\phi - \sum_c \phi_c\langle\phi_c|V|\phi\rangle\end{aligned} \tag{4.12}$$

である.

$$V^{\mathrm{ps}}(\bm{r}) \simeq V(\bm{r}) - \sum_c \phi_c(\bm{r})\int d\bm{r'}\phi_c(\bm{r'})V(\bm{r'}) \tag{4.13}$$

によって擬ポテンシャルはよく表現されていると考えよう. **図4.2** に Si^{4+} の $l=0$ 価電子状態 (3s) に対する $Z(r) = rV(r)$ および (4.13) 式で見積もった $Z^{\mathrm{ps}}(r) = rV^{\mathrm{ps}}(r)$ の比較を示した. 内殻領域で V^{ps} が非常に弱くなっている.

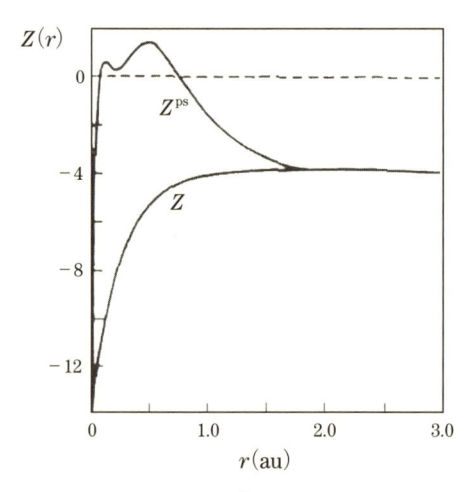

図 4.2 擬ポテンシャルの振る舞い．Si^{4+} イオンのポテンシャル $V(r) = \frac{Z(r)}{r}$ および擬ポテンシャル $V^{ps}(r) = \frac{Z^{ps}(r)}{r}$ に関する $Z(r)$ と $Z^{ps}(r)$ との s 状態 ($l=0$) に関する比較 (V. Heine, Solid State Phys. **24**, 1 (1970)).

(4.12) 式よりわかるように，内殻に価電子状態と同じ角運動量成分の内殻状態があれば内殻電子との直交化によって，浅い有効ポテンシャルを感じる．もし同じ対称性の内殻電子がなければ，その価電子状態は元の深いポテンシャルを感じる．第 2 周期の元素で価電子が深いポテンシャルを感じているのはこの理由による．また 3d 遷移金属と比べて 4d 遷移金属元素の d 電子は浅いポテンシャルを感じているためバンドは広く，非磁性状態が基底状態となり磁性状態は現れない．

擬ポテンシャルが浅くなる場合には，これを摂動として系の全エネルギーおよび系の原子間相互作用を 2 体力の形で決めることができる[*5]．アルミニウム Al (面心立方格子 fcc) における有効原子間相互作用を**図 4.3** に示した．$V_{\text{eff}}(\boldsymbol{R})$ の谷の位置に隣接原子がきて安定構造が決定されている様子が見られる．

[*5] W. A. Harrisson, Phys. Rev. **136**, A1107 (1964).

4.3 散乱波による取り扱い　79

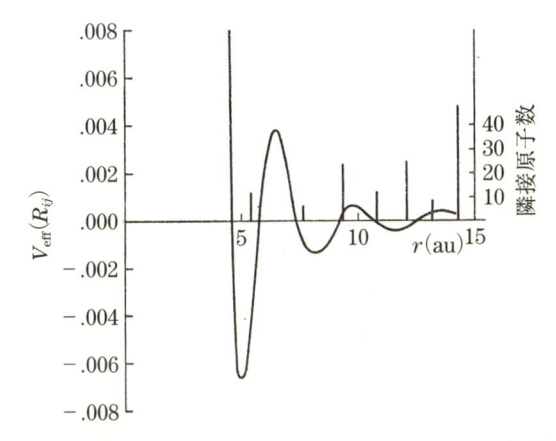

図4.3 面心立方結晶 Al の原子間ポテンシャル $V_{\text{eff}}(R_{ij})$ と 隣接原子数 (W. A. Harrisson, Phys. Rev. **136**, A1107 (1964)).

4.3 散乱波による取り扱い

4.3.1 球面波による展開

球対称ポテンシャル

$$V(\boldsymbol{r}) = \begin{cases} V(r) & : r < s \\ 0 & : r > s \end{cases} \tag{4.14}$$

の中を運動する電子を考えよう．極座標

$$r = \sqrt{x^2 + y^2 + z^2}, \quad x = r\sin\theta\cos\phi, \quad y = r\sin\theta\sin\phi, \quad z = r\cos\theta$$

によってシュレディンガー方程式を書き下せば

$$\left[-\frac{\hbar^2}{2m} \left\{ \frac{1}{r^2} \frac{\partial}{\partial r} \left(r^2 \frac{\partial}{\partial r} \right) - \frac{\boldsymbol{l}^2}{\hbar^2 r^2} \right\} + V(r) \right] \psi(\boldsymbol{r}) = E\psi(\boldsymbol{r}) \tag{4.15}$$

となる．ここで { } 内第 2 項は遠心力による寄与であり，l は軌道角運動量演算子で

$$\boldsymbol{l}^2 = -\hbar^2 \left[\frac{1}{\sin\theta} \frac{\partial}{\partial \theta} \left(\sin\theta \frac{\partial}{\partial \theta} \right) + \frac{1}{\sin^2\theta} \frac{\partial^2}{\partial \phi^2} \right] \tag{4.16}$$

である.波動関数 ψ を変数分離し

$$\psi(\boldsymbol{r}) = R_l(r) Y_{lm}(\theta, \phi) \tag{4.17}$$

と書けば,動径波動関数に関して次の微分方程式を得る.

$$\left[\frac{1}{r^2}\frac{\mathrm{d}}{\mathrm{d}r}\left(r^2\frac{\mathrm{d}}{\mathrm{d}r}\right) + \frac{2m}{\hbar^2}(E - V(r)) - \frac{l(l+1)}{r^2}\right] R_l(r) = 0 \ . \tag{4.18}$$

$Y_{lm}(\theta, \phi)$ は球面調和関数で,軌道角運動量演算子 $\boldsymbol{l}^2$ の固有関数となる.

$$\boldsymbol{l}^2 Y_{lm}(\theta, \phi) = \hbar^2 l(l+1) Y_{lm}(\theta, \phi) \ . \tag{4.19}$$

球面調和関数の具体的な形は

$$\begin{aligned}
Y_{lm}(\theta, \phi) &= \Theta_{lm}(\theta) \Phi_m(\phi), \\
\Theta_{lm}(\theta) &= (-1)^{\frac{m+|m|}{2}} \left[\frac{2l+1}{2} \frac{(l-|m|)!}{(l+|m|)!}\right]^{1/2} P_l^m(\cos\theta), \\
\Phi_m(\phi) &= \frac{1}{\sqrt{2\pi}} e^{im\phi}, \\
P_l^m(t) &= (1-t^2)^{\frac{|m|}{2}} \frac{\mathrm{d}^{|m|}}{\mathrm{d}t^{|m|}} P_l(t) \quad (\text{ルジャンドル陪多項式}), \\
P_l(t) &= \frac{1}{2^l l!} \frac{\mathrm{d}^l}{\mathrm{d}t^l}(t^2-1)^l \quad (\text{ルジャンドル多項式})
\end{aligned}$$

である.l は方位量子数といい,ゼロまたは正整数をとり,m は磁気量子数といい,$m = -l, -l+1, \cdots, l$ である $2l+1$ 個の整数をとる.

$$k_0^2 = \frac{2m}{\hbar^2}E, \quad U(r) = \frac{2m}{\hbar^2}V(r) \tag{4.20}$$

とすると,(4.18) 式は

$$\left[\frac{1}{r^2}\frac{\mathrm{d}}{\mathrm{d}r}\left(r^2\frac{\mathrm{d}}{\mathrm{d}r}\right) + k_0^2 - U(r) - \frac{l(l+1)}{r^2}\right] R_l = 0 \tag{4.21}$$

と書きなおされる.(4.21) 式の解は,$U(r) = 0$ である外の領域 $r > s$ では解析的に書き下すことができる.内側領域 $r < s$ では $U(r)$ の具体的形を与えて,$R_l(r)$ の具体的形 $\phi_l(r)$ が決まる.これらをまとめれば

$$R_l(r) = \begin{cases} \phi_l(r) & : r < s \\ A_l\{j_l(k_0 r) - \tan\delta_l \cdot n_l(k_0 r)\} & : r > s \end{cases} \quad (4.22)$$

となる. $j_l(t), n_l(t)$ はそれぞれ球ベッセル関数, 球ノイマン関数といい,

$$j_l(t) = (-1)^l t^l \left(\frac{1}{t}\frac{d}{dt}\right)^l \frac{\sin t}{t}$$

$$n_l(t) = (-1)^{(l+1)} t^l \left(\frac{1}{t}\frac{d}{dt}\right)^l \frac{\cos t}{t}$$

である. これらの関数の $t \approx 0$ および $t \to \infty$ における振る舞いは

$$j_l(t) \sim \frac{t^l}{(2l+1)!!} \;,\; n_l(t) \sim -\frac{(2l-1)!!}{t^{l+1}} \quad : t \approx 0$$

$$j_l(t) \sim \frac{1}{t}\cos\left(t - \frac{(l+1)\pi}{2}\right),\; n_l(t) \sim \frac{1}{t}\sin\left(t - \frac{(l+1)\pi}{2}\right) \quad : t \to \infty$$

となる. $\tan\delta_l$ は $r = s$ における $R_l(t)$ の連続微分可能性によって決まる係数であり, δ_l を**位相のずれ** (phase shift) と呼ぶ. 上式から

$$R_l(r) \xrightarrow[r\to\infty]{} \frac{A_l}{\cos\delta_l}\frac{1}{k_0 r}\sin\left(k_0 r - \frac{l\pi}{2} + \delta_l\right)$$

となり, $U(r) = 0$ のときの解 $j_l(k_0 r)$ との $r \to \infty$ における位相差が δ_l で与えられるからである.

4.3.2 位相のずれ

(4.22)式の解が $r = s$ で連続かつ滑らかにつながるという条件は

$$D\{\phi_l\} \equiv s\left[\frac{\phi_l'(r)}{\phi_l(r)}\right]_{r=s} = s\left[\frac{j_l'(k_0 r) - \tan\delta_l \cdot n_l'(k_0 r)}{j_l(k_0 r) - \tan\delta_l \cdot n_l(k_0 r)}\right]_{r=s} \quad (4.23)$$

である. これを対数微分という. ここで "$\prime$" は r に関する微分を意味する. (4.23)式を書きなおせば, 位相のずれは対数微分 D の関数として

$$\tan\delta_l = \frac{j_l(k_0 s)}{n_l(k_0 s)} \cdot \frac{D\{j_l\} - D\{\phi_l\}}{D\{n_l\} - D\{\phi_l\}} \quad (4.24)$$

である. 散乱波を $r > s$ で

$$R_l^{(+)}(r) = j_l(k_0 r) - \tan\delta_l \cdot n_l(k_0 r) \tag{4.25}$$

と書くと，位相のずれ δ_l は散乱理論により

$$\tan\delta_l = -k_0 \int_0^\infty dr\, r^2 j_l(k_0 r) U(r) R_l^{(+)}(r)$$

と与えられる．

$r > s$ での散乱波の形 (4.25) 式を参照して，$r < s$ でも

$$R_l^{(+)}(r) = j_l(k_0 r) + \sum_\alpha c_{l\alpha} \chi_{l\alpha}(r) \tag{4.26}$$

と書くことにする．$\chi_{l\alpha}(r)$ はエネルギー固有値を $E_{l\alpha}$ とするシュレディンガー方程式 (4.21) の解で，$r < s$ で互いに直交し完全系を作っている．また $\sum c_{l\alpha} \chi_{l\alpha}$ は $r = s$ で $n_l(k_0 r)$ と同じ対数微分を持っている．(4.26) 式の左からハミルトニアンを演算し，$j_l(k_0 r)$ は $U(r) = 0$ のときの解であることに注意すると ($\varepsilon = E/(\hbar^2/2m)$, $\varepsilon_{l\alpha} = E_{l\alpha}/(\hbar^2/2m)$)，

$$\varepsilon R_l^{(+)}(r) = \varepsilon\{j_l(k_0 r) + \sum_\alpha c_{l\alpha} \chi_{l\alpha}(r)\}$$
$$= \{\varepsilon + U(r)\} j_l(k_0 r) + \sum_\alpha c_{l\alpha} \varepsilon_{l\alpha} \chi_{l\alpha}(r)$$

となり，さらにこれから

$$c_{l\alpha} = \frac{1}{\varepsilon - \varepsilon_{l\alpha}} \int_0^s dr\, r^2 j_l(k_0 r) U(r) \chi_{l\alpha}(r) \tag{4.27}$$

を得る．したがって位相のずれは次のように書くこともできる．

$$\begin{aligned}\tan\delta_l = & -k_0 \int_0^s dr\, r^2 j_l(k_0 r)^2 U(r) \\ & -k_0 \sum_\alpha \frac{1}{\varepsilon - \varepsilon_{l\alpha}} \Big[\int_0^s dr\, r^2 j_l(k_0 r) U(r) \chi_{l\alpha}(r)\Big]^2.\end{aligned} \tag{4.28}$$

十分深いエネルギー固有値 $E_{l\alpha}$ に対応する $\chi_{l\alpha}$ は内殻状態の波動関数 $c_{nl}(r)$ (エネルギー固有値 $E_{nl} = (\hbar^2/2m)\varepsilon_{nl}$) で近似することができ，その場合には

4.3 散乱波による取り扱い

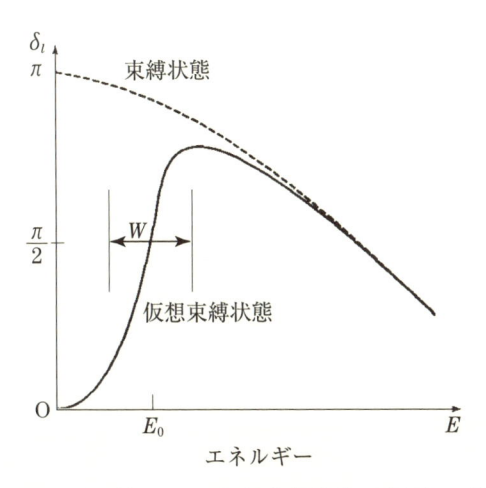

図 4.4 束縛状態（破線）および仮想束縛状態（実線）の位相のずれ．

$$\int_0^s \mathrm{d}r r^2 j_l(k_0 r) U(r) c_{nl}(r) \approx (\varepsilon_{nl} - \varepsilon) \int_0^s \mathrm{d}r r^2 j_l(k_0 r) c_{nl}(r)$$

である．これらを用いると，位相のずれは入射波，内殻状態および共鳴状態に分けて次のように書かれる．

$$\begin{aligned}
\tan \delta_l = &- k_0 \int_0^s \mathrm{d}r r^2 j_l(k_0 r)^2 U(r) \\
&- \sum_{n(\mathrm{core})} k_0 (\varepsilon - \varepsilon_{nl}) \Big[\int_0^s \mathrm{d}r r^2 j_l(k_0 r) c_l(r) \Big]^2 \\
&- \sum_{\alpha(\neq \mathrm{core})} \frac{k_0}{\varepsilon - \varepsilon_{l\alpha}} \Big[\int_0^s \mathrm{d}r r^2 j_l(k_0 r) U(r) \chi_{l\alpha}(r) \Big]^2 \quad (4.29)
\end{aligned}$$

この右辺第 3 項の共鳴状態 $\chi_{l\alpha}(r)$ を**仮想束縛状態** (virtual bound state) と呼ぶ．入射平面波の状態がエネルギー的にごく近い状態と共鳴散乱を起こし，短い時間の間だけポテンシャル内にとらえられる．位相のずれは，この共鳴エネルギー $\varepsilon_{l\alpha}$ の近傍 W 程度の領域で大きく π だけ変化する (**図 4.4**)．W は (4.29) 式により

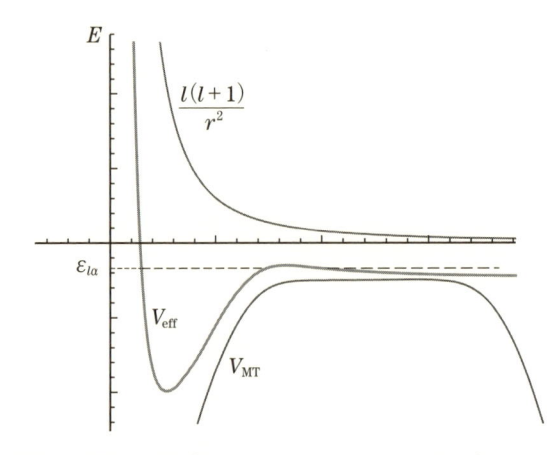

図 4.5 仮想束縛状態．結晶内ポテンシャル V_{MT} に遠心力ポテンシャル $l(l+1)/r^2$ を重ねたものが部分波 l 成分に対する有効ポテンシャル V_{eff} となる．V_{eff} は原子の内側で浅い谷を形成する．このように形成されたポテンシャルの谷は隣接原子位置にも形成され互いに低いポテンシャル障壁で隔てられる．これにより仮想束縛状態（共鳴エネルギー $\varepsilon_{l\alpha}$）が生じる．

$$\frac{W}{2} = \frac{\hbar^2}{2m} k_0 \{ \int_0^s \mathrm{d}r\, r^2 j_l(k_0 r) u(r) \chi_{l\alpha}(r) \}^2 \tag{4.30}$$

と与えられる．このような仮想束縛状態は，例えば単純金属中での遷移金属不純物の d 状態がそれである．動径波動関数はポテンシャル $V(r)$ の他に，遠心力ポテンシャル $\hbar^2/(2m) \cdot l(l+1)/r^2$ を感じており，これが l の大きいときには図 4.5 に示すような低いポテンシャルの壁を形成している．ポテンシャルの外では電子はポテンシャルの壁より低いところにあり，したがって電子は内側に閉じ込められることなく外へしみ出していく．またこのような状態のエネルギー幅は，(4.30) 式の $\chi_{l\alpha}$ を原子波動関数におきかえてよく見積もることができる．

4.4 補強された平面波展開法

第一原理電子構造計算手法として歴史も長くかつ実際上も広く用いられる，

4.4 補強された平面波展開法

物理的にも数学的にも重要な方法のひとつが「**補強された平面波展開法**」（Augmented Plane Wave 法（APW 法））である[*6]．APW 法は平面波を基底関数とし，各原子の近傍ではその平面波を補強する形で原子波動関数に接続する．

結晶の固有状態を決める方程式は以下である．

$$\psi_{\alpha,\bm{k}}(\bm{r}) = \sum_m C_{\alpha,m}(\bm{k})\,\phi^{\text{APW}}_{\bm{k}_m}(\bm{r}) \tag{4.31}$$

$$\phi^{\text{APW}}_{\bm{k}_m}(\bm{r}) = \begin{cases} \exp\{\mathrm{i}(\bm{k}_m)\cdot\bm{r}\}\,,\ r' > S_a \\ \sum_{a,lm} d_{a,lm}(\bm{k}_m)\,\mathrm{i}^l\,\varphi_{al}(E,r')Y_{lm}(\hat{\bm{r}}')\,,\ r' < S_a \end{cases} \tag{4.32}$$

ただし $\bm{r}$ と $\bm{\tau}_a$ は単位胞内の任意の位置および原子 a の位置を表し，また $\bm{k}_m = \bm{k} - \bm{G}_m$ と書き，$\bm{r}' = \bm{r} - \bm{\tau}_a$ である．(4.32) 式では，原子のポテンシャルは $r < S_a$ では球対称であり，$r > S_a$ では 0 であると仮定した．そのため原子の中心から離れたところでは平面波で表される．$r < S_a$ での 1 電子波動関数は角運動量 (lm) で特徴づけられ，与えられたエネルギー E に対するシュレディンガー方程式の解が $\varphi_{al}(E,r)Y_{lm}(\hat{\bm{r}})$ であるとした．

球ベッセル関数 $j_n(z)$ を用いる平面波に対する球面波展開の公式

$$\mathrm{e}^{\mathrm{i}\bm{k}\cdot\bm{r}} = 4\pi \sum_{lm} \mathrm{i}^l j_l(kr) Y^*_{lm}(\hat{\bm{k}}) Y_{lm}(\hat{\bm{r}})$$

を用いれば $r' = S_a$ における接続条件として次が得られる．

$$d_{a,lm}(\bm{k}_m) = 4\pi \mathrm{e}^{\bm{k}_m\cdot\bm{\tau}_a} j_l(|\bm{k}_m|S_a) \frac{Y^*_{lm}(\widehat{\bm{k}_m})}{\varphi_{al}(E,S_a)}\,. \tag{4.33}$$

(4.31) 式の係数 $C_{\alpha,m}(\bm{k})$ を決めるための連立方程式は

$$\sum_m \langle \phi^{\text{APW}}_{\bm{k}_{m'}} | H - \varepsilon_{\alpha,\bm{k}} | \phi^{\text{APW}}_{\bm{k}_m} \rangle C_{\alpha,m}(\bm{k}) = 0 \tag{4.34}$$

である．ここで波動関数は (4.33) 式で連続に接続されているが滑らかではないので注意をしなくてはならない．運動エネルギー演算子はおおもとに戻って，左右からかかっている波動関数に対して対称な形 $\langle \phi_i | \nabla^2 | \phi_j \rangle$ を $-\langle \nabla \phi_i | \nabla \phi_j \rangle$ としておく必要がある．このような書き換えの後，実際の積分は各原子 a の周り

[*6] J. C. Slater, Phys. Rev. **51**, 846 (1937).

$r \leq S_a$ の領域とその外側の領域の積分に分けられる。平面波の部分の $r > S_a$ の積分は、全域の積分から $r < S_a$ の領域の積分を差し引いて、求める。ϕ^{APW} の $r < S_a$ での積分では、$-\langle \nabla \phi_i | \nabla \phi_j \rangle$ をもう一度、グリーンの定理を用いて $\langle \phi_i | \nabla^2 | \phi_j \rangle$ に書き換えるが、その際に $r = S_a$ の球表面上での積分が現れ、残りの項はゼロとなる。こうして決定方程式は

$$\det\left[\left(\frac{\hbar^2}{2m}(\boldsymbol{k}_m)^2 - \varepsilon_{\alpha,\boldsymbol{k}}\right)\delta_{mm'} + \sum_a e^{i(\boldsymbol{k}_m - \boldsymbol{k}_{m'})\cdot\boldsymbol{\tau}_a} \Gamma_{a,mm'}\right] = 0, \quad (4.35)$$

$$\Gamma_{a,mm'} = \frac{4\pi S_a}{\Omega_{\mathrm{cell}}}\left[-\left\{\frac{\hbar^2}{2m}\boldsymbol{k}_m\cdot\boldsymbol{k}_{m'} - \varepsilon_{\alpha,\boldsymbol{k}}\right\}S_a \frac{j_l(|\boldsymbol{k}_m - \boldsymbol{k}_{m'}|S_a)}{|\boldsymbol{k}_m - \boldsymbol{k}_{m'}|}\right.$$
$$\left. + \sum_l (2l+1)P_l(\cos\theta_{mm'})\,j_l(|\boldsymbol{k}_m|S_a)j_l(|\boldsymbol{k}_{m'}|S_a)D_{al}(S_a,\varepsilon_{\alpha,\boldsymbol{k}})\right] \quad (4.36)$$

となる。$\theta_{mm'}$ は $\boldsymbol{k}_m$ と $\boldsymbol{k}_{m'}$ がなす角度、$D_{al}(S_a, \varepsilon_{\alpha,\boldsymbol{k}})$ は対数微分である。

$$D_{al}(S_a, \varepsilon_{\alpha,\boldsymbol{k}}) = S_a\left[\frac{\mathrm{d}\varphi_{al}(E,r)}{\mathrm{d}r}\bigg/\varphi_{al}(E,r)\right]_{r=S_a}. \quad (4.37)$$

1電子バンド構造を決める固有値方程式は線型方程式ではなく複雑な式となる。また、決定方程式は陽には1電子ポテンシャルを含まず、$r = S_a$ における対数微分を通してのみ現れる。

4.5 グリーン関数法

グリーン関数法 (KKR 法) は数学的にも物理的にも明確で大変優れた方法である[*7]。以下では単位胞に原子が1個とするが一般化は容易である。

シュレディンガー方程式 (1.9) はグリーン関数 $G(E; \boldsymbol{r}, \boldsymbol{r}_0)$ を用いて、

$$\psi(\boldsymbol{r}) = \int \mathrm{d}\boldsymbol{r}_0 G(E; \boldsymbol{r}, \boldsymbol{r}_0)\frac{2m}{\hbar^2}V(\boldsymbol{r}_0)\psi(\boldsymbol{r}_0) \quad (4.38)$$

と書き換えることができる。ただしグリーン関数は適当な境界条件の下で

$$\left(-\Delta_{\boldsymbol{r}} - \frac{2m}{\hbar^2}E\right)G(E; \boldsymbol{r}, \boldsymbol{r}_0) = -\delta(\boldsymbol{r} - \boldsymbol{r}_0) \quad (4.39)$$

[*7] J. Korringa, Physica. **13**, 392 (1947); W. Kohn and N. Rostoker, Phys. Rev. **94**, 1111 (1954). この3名の名前の頭文字をとって KKR 法とも呼ばれる。

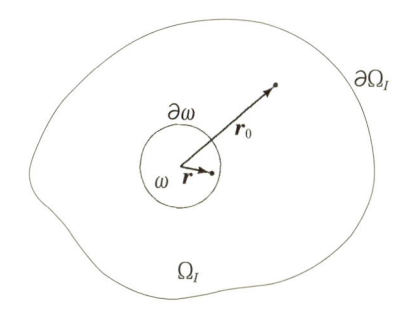

図4.6 ポテンシャル領域 ω とその外の領域 Ω_I.

の解として定義される．並進周期性のある系では，周期境界条件

$$G(E;\bm{r},\bm{r}_0)\Big|_{\bm{r}\to\bm{r}+\bm{t}_n} = \mathrm{e}^{\mathrm{i}\bm{k}\cdot\bm{t}_n} G(E;\bm{r},\bm{r}_0)$$

を満足するグリーン関数として

$$\begin{aligned}G(E;\bm{r},\bm{r}_0) &= G(E;\bm{k},\bm{r}-\bm{r}_0) \\ &= -\frac{1}{4\pi}\sum_{\bm{t}_n}\frac{\mathrm{e}^{\mathrm{i}k_0|\bm{r}-\bm{r}_0-\bm{t}_n|}}{|\bm{r}-\bm{r}_0-\bm{t}_n|}\mathrm{e}^{\mathrm{i}\bm{k}\cdot\bm{t}_n} = -\frac{1}{\Omega_\mathrm{c}}\sum_{\bm{K}_n}\frac{\mathrm{e}^{\mathrm{i}(\bm{k}+\bm{K}_n)\cdot(\bm{r}-\bm{r}_0)}}{|\bm{k}+\bm{K}_n|^2-k_0^2}\end{aligned} \quad (4.40)$$

を考える．Ω_c は単位胞の体積で，また $k_0^2 = 2m/\hbar^2 E$ と書いた．(4.38) 式がシュレディンガー方程式の解であることを見るには，その左辺に直接 $-\Delta_{\bm{r}} - (2m/\hbar^2)E$ を演算し，右辺で (4.39) 式を用いればよい．ポテンシャルに跳びがある場合には，積分方程式 (4.38) は波動関数をそこで滑らかに接続する条件と等価である．次のようにしてみるとよく理解できる．

今考えている領域を Ω_I，その外側表面を $\partial\Omega_I$ としよう（**図4.6**）．Ω_I の内部の小領域 ω（境界 $\partial\omega$）内でポテンシャル $V(\bm{r}) \neq 0$，またそれ以外の Ω_I 内領域 $(\Omega_I - \omega)$ で $V(\bm{r}) \equiv 0$ とすると，グリーンの定理により

$$\begin{aligned}&\int_{\Omega_I-\omega} \mathrm{d}\bm{r}_0 G(E;\bm{r},\bm{r}_0)U(\bm{r}_0)\psi(\bm{r}_0) = 0 \\ &= \int_{\Omega_I-\omega} \mathrm{d}\bm{r}_0 \psi(\bm{r}_0)(\Delta_{\bm{r}_0}+k_0^2)G(E;\bm{r},\bm{r}_0) \\ &\quad + \left\{\int_{\partial\Omega_I}-\int_{\partial\omega}\right\}\mathrm{d}S_{\bm{r}_0}[G(E;\bm{r},\bm{r}_0)\nabla_{\bm{r}_0}\psi(\bm{r}_0) - \psi(\bm{r}_0)\nabla_{\bm{r}_0}G(E;\bm{r},\bm{r}_0)]\end{aligned}$$

88　第4章　1電子バンド構造を決定するための種々の方法

となる.ただし表面の法線ベクトルは $\partial\Omega_I$ の外向き, $\partial\omega$ の外向きにとる. r を ω の内部に選べば,最終式第1項は $r \neq r_0$ であるからゼロとなる.また $\partial\Omega_I$ 上の寄与は,周期境界条件よりゼロである.結局 ($r \in \omega$ として)

$$\int_{\partial\omega} dS_{r_0}[G(E;r,r_0)\nabla_{r_0}\psi(r_0) - \psi(r_0)\nabla_{r_0}G(E;r,r_0)] = 0 \qquad (4.41)$$

を得る. $G(E;r,r_0)$ は $\Omega_I - \omega$ 内の正しい解であるから,この式は, ω 内の解 $\psi(r)$ が $\partial\omega$ 上で外部の解と滑らかに接続されていることを要求している.

ω を半径 s_0 の球(その中心を原点ととる)として, r を ω 内に, r_0 を ω の外にとる.グリーン関数を球面波で展開すると ($r = |r|$, $r_0 = |r_0|$, $r < r_0$)

$$\begin{aligned}G(E;r,r_0) = & k_0 \sum_{lm} j_l(k_0 r) n_l(k_0 r_0) Y_{lm}(\hat{r}) Y_{lm}^*(\hat{r}_0) \\ & + \sum_{lm}\sum_{l'm'} \Gamma_{lm:l'm'} j_l(k_0 r) j_{l'}(k_0 r_0) Y_{lm}(\hat{r}) Y_{l'm'}^*(\hat{r}_0)\end{aligned}$$
(4.42)

と書かれる. $\hat{r} = r/|r|$ であり,また第2項はグリーン関数が $r_0 \to \infty$ での境界条件を満すために導入した一般解である. ω 内部の解も部分波に展開して

$$\psi(r_0) = \sum_{lm} C_{lm} R_l(k_0^2; r_0) Y_{lm}(\hat{r}_0)$$

とし,これらを (4.41) 式に代入して表面積分を実行する.結果は

$$\begin{aligned}& \sum_{lm} j_l(k_0 r) Y_{lm}(\hat{r})[k_0 C_{lm}\{n_l(k_0 s_0) R_l'(k_0^2; s_0) - n_l'(k_0 s_0) R_l(k_0^2; s_0)\} \\ & + \sum_{l'm'} \Gamma_{lm:l'm'} C_{l'm'}\{j_{l'}(k_0 s_0) R_{l'}'(k_0^2; s_0) - j_{l'}'(k_0 s_0) R_{l'}(k_0^2; s_0)\}] = 0\end{aligned}$$

となる.ここで "′" は r についての微分を表す.これから C_{lm} を決める連立 1 次方程式として

$$\begin{aligned}\sum_{l'm'} C_{l'm'}[&\Gamma_{lm:l'm'}\{j_{l'}(k_0 s_0) R_{l'}'(k_0^2; s_0) - j_{l'}'(k_0 s_0) R_{l'}(k_0^2; s_0)\} \\ & + k_0\{n_l(k_0 s_0) R_l'(k_0^2; s_0) - n_l'(k_0 s_0) R_l(k_0^2; s_0)\}\delta_{ll'}\delta_{mm'}] = 0\end{aligned}$$

を得る．あるいはこれを書き直すと，固有値方程式は

$$\det[\Gamma_{lm:l'm'} + k_0 \cot\delta_l \cdot \delta_{ll'}\delta_{mm'}] = 0 \tag{4.43}$$

$$\cot\delta_l = \frac{n'_l(k_0 s_0) - n_l(k_0 s_0)R'_l(k_0^2; s_0)/R_l(k_0^2; s_0)}{j'_l(k_0 s_0) - j_l(k_0 s_0)R'_l(k_0^2; s_0)/R_l(k_0^2; s_0)}$$

である．この δ_l は (4.24) 式で定義した位相のずれそのものである．$\Gamma_{lm:l'm'}$ はエネルギー $E(=\hbar^2 k_0^2/2m)$ と原子の位置によって決まり，一方 δ_l は原子の個性によって決まる．固有エネルギー E は (4.43) 式が満足されるように決められる．

(4.43) 式はポテンシャル領域 ω が 1 つだけだと思って導いてきたが，ポテンシャルが並んでいるときは，$\Gamma_{lm,l'm'}, \cot\delta_l$ には原子についての添字が付いていると考えればよい．原子の配列が周期的であれば，さらに $\boldsymbol{k}$ 空間に変換して波数ベクトル $\boldsymbol{k}$ の関数となる．

$\Gamma_{lm:l'm'}$ の具体的形を考えよう．結晶を考えて (4.40) 式のグリーン関数をとる．このグリーン関数を $\boldsymbol{t}_n = 0$ の部分とそれ以外に分ける．

$$G(E;\boldsymbol{k},\boldsymbol{r}-\boldsymbol{r}_0) = -\frac{1}{4\pi}\frac{\cos k_0|\boldsymbol{r}-\boldsymbol{r}_0|}{|\boldsymbol{r}-\boldsymbol{r}_0|} + \sum_{LM} D_{LM} j_L(k_0|\boldsymbol{r}-\boldsymbol{r}_0|) Y_{LM}(\widehat{\boldsymbol{r}-\boldsymbol{r}_0}) \tag{4.44}$$

第 1 項は (4.42) 式の第 1 項と正確に一致している．したがって (4.44) 式は第 2 項を書き換えれば

$$G(E;\boldsymbol{k},\boldsymbol{r}-\boldsymbol{r}_0) = -\frac{1}{4\pi}\frac{\cos k_0|\boldsymbol{r}-\boldsymbol{r}_0|}{|\boldsymbol{r}-\boldsymbol{r}_0|}$$
$$+ \sum_{lm}\sum_{l'm'} \Gamma_{lm:l'm'} j_l(k_0 r) j_{l'}(k_0 r_0) Y_{lm}(\hat{\boldsymbol{r}}) Y^*_{l'm'}(\hat{\boldsymbol{r}}_0) \tag{4.45}$$

と書けるはずである．平面波の展開

$$\exp(i\boldsymbol{k}\cdot(\boldsymbol{r}-\boldsymbol{r}_0)) = 4\pi \sum_{lm} i^l j_l(k|\boldsymbol{r}-\boldsymbol{r}_0|) Y^*_{lm}(\hat{\boldsymbol{k}}) Y_{lm}(\widehat{\boldsymbol{r}-\boldsymbol{r}_0})$$

の両辺に $Y_{LM}(\hat{\boldsymbol{k}})$ をかけて $\hat{\boldsymbol{k}}$ で積分すると

$$j_L(k|\boldsymbol{r}-\boldsymbol{r}_0|) Y_{LM}(\widehat{\boldsymbol{r}-\boldsymbol{r}_0}) = \frac{1}{4\pi i^L} \int d\hat{\boldsymbol{k}} e^{i\boldsymbol{k}\cdot\boldsymbol{r}} e^{-i\boldsymbol{k}\cdot\boldsymbol{r}_0} Y_{LM}(\hat{\boldsymbol{k}})$$

$$= \frac{4\pi}{\mathrm{i}^L} \sum_{lm} \sum_{l'm'} \mathrm{i}^{l-l'} j_l(kr) j_{l'}(kr_0) Y_{lm}(\hat{\boldsymbol{r}}) Y_{l'm'}^*(\hat{\boldsymbol{r}}_0) C_{LM:lml'm'} \quad (4.46)$$

ただし

$$C_{LM:lml'm'} = \int \mathrm{d}\hat{\boldsymbol{k}} Y_{lm}^*(\hat{\boldsymbol{k}}) Y_{l'm'}(\hat{\boldsymbol{k}}) Y_{LM}(\hat{\boldsymbol{k}}) = \sqrt{\frac{2L+1}{4\pi}} c^L(lm:l'm')$$

となる。$c^L(lm:l'm')$ を**ガウント** (Gaunt) **係数**という．(4.44) 式に (4.46) 式を代入して，(4.45) 式と比較することにより

$$\Gamma_{lm:l'm'} = 4\pi \mathrm{i}^{l-l'} \sum_{LM} \mathrm{i}^{-L} D_{LM} C_{LM:lml'm'} \quad (4.47)$$

を得る．ガウント係数の定義から，$M = m - m'$ であり，また $L = |l-l'|, |l-l'+1|, \cdots, |l+l'|$ である．

D_{LM} の計算は，(4.40) 式の和を実空間の和と逆格子空間の和に分けて実行する (エヴァルト (Ewalt) の方法)，あるいは球ハンケル関数の積分表示

$$\frac{\mathrm{e}^{\mathrm{i}k_0 R}}{R} = \mathrm{i}k_0 h_0^{(1)}(k_0 R) = \frac{2}{\sqrt{\pi}} \int_0^\infty \mathrm{d}\xi \exp\left\{-R^2 \xi^2 + \frac{k_0^2}{4\xi^2}\right\}$$

を用いて変形すると (4.40) 式は次のようになる．

$$\begin{aligned} &G(E; \boldsymbol{k}, \boldsymbol{r}-\boldsymbol{r}_0) \\ &= -\frac{1}{\Omega_c} \sum_{\boldsymbol{K}_n} \exp[\mathrm{i}(\boldsymbol{k}+\boldsymbol{K}_n) \cdot (\boldsymbol{r}-\boldsymbol{r}_0)] \frac{\exp[\{-(\boldsymbol{k}+\boldsymbol{K}_n)^2 + k_0^2\}/\eta]}{(\boldsymbol{k}+\boldsymbol{K}_n)^2 - k_0^2} \\ &\quad -\frac{1}{2\pi^{3/2}} \int_{\frac{1}{2}\sqrt{\eta}}^\infty \mathrm{d}\xi \sum_{\boldsymbol{t}_n} \exp\left[\mathrm{i}\boldsymbol{k} \cdot \boldsymbol{t}_n - (\boldsymbol{r}-\boldsymbol{r}_0 - \boldsymbol{t}_n)^2 \xi^2 + \frac{k_0^2}{4\xi^2}\right]. \quad (4.48) \end{aligned}$$

η は ξ による積分を $[0, \frac{1}{2}\sqrt{\eta}]$ と $[\frac{1}{2}\sqrt{\eta}, \infty]$ の 2 つに分割した任意の数で，$\boldsymbol{K}_n$ および $\boldsymbol{t}_n$ の和が両方とも速く収束するように選ぶ．(4.48) 式を $\boldsymbol{r}-\boldsymbol{r}_0$ の球関数で展開し，$|\boldsymbol{r}-\boldsymbol{r}_0| \to 0$ の極限で (4.44) 式と比較することにより係数 D_{LM} が次のように求められる．

$$D_{LM} = D_{LM}^{(1)} + D_{LM}^{(2)} + D_{00}^{(3)} \delta_{L,0}$$

$$D_{LM}^{(1)} = -\frac{4\pi i^L}{\Omega_c k_0^L} \sum_{\boldsymbol{K}_n} \frac{|\boldsymbol{k}+\boldsymbol{K}_n|^L \exp[\{-(\boldsymbol{k}+\boldsymbol{K}_n)^2 + k_0^2\}/\eta]}{(\boldsymbol{k}+\boldsymbol{K}_n)^2 - k_0^2} Y_{LM}(\widehat{\boldsymbol{k}+\boldsymbol{K}_n}),$$

$$D_{LM}^{(2)} = -\frac{1}{\sqrt{\pi}} \cdot \frac{2^{L+1}}{k_0^L} \sum_{\boldsymbol{t}_n(\neq 0)} |\boldsymbol{t}_n|^L e^{i\boldsymbol{k}\cdot\boldsymbol{t}_n} Y_{LM}(\hat{\boldsymbol{t}}_n)$$

$$\times \int_{\frac{1}{2}\sqrt{\eta}}^{\infty} d\xi \exp\left[-\xi^2 t_n^2 + \frac{k_0^2}{4\xi^2}\right] \xi^{2L},$$

$$D_{00}^{(3)} = -\frac{\sqrt{\eta}}{2\pi} \sum_{s=0}^{\infty} \frac{(k_0^2/\eta)^s}{s!(2s-1)}. \tag{4.49}$$

(4.49) 式により $\Gamma_{lm;l'm'}$ がエネルギー k_0^2 と原子配列の関数として定まる．これを (4.43) 式に対して用いて電子構造が決まる．さらにそれから結晶内の電荷分布が決まり，第 2 章で述べた密度汎関数理論に基づいて新たなポテンシャル場が定められる．このような手順を繰り返し，つじつまの合った解が得られるまで続ける．

4.6　第一原理擬ポテンシャル法と平面波展開

4.6.1　ノルム保存型擬ポテンシャル

4.2 節で議論した経験的擬ポテンシャルでは，同一原子の場合でも，化合物が違えば擬ポテンシャルを作り替えねばならない．さらに擬ポテンシャルを作り直すことまでを含めてセルフコンシステントに実行することは難しい．

これに対して，第一原理により周りの環境に強く依存しない擬ポテンシャルを作る方法が工夫され，**第一原理擬ポテンシャル法**と呼ばれる[*8]．この擬ポテンシャルの作り方から，**ノルム保存型擬ポテンシャル法**とも呼ばれ，以下のようにして作られる．

1. 動径方向に節を持たず外殻領域 ($r > r_c$) では孤立原子の正しい波動関数と一致するように波動関数の形を決める（擬波動関数）．

[*8] D. R. Hamann, M. Schlüter and C. Chiang, Phys. Rev. Lett. **43**, 1494 (1979); G. B. Bachelet, D. R. Hamann and M. Schlüter, Phys. Rev. B**26**, 4199 (1982).

2. $r < r_{\rm c}$ では擬波動関数は節を持たず，さらにノルム

$$\int_0^{r_{\rm c}} {\rm d}r\, r^2 R_l^2(r) \tag{4.50}$$

が，正しい波動関数のそれと一致するようにする（ノルム保存の条件）．

3. $r = r_{\rm c}$ で擬波動関数の対数微分は正しい波動関数のそれと一致するようにする．

4. 次にその擬波動関数が孤立原子の価電子状態の固有エネルギーを正しく与えるように擬ポテンシャル $V_l^{\rm ps}$ を定める．つまりシュレディンガー方程式で波動関数を与えてポテンシャルを決める．$V_l^{\rm ps}$ は方位量子数 l に依存する．$r > r_{\rm c}$ では $V_l^{\rm ps}$ は孤立原子のポテンシャルと完全に一致している．

5. こうして作られた $V_l^{\rm ps}$ から価電子によるクーロンポテンシャル，交換・相関ポテンシャルを引き去り，内殻電子のみによる擬ポテンシャル $V_l^{\rm ps:ion}$ を作る．

図4.7 に，Au の内殻イオン擬ポテンシャルおよび対応する擬波動関数を示した．外側の波動関数ほど，より深いポテンシャルを感じている．この方法では相対論的効果を取り込むことにも困難はない．またこの擬ポテンシャルは内殻電子によるものであるから原子の結合状態には依存せず，いろいろな化合物を考える場合にも，化合物によらず同じものであると考えることができる．すなわち良い transferability が期待できる．

上で説明したイオンのノルム保存型擬ポテンシャルは

$$V^{\rm ps:ion} = V_{\rm local}(r) + \sum_l |Y_{lm}\rangle V_{\rm NL}^l(r) \langle Y_{lm}| \tag{4.51}$$

と書かれる．右辺第1項 $V_{\rm local}(r)$ はイオンの中心からの距離 $r = |\boldsymbol{r}|$ によってのみ決まり角運動量に依存しない局所ポテンシャル，第2項は角運動量成分に依存する非局所ポテンシャルである．このような非局所ポテンシャルは計算量が多くなるため近似的に分離型ポテンシャル

$$V^{\rm ps:ion} = V_{\rm local}(r) + \sum_l \frac{|V_{\rm NL}^l \psi_{lm}^{\rm pw}\rangle \langle V_{\rm NL}^l \psi_{lm}^{\rm pw}|}{\langle \psi_{lm}^{\rm pw}|V_{\rm NL}^l|\psi_{lm}^{\rm pw}\rangle} \tag{4.52}$$

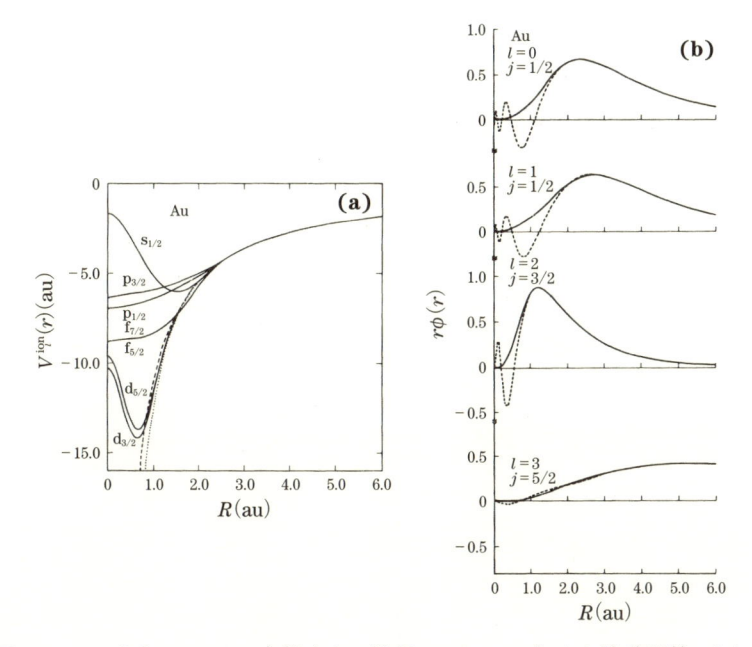

図4.7 Au イオンの，(a) 内殻イオン擬ポテンシャル と (b) 波動関数. (b) で擬波動関数は実線で，実波動関数は鎖線で示してある (G. B. Bachelet, D. R. Hamann and M. Schlüter, Phys. Rev. B**26**, 4199 (1982)).

に書き換えることが多い[*9]. $\psi_{lm}^{\mathrm{pw}}(\boldsymbol{r})$ は角運動量成分 (l, m) を持った孤立原子の擬波動関数で，したがってこの擬ポテンシャルを固体の中においたとき，得られた擬波動関数が孤立原子の擬波動関数に等しいときは正しい．

ノルム保存の意味を考えよう．波動関数を $\phi = R_l Y_{lm}$ とし，そのエネルギー微分を $\dot{\phi} = \mathrm{d}\phi/\mathrm{d}E$ と書くと，それらの満たすべき式は

$$(H - E)\dot{\phi} = \phi \tag{4.53}$$

である．$r < r_\mathrm{c}$ における積分（ノルム）についてはグリーンの定理を用いて，

$$\int_0^{r_\mathrm{c}} \mathrm{d}r r^2 R_l^2 = \int_{|\boldsymbol{r}|<r_\mathrm{c}} \mathrm{d}\boldsymbol{r} \phi^*(H-E)\dot{\phi}$$

[*9] L. Kleinman and D. M. Bylander, Phys. Rev. Lett. **48**, 1425 (1982).

$$
\begin{aligned}
&= \int_{|r|<r_c} d\boldsymbol{r} \dot{\phi}(H-E)\phi^* - \frac{\hbar^2}{2m}\int_{|r|=r_c} d\boldsymbol{S}(\phi^*\nabla\dot{\phi} - \dot{\phi}\nabla\phi^*) \\
&= -\frac{\hbar^2}{2m}r_c^2\left[R\frac{d\dot{R}}{dr} - \dot{R}\frac{dR}{dr}\right]_{r_c} = -\frac{\hbar^2}{2m}r_c^2 R(r_c)^2 \frac{d}{dE}\left(\frac{1}{R}\frac{dR}{dr}\right)_{r_c} \quad (4.54)
\end{aligned}
$$

となる.したがって, $r < r_c$ におけるノルム保存の条件は r_c における対数微分のエネルギー微分が正しく保存されていることと同値である.いいかえれば,位相のずれのエネルギー依存性がエネルギーの1次の範囲で正しく記述されている.ノルム保存型擬ポテンシャルについては, $r = r_c$ における波動関数の連続性を高次の微分についてまで要求する,あるいは $V_l^{\text{ps:ion}}$ の形に制限を要求するなど,よりやわらかい擬ポテンシャルを作るためのいろいろな変形があり得る[*10].

交換・相関ポテンシャルについて, V_l^{ps} より価電子の寄与を差し引き $V_l^{\text{ps:ion}}$ を作ると述べた.実際には,交換・相関ポテンシャルについては波動関数に重なりがあるかぎり,内殻電子の寄与と価電子の寄与を完全に分離できない.この交換・相関ポテンシャルについては, core-correction または partial core-correction と称する補正方法が議論されている[*11].この補正の影響はアルカリ金属 Na でも決して無視できず,補正を行わないと安定な格子間隔が実際よりは短くなってしまう等が知られている.さらに擬ポテンシャルに core-correction を施すことによりスピン分極の効果を取り扱うことも試みられていて,遷移金属系でも満足のいく結果が得られている[*12].

4.6.2 ウルトラソフト擬ポテンシャル

ノルム保存型擬ポテンシャルは, Si, Al, アルカリ金属などに用いられるが,実際上すべての元素に用いられるものでもない.すでに述べたように第2周期の元素あるいは遷移金属元素に対しては,ノルム保存型擬ポテンシャルは決して浅いものではないからである.よりやわらかい第一原理擬ポテンシャルの作り方が様々に提案されている.その中からウルトラソフト擬ポテンシャル (ultrasoft

---

[*10] N. Troullier and J. L. Martins, Phys. Rev. B**43**, 1993 (1991).
[*11] S. G. Louie, S. Froyen and M. L. Cohen, Phys. Rev. B**26**, 1738 (1982).
[*12] T. Sasaki, A. M. Rappe and S. G. Louie, Phys. Rev. B**52**, 12760 (1995).

4.6 第一原理擬ポテンシャル法と平面波展開

pseudopotential) を説明しよう[*13].

正確なシュレディンガー方程式を，運動エネルギー部分 T，密度汎関数理論により決められたポテンシャルを V_{AE} (AE は all electron の意味) として

$$(T + V_{\mathrm{AE}} - \varepsilon_i)|\psi_i\rangle = 0 \tag{4.55}$$

と書いておこう．$r < r^{\mathrm{loc}}$ の領域で局所ポテンシャル V_{loc} を適当に決め

$$V_{\mathrm{loc}}(r) = V_{\mathrm{AE}}(r), \quad r > r^{\mathrm{loc}} \tag{4.56}$$

とする．また $r > r_{cl}$ (方位量子数 l によって異なってもよい) では ψ_i と一致し，$r < r_{cl}$ では節を持たない擬波動関数を ϕ_i とする．ϕ_i は V_{loc} と無関係に適当に定める．

$$\phi_i(\boldsymbol{r}) = \psi_i(\boldsymbol{r}) \quad r > r_{cl}. \tag{4.57}$$

ノルム保存型擬ポテンシャル法では

$$\langle \phi_i | \phi_i \rangle_{r_c} = \langle \psi_i | \psi_i \rangle_{r_c} \equiv \int_{r_c > r} d\boldsymbol{r}\, \psi_i^*(\boldsymbol{r})\psi_i(\boldsymbol{r})$$

と選ばれていたが，今はこの条件をおかない．さらに新たな関数 χ_i を

$$|\chi_i\rangle = (\varepsilon_i - T - V_{\mathrm{loc}})|\phi_i\rangle \tag{4.58}$$

と定義する．χ_i は $r > R = \mathrm{Max}(r_{cl}, r^{\mathrm{loc}})$ ではゼロとなる局在した関数である．このようにすると擬波動関数の満たすべき方程式は

$$(T + V_{\mathrm{loc}} + V'_{\mathrm{NL}})|\phi_i\rangle = \varepsilon_i |\phi_i\rangle, \quad V'_{\mathrm{NL}} = \frac{|\chi_i\rangle\langle\chi_i|}{\langle\chi_i|\phi_i\rangle} \tag{4.59}$$

となる．あるいは非局所ポテンシャル V'_{NL} は書き直して次のようになる．

$$V'_{\mathrm{NL}} = \sum_{i,j} B_{ij} |\beta_i\rangle\langle\beta_j| \tag{4.60}$$

ただし $B_{ij} = \langle \phi_i | \chi_j \rangle$，$|\beta_i\rangle = \sum_j (B^{-1})_{ji} |\chi_j\rangle$．

[*13] D. Vanderbilt, Phys. Rev. **B41**, 7892 (1990); K. Laasonen, A. Pasquarello, R. Car, C. Lee and D. Vanderbilt, Phys. Rev. B**47**, 10142 (1993).

ここで $\langle \phi_i | \beta_j \rangle = \delta_{ij}$ が成立していることに注意しなくてはならない．ここまで特にことわらなかったが，(4.55) 式の ε_i としては，孤立原子の正しい固有エネルギーだけを選ぶ必要はなく，その他に考えているエネルギー範囲の中で適当に何個でも選択することが許される．ε_i をどのように選んでも χ_i, β_i は $r < R$ に局在しているからである．このようにすることにより，対数微分を広いエネルギー範囲で正しく再現することができるようになる．

一般にノルム保存の条件をおかないため，我々の電荷密度は内殻領域で

$$Q_{ij}(\boldsymbol{r}) = \psi_i^*(\boldsymbol{r})\psi_j(\boldsymbol{r}) - \phi_i^*(\boldsymbol{r})\phi_j(\boldsymbol{r}) \tag{4.61}$$

だけ不足している．また求められた波動関数 (電荷) についても，ノルムが

$$Q_{ij} = \int_{r < r_{cl}} Q_{ij}(\boldsymbol{r}) \mathrm{d}\boldsymbol{r} \tag{4.62}$$

だけ不足している．このことを考慮して重なり積分の演算子

$$S = 1 + \sum_{ij} Q_{ij} |\beta_i\rangle\langle\beta_j| \tag{4.63}$$

を定義すれば，次のように規格化条件が満足される．

$$\langle \phi_i | S | \phi_j \rangle_{r_{cl}} = \langle \psi_i | \psi_j \rangle_{r_{cl}} \tag{4.64}$$

この部分を (4.59) 式の方程式に含めるためには非局所ポテンシャル V'_{NL} も変形を加える必要がある．こうして

$$\begin{aligned}(T + V_{\mathrm{loc}} + V_{\mathrm{NL}})|\phi_i\rangle &= \varepsilon_i S |\phi_i\rangle \\ V_{\mathrm{NL}} &= \sum_{ij} (B_{ij} + \varepsilon_j Q_{ij})|\beta_i\rangle\langle\beta_j|\end{aligned} \tag{4.65}$$

が得られる．

物理量 A(演算子 A) を計算するときには，擬波動関数 $\phi_i(\boldsymbol{r})$ が真の波動関数 $\psi_i(\boldsymbol{r})$ と異なることに注意する．擬波動関数 $\phi_i(\boldsymbol{r})$ で物理量を計算するには演算子 A を $\tilde{A}$ に変換して

$$\tilde{A} = A + \sum_{kl} |\beta_k\rangle\{\langle\psi_k|A|\psi_l\rangle - \langle\phi_k|A|\phi_l\rangle\}\langle\beta_l| \tag{4.66}$$

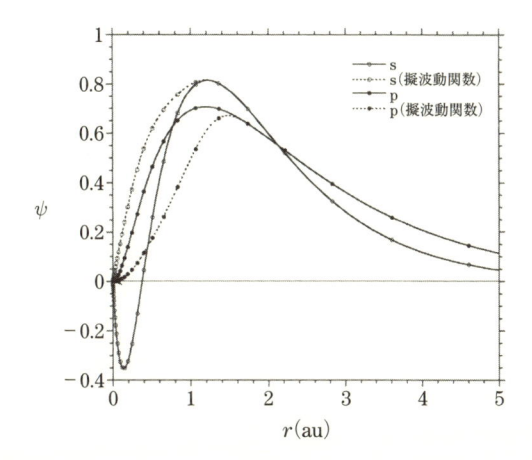

図4.8 炭素原子のウルトラソフト擬ポテンシャルで用いられる波動関数と正しい波動関数.

を用いればよい. $\tilde{A}$ は

$$\langle \psi_i | A | \psi_j \rangle = \langle \phi_i | \tilde{A} | \phi_j \rangle \tag{4.67}$$

を満足している.

以上の手続きでは V_{loc} を任意に浅く選ぶことができる. その結果 ϕ_i は内殻領域で小さな振幅を持つようになるため, $Q_{ij}(\boldsymbol{r})$ によって後から電荷を補ってやらねばならない. 一方で自然な形で ε_i を複数選んでやることができ, また (4.65) 式のような分離型ポテンシャルになっているなど, 扱いやすい面を多く備えている. 図4.8 に炭素原子の例を示しておこう.

4.7 PAW法

Projected Augmented Wave method (PAW法)[14] はウルトラソフト擬ポテンシャル法と深く関係しており, 第一原理擬ポテンシャル法と LAPW法 (後述) をつなぐ方法として重要である[15].

---

[14] P. E. Blöchl, Phys. Rev. B**50**, 17953 (1994).
[15] 4.6.2 項および T. Fujiwara and T. Hoshi, J. Phys. Soc. Jpn. **66**, 1723 (1997).

全電子問題 (ヒルベルト (Hilbert) 空間) を扱う際は特に添え字なしで A と書き，PAW 法における擬ヒルベルト空間を扱う際は波模様を付けて $\tilde{A}$ と書こう．波動関数に関する擬ヒルベルト空間からヒルベルト空間へ変換演算子を $\mathcal{T}$ とする．

$$|\Psi\rangle = \mathcal{T}|\hat{\Psi}\rangle \tag{4.68}$$

それぞれの原子球内部での波動関数を ϕ_a と書くと $|\phi_a\rangle = \mathcal{T}|\hat{\phi}_a\rangle$ である．このように定義すると擬ヒルベルト空間で擬波動関数が

$$|\hat{\Psi}\rangle = \sum_a |\hat{\phi}_a\rangle\, c_a \tag{4.69}$$

であれば，真のヒルベルト空間では

$$|\Psi\rangle = \sum_a |\phi_a\rangle\, c_a \tag{4.70}$$

である．さらに仮定から

$$|\Psi\rangle = |\hat{\Psi}\rangle - \sum_a |\hat{\phi}_a\rangle c_a + \sum_a |\phi_a\rangle c_a \tag{4.71}$$

であることがわかる．$\mathcal{T}$ が線形演算子であることを要求するとこれは各局所空間への射影演算子 $\langle \hat{p}_a|$ に分解され ($\langle \hat{p}_a|$ の選択が主要な課題となる)．

$$\mathcal{T} = 1 + \sum_a (|\phi_a\rangle - |\hat{\phi}_a\rangle)\langle \hat{p}_a| \tag{4.72}$$

$$c_a = \langle \hat{p}_a|\hat{\Psi}_a\rangle \tag{4.73}$$

$$\langle \hat{p}_a|\hat{\phi}_b\rangle = \delta_{ab} \tag{4.74}$$

となるから

$$|\Psi\rangle = \{1 + \sum_a (|\phi_a\rangle - |\hat{\phi}_a\rangle)\langle \hat{p}_a|\}|\hat{\Psi}\rangle \tag{4.75}$$

である．(4.72), (4.74) 式を用いれば一般の演算子 A についても同様な関係

$$\hat{A} = \mathcal{T}^\dagger A \mathcal{T} = A + \sum_{ab} |\hat{p}_a\rangle\{\langle \phi_a|A|\phi_b\rangle - \langle \hat{\phi}_a|A|\hat{\phi}_b\rangle\}\langle \hat{p}_b| \tag{4.76}$$

を得る．これは (4.66) 式である．また $A \equiv 1$ と選べば重なり行列演算子 (4.63) となる．このように PAW 法は射影演算子の選択によりウルトラソフト擬ポテンシャル法と一致する．

どのように擬波動関数 $\hat{\phi}_a$ あるいは射影演算子 $\langle p_a|$ を選ぶかが，PAW 法では重要である．Blöchl はまず，原子核近傍が滑らかで特異性のないようなポテンシャル $\hat{v}_{\rm at}(r) = \hat{v}_{\rm at}(0)k(r) + \{1-k(r)\}v_{\rm at}(r)$, ただし $k(r) = \exp\{-(r/r_k)^\lambda\}$, を構成した．$v_{\rm at}$ は全電子ポテンシャルである．これに基づいて擬ポテンシャル $w_a(r) = \hat{v}_{\rm at}(r) + c_a k(r)$ を作り，擬波動関数を

$$(T + w_a(r) - \varepsilon_a)|\bar{\phi}_a\rangle = 0 \tag{4.77}$$

となるようにする．ここで ε_a は原子の固有エネルギーである．これから $\langle \hat{p}_a | \bar{\phi}_b \rangle = \delta_{ab}$ を満足するように $\langle \hat{p}_a |$ を決定する．

この取り扱いからわかるように，元来がノルム保存擬ポテンシャル法と近い形で定式化され，また先にも述べたようにウルトラソフト擬ポテンシャル法にも極めて類似している．さらに擬波動関数を ϕ_a と $\dot{\phi}_a$ の線形結合で選択すると，LAPW 法に帰着される．その結果，しばしば擬ポテンシャル法のプログラムに付加されている．また全電子的取り扱いに 1 対 1 で帰着されることから広く使われるようになってきた．

4.8 線形化マフィン・ティン軌道法

4.8.1 線形化マフィン・ティン軌道

1980 年代に固体電子構造理論の発展を促した要因のひとつはこれから述べる線形化法の開発である．特に以下では**線形化マフィン・ティン軌道法** (Linear Muffin-Tin Orbital method (**LMTO 法**)) を説明しよう[*16].

[*16] LMTO 法の元の定式化 (第 1 世代 LMTO 法) は O. K. Andersen, Phys. Rev. B**12**, 3060 (1975). 本書では TB-LMTO (タイト・バインディング LMTO) 法あるいは第 2 世代 LMTO 法と称する定式化に基づいて説明を進める．O. K. Andersen, O. Jepsen and D. Glötzel, in *Highlights of Condensed Matter Theory*, North Holland (1985); O. K. Andersen and O. Jepsen, Phys. Rev. Lett. **53**, 2571 (1984). 第 3 世代 LMTO 法については本書 4.8.2 項の最後に説明する．

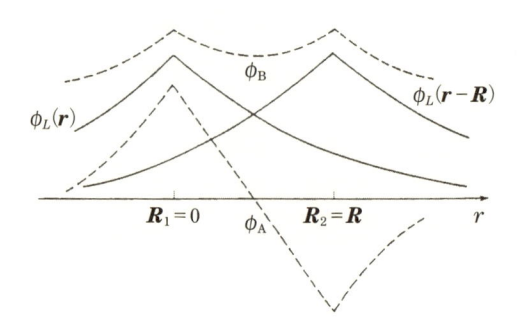

図4.9 結合, 反結合軌道 ϕ_B, ϕ_A とマフィン・ティン軌道 $\phi_L(r)$, $\phi_L(r-R)$.

今, 簡単のために 2 原子分子 (原子核の位置 $R_1 = 0, R_2 = R$) を考えよう. この分子の電子軌道は結合軌道 (ϕ_B) と反結合軌道 (ϕ_A) から成立している. 結合軌道はなるべく節をなくして全体に拡がった軌道であり, 一方, 反結合軌道はそれに直交して節を多く持ちエネルギーの高い軌道である. これらを各原子を中心に大きい振幅を持つ波動関数 $\phi_L(r)$ と $\phi_L(r-R)$ ($L = (lm)$) の 1 次結合で表し

$$\phi_{B/A}(r) = \phi_L(r) \pm (-1)^l \phi_L(r-R) \tag{4.78}$$

と書く (**図4.9**). 2 原子の真中辺りでは結合軌道については対数微分はゼロになり, 一方, 反結合軌道については $\phi_A = 0$ となり対数微分は無限大に発散する. (4.78) 式を $\phi(r), \phi_L(r-R)$ からながめてやると

$$\phi_L(r) = \frac{1}{2}\{\phi_B(r) + \phi_A(r)\},$$
$$\phi_L(r-R) = \frac{(-1)^l}{2}\{\phi_B(r) - \phi_A(r)\} \tag{4.79}$$

と書きなおされる. これを $R' = 0$ の原子の領域でながめることにしよう. 結合軌道および反結合軌道のエネルギーを E_B, E_A と書く. ϕ_B, ϕ_A をエネルギー E_0 ($E_B < E_0 < E_A$) である波動関数 $\phi_{E_0}(r)$ とそのエネルギー微分 $\dot{\phi}_{E_0}(r)$ で表すと (4.79) 式により次のようになる.

$$\phi_L(r) \simeq \phi_{E_0}(r) + c_1 \dot{\phi}_{E_0}(r), \tag{4.80}$$

4.8 線形化マフィン・ティン軌道法

$$\phi_L(\bm{r}-\bm{R}) \simeq c_2 \dot{\phi}_{E_0}(\bm{r}). \tag{4.81}$$

つまり我々が考えているそれぞれの原子を中心として振幅を減らしながら広がっている波動関数 $\phi_L(\bm{r})$, $\phi_L(\bm{r}-\bm{R})$ は，第 1 の原子の領域内では (4.80), (4.81) 式のように ϕ_{E_0} と $\dot{\phi}_{E_0}$ を用いて表される．言い換えれば $\dot{\phi}_{E_0}$ は隣接した原子から延びてきた軌道のすその振る舞いを表している．こうして一般に基底関数を 2 中心波動関数

$$\chi_{\bm{RL}}(\bm{r}-\bm{R}) = \phi_{\bm{RL}}(\bm{r}-\bm{R}) + \sum_{\bm{R}'}\sum_{L'} \dot{\phi}_{\bm{R}'L'}(\bm{r}-\bm{R}') h_{\bm{R}'L':\bm{RL}} \tag{4.82}$$

と選ぶことができる．$\phi_{\bm{RL}}(\bm{r}-\bm{R})$, $\dot{\phi}_{\bm{RL}}(\bm{r}-\bm{R})$ は原子 $\bm{R}$ の領域で，エネルギー $E_{\bm{R}l}$ を固定して

$$(H - E_{\bm{R}l})\phi_{\bm{RL}}(\bm{r}-\bm{R}) = 0 , \tag{4.83}$$

$$(H - E_{\bm{R}l})\dot{\phi}_{\bm{RL}}(\bm{r}-\bm{R}) = \phi_{\bm{RL}}(\bm{r}-\bm{R}) \tag{4.84}$$

を満たす解である．これは $\bm{R}$ にある原子の領域でだけ解き，$E_{\bm{R}l}$ はパラメターであって，したがって固有値問題ではない．(4.82) 式の $h_{\bm{R}'L':\bm{RL}}$ は $\chi_{\bm{RL}}(\bm{r}-\bm{R})$ が全系で滑らかであるように定められる．一般には原子 $\bm{R}$ の領域としては球でも多面体でも何でもよい．

今，各原子の領域を体積の等しい球（**原子球** (atomic sphere) という）で置き換える近似を行おう．これを**原子球近似** (Atomic Sphere Approximation (ASA)) という．各原子は重なりを持つがそのことはひとまず無視しておく．原子球と原子球の間の領域は考えない．原子球が重なった領域の補正項を加えることもできる[*17]．$\phi_{\bm{RL}}$ は各原子内で規格化しておくと，$\phi_{\bm{RL}}$ と $\dot{\phi}_{\bm{RL}}$ は直交する．

$$\langle \phi_{\bm{RL}} | \phi_{\bm{RL}} \rangle = 1 , \quad \langle \phi_{\bm{RL}} | \dot{\phi}_{\bm{RL}} \rangle = 0 \tag{4.85}$$

ハミルトニアンおよび重なり積分は，原子球近似の範囲では簡単で，

[*17] この補正を combined correction と呼ぶ．しかし本書ではそれについては述べない．

$$H_{\boldsymbol{R}L:\boldsymbol{R}'L'} = \langle \chi_{\boldsymbol{R}L}| -\frac{\hbar^2}{2m}\Delta + V|\chi_{\boldsymbol{R}'L'}\rangle$$
$$= h_{\boldsymbol{R}L:\boldsymbol{R}'L'} + E_{\boldsymbol{R}l}\delta_{\boldsymbol{R}\boldsymbol{R}'}\delta_{LL'} + \sum_{\boldsymbol{R}''}\sum_{L''} h_{\boldsymbol{R}L:\boldsymbol{R}''L''} E_{\boldsymbol{R}''l''} p_{\boldsymbol{R}''l''} h_{\boldsymbol{R}''L'':\boldsymbol{R}'L'} \quad (4.86)$$

$$O_{\boldsymbol{R}L:\boldsymbol{R}'L'} = \langle \chi_{\boldsymbol{R}L}|\chi_{\boldsymbol{R}'L'}\rangle$$
$$= \delta_{\boldsymbol{R}\boldsymbol{R}'}\delta_{LL'} + \sum_{\boldsymbol{R}''}\sum_{L''} h_{\boldsymbol{R}L:\boldsymbol{R}''L''} p_{\boldsymbol{R}''l''} h_{\boldsymbol{R}''L'':\boldsymbol{R}'L'} \quad (4.87)$$

となる．ここで $s_{\boldsymbol{R}}$ を原子球の半径として，$p_{\boldsymbol{R}l}$ を

$$p_{\boldsymbol{R}l} = \langle \dot{\phi}_{\boldsymbol{R}L}|\dot{\phi}_{\boldsymbol{R}L}\rangle = \int_0^{s_R} \mathrm{d}r^2 r^2 \dot{\phi}_{\boldsymbol{R}l}^2(r) \quad (4.88)$$

と定義した．また $V(r)$ は球対称であるから，波動関数は

$$\phi_{\boldsymbol{R}L}(\boldsymbol{r}) = \phi_{\boldsymbol{R}l}(r)Y_{lm}(\hat{\boldsymbol{r}}), \quad \dot{\phi}_{\boldsymbol{R}L}(\boldsymbol{r}) = \dot{\phi}_{\boldsymbol{R}l}(r)Y_{lm}(\hat{\boldsymbol{r}})$$

と書いた．(4.86), (4.87) 式により固有値方程式として

$$\det(H_{\boldsymbol{R}L:\boldsymbol{R}'L'} - EO_{\boldsymbol{R}L:\boldsymbol{R}'L'}) = 0 \quad (4.89)$$

が定められる．この方程式は APW 法，KKR 法の式と異なり決めるべきエネルギー E が陽な形で，しかも線形方程式の形で与えられている．波動関数をエネルギーで展開するこのような方法を，線形化法と呼ぶ．結晶のように周期性のある系では，(4.89) 式を運動量空間に変換して解けばよい．

まだ (4.82) 式の行列 $h_{\boldsymbol{R}L:\boldsymbol{R}'L'}$ の形を決めていない．この行列成分は $\chi_{\boldsymbol{R}L}(\boldsymbol{r}-\boldsymbol{R})$ が全系で滑らかになるように決められる．まず次の関数を考えよう．

$$K_{\boldsymbol{R}L}(\boldsymbol{r}-\boldsymbol{R}) = \left(\frac{|\boldsymbol{r}-\boldsymbol{R}|}{w}\right)^{-l-1} Y_{lm}(\widehat{\boldsymbol{r}-\boldsymbol{R}}) = K_{\boldsymbol{R}l}(|\boldsymbol{r}-\boldsymbol{R}|)Y_{lm}(\widehat{\boldsymbol{r}-\boldsymbol{R}}) \quad (4.90)$$

これはラプラス方程式の解であり，したがって平坦なポテンシャル空間で運動エネルギーがゼロとなるシュレディンガー方程式の解である．w は適当なスケール因子で，普通は平均原子球半径に選ぶ．(4.90) 式は他の中心 $\boldsymbol{R}'$ の周りでは同じくラプラス方程式の解を用いて

4.8 線形化マフィン・ティン軌道法

$$K_{RL}(r-R) = -\sum_{L'}\left(\frac{|r-R'|}{w}\right)^{l'}\frac{Y_{l'm'}(\widehat{r-R'})}{2(2l'+1)}S_{R'L':RL}$$
$$= -\sum_{L'}J_{R'L'}(r-R')S_{R'L':RL} \quad (4.91)$$

と展開できる．ただし

$$J_{RL}(r-R) = \left(\frac{|r-R|}{w}\right)^l\frac{1}{2(2l+1)}Y_{lm}(\widehat{r-R}) = J_{Rl}(|r-R|)Y_{lm}(\widehat{r-R}) \quad (4.92)$$

と定義する．$S_{R'L':RL}$ は構造因子と呼ばれ，原子構造によってのみ決まりエネルギーや原子の種類には依存しない．具体的には

$$S_{R'L':RL} = \sqrt{4\pi}g_{l'm',lm}\left(\frac{|R-R'|}{w}\right)^{-l-l'-1}Y^*_{l+l',m'-m}(\widehat{R-R'}) \quad (4.93)$$

$$g_{l'm',lm} = (-1)^{l+1}\sqrt{4\pi}\frac{2(2l''-1)!!}{(2l-1)!!(2l'-1)!!}\sqrt{\frac{2l''+1}{4\pi}}c^{l''}(l'm':lm) \quad (4.94)$$

$$(l''=l'+l,\ m''=m'-m)$$

である．(4.91) 式を念頭において 全系に拡がった K_{RL} を K^∞_{RL} と書き，それを各原子内の表示で展開して

$$K^\infty_{RL} = K_{RL} - \sum_{R'L'}J_{R'L'}S_{R'L':RL} \quad (4.95)$$

と書く．K_{RL}, J_{RL} は R 原子球内でのみ定義され，それ以外の領域ではゼロとなる．同様に (4.82) 式を

$$\chi^\infty_{RL} = \phi_{RL} + \sum_{R'L'}\dot\phi_{R'L'}h_{R'L':RL} \quad (4.96)$$

と書くことにする．

　χ_{RL} の包絡関数として $S_{R'L':RL}$ を選ぶことはできない．なぜなら (4.95) 式に滑らかに (4.96) 式を接続すると $\phi,\dot\phi=[\frac{d}{dE}\phi]_{E_0}$ を定める E_0 が決まってしまい，E_0 が望ましい領域内 $E_B < E_0 < E_A$ に納まるようには選ぶことがで

きない．そこで (4.95) 式を基本に，もう少し一般的な包絡関数を作っておく必要がある．(4.95) 式の J_{RL} の代わりに

$$\tilde{J}_{RL} = J_{RL} - K_{RL}Q_{Rl} \tag{4.97}$$

を用いる．Q_{Rl} はパラメターである．(4.95) 式を書き直すと

$$K_{RL}^{\infty} = \sum_{R'L'} K_{R'L'}(\delta_{RR'}\delta_{LL'} - Q_{R'l'}S_{R'L':RL}) - \sum_{R'L'} \tilde{J}_{R'L'}S_{R'L':RL} \tag{4.98}$$

である．新しい包絡関数とし (4.95) 式ではなく

$$\tilde{K}_{RL}^{\infty} = \sum_{R'L'} K_{R'L'}^{\infty}(\mathbf{1 - QS})^{-1}_{R'L':RL} = K_{RL} - \sum_{R'L'} \tilde{J}_{RL'}\tilde{S}_{R'L':RL} \tag{4.99}$$

を定義し用いることができる．構造因子としては

$$\tilde{S}_{R'L':RL} = [\mathbf{S(1 - QS)}^{-1}]_{R'L':RL} \tag{4.100}$$

である．Q_{Rl} は，原子球の端 $(r = s_R)$ で χ_{RL}^{∞} と $\tilde{K}_{RL}^{\infty}$ が滑らかにつながるように決められる．

次に χ_{RL}^{∞} と $\tilde{K}_{RL}^{\infty}$ の接続，すなわち $\dot{\phi}$ と $\tilde{J}$ の接続を行う．$\dot{\phi}$ の対数微分

$$D\{\dot{\phi}_{Rl}\} = s_R \frac{\dot{\phi}(s_R)'}{\dot{\phi}(s_R)} \tag{4.101}$$

と $\tilde{J}_{RL}$ の対数微分

$$D\{\tilde{J}_{Rl}\} = s_R \frac{J_{Rl}(s_R)' - K_{Rl}(s_R)'Q_{Rl}}{J_{Rl}(s_R) - K_{Rl}(s_R)Q_{Rl}} \tag{4.102}$$

を等しいとすると，これから Q_{Rl} が次のように定められる．

$$\begin{aligned} Q_{Rl} &= \frac{J_{Rl}(s_R)}{K_{Rl}(s_R)} \cdot \frac{D\{\dot{\phi}_{Rl}\} - D\{J_R\}}{D\{\dot{\phi}_{Rl}\} - D\{K_R\}} \\ &= \frac{(s_R/w)^{2l+1}}{2(2l+1)} \cdot \frac{D\{\dot{\phi}_{Rl}\} - l}{D\{\dot{\phi}_{Rl}\} + l + 1}. \end{aligned} \tag{4.103}$$

4.8 線形化マフィン・ティン軌道法

このとき，関数 $K, \tilde{J}$ と $\phi, \dot{\phi}$ の接続は

$$\tilde{J}_{\bm{R}l} \longleftrightarrow \dot{\phi}_{\bm{R}l} W_{\bm{R}l}\{\tilde{J}, \phi\} \tag{4.104}$$

$$K_{\bm{R}l} \longleftrightarrow \dot{\phi}_{\bm{R}l} W_{\bm{R}l}\{K, \phi\} - \phi_{\bm{R}l} W_{\bm{R}l}\{K, \dot{\phi}\} \tag{4.105}$$

と行われる．ここで $W\{a, b\}$ はロンスキアン (ロンスキー行列式) で

$$W_{\bm{R}l}\{a, b\} = s_{\bm{R}} a_{\bm{R}l}(s_{\bm{R}}) b_{\bm{R}l}(s_{\bm{R}})(D\{b_{\bm{R}l}\} - D\{a_{\bm{R}l}\}) \tag{4.106}$$

である．一般に

$$W_{\bm{R}l}\{\dot{\phi}, \phi\} = 1, \quad W_{\bm{R}l}\{K, \dot{\phi}\} = W_{\bm{R}l}\{\tilde{J}, \phi\} = \frac{w}{2}$$

$$W_{\bm{R}l}\{K, \tilde{J}\} = W_{\bm{R}l}\{K, J\} = \frac{w}{2}, \tag{4.107}$$

および

$$W_{\bm{R}l}\{\tilde{J}, \phi\} = \frac{\tilde{J}_{\bm{R}l}(s_{\bm{R}})}{\dot{\phi}_{\bm{R}l}(s_{\bm{R}})} \tag{4.108}$$

が成立している．(4.99) 式で定義された $\tilde{K}^{\infty}$ と原子球の端で滑らかにつながる関数は，(4.104), (4.105) 式により

$$-\phi_{\bm{R}L} W_{\bm{R}l}\{K, \dot{\phi}\} + \dot{\phi}_{\bm{R}L} W_{\bm{R}l}\{K, \phi\} - \sum_{\bm{R}'L'} \dot{\phi}_{\bm{R}'L'} W_{\bm{R}'l'}\{\tilde{J}, \phi\} \tilde{S}_{\bm{R}'L':\bm{R}L} \tag{4.109}$$

である．これと (4.96) 式を比較することによって，

$$\chi^{\infty}_{\bm{R}L} = \phi_{\bm{R}L} - \dot{\phi}_{\bm{R}L} \frac{W_{\bm{R}l}\{K, \phi\}}{W_{\bm{R}l}\{K, \dot{\phi}\}}$$

$$+ \sum_{\bm{R}'L'} \dot{\phi}_{\bm{R}'L'} \sqrt{\frac{2}{w}} W_{\bm{R}'l'}\{\tilde{J}, \phi\} \tilde{S}_{\bm{R}'L':\bm{R}L} W_{\bm{R}l}\{\tilde{J}, \phi\} \sqrt{\frac{2}{w}} \tag{4.110}$$

ととればよいことがわかる．これから (4.96) 式における行列要素 $h_{\bm{R}'L':\bm{R}L}$ は

$$h_{\bm{R}'L':\bm{R}L} = -\frac{W_{\bm{R}l}\{K, \phi\}}{W_{\bm{R}l}\{K, \dot{\phi}\}} \delta_{\bm{R}'\bm{R}} \delta_{L'L}$$

$$+ \sqrt{\frac{2}{w}} W_{\bm{R}'l'}\{\tilde{J}, \phi\} \tilde{S}_{\bm{R}'L':\bm{R}L} W_{\bm{R}l}\{\tilde{J}, \phi\} \sqrt{\frac{2}{w}} \tag{4.111}$$

と定められる.

Q_{Rl}, $W_{Rl}\{\tilde{J},\phi\}$ などはすべて R での原子球内のポテンシャルとそのエネルギー E_{Rl} の選び方によって決まる. これで固有値方程式 (4.89) 中に現れたパラメターは総て定められた. 軌道 $\chi_{RL}(r)$ をマフィン・ティン軌道と呼び, 以上の取り扱いを線形化マフィン・ティン軌道法 (LMTO 法) という. このLMTO 法は KKR 法を線形化したということもできる. その他に APW 法を線形化した LAPW 法などがある[*18].

(4.82) 式を変形して, さらに自由度を持たせるために新たなパラメター $\tilde{o}_{Rl}$ を導入し

$$\dot{\phi}_{RL} \text{ in } (4.82) \to \dot{\tilde{\phi}}_{RL} = \dot{\phi}_{RL} + \tilde{o}_{Rl}\phi_{RL} \tag{4.112}$$

を定義する. 2 中心波動関数を

$$\bar{\chi}_{RL}(r-R) = \phi_{RL}(r-R) + \sum_{R'}\sum_{L'}\dot{\tilde{\phi}}_{R'L'}(r-R')\tilde{h}_{R'L':RL} \tag{4.113}$$

と定義し直すと, $\tilde{o}_{Rl}$ の選択によりマフィン・ティン軌道の拡がりをより局在化させることもできる. このような方法はタイトバインディング LMTO 法 (TB-LMTO) と呼ばれ[*19], 広く複雑な系, 非周期系などで用いられている[*20]. またタイトバインディング・ハミルトニアンを第1原理的に作る一般的な方法として用いることもできる.

4.8.2 第 3 世代 LMTO 法

LMTO 法には様々な良い点と問題点があった. 最も大きな問題は, 重なった**原子球** (atomic sphere (AS)) を用いること, またダイヤモンド構造のような空隙の多い系では**空原子** (empty sphere) という球を入れていかなくてはならないこと, またエネルギーに関する線形近似を使うためにエネルギーの精度が広い範囲に保証されないこと, であった. それぞれに対応する処方箋はあるの

[*18] O. K. Andersen, Phy. Rev. B**12**, 3060 (1975).

[*19] W. R. L. Lambrecht and O. K. Andersen, Phys. Rev. B**34**, 2439 (1986); O. K. Andersen, Z. Pawlowska and O. Jepsen, Phys. Rev. B**34**, 5253 (1986).

[*20] T. Fujiwara, J. Non-Crystalline Solids **61** & **62**, 1039 (1984); H. J. Nowak, O. K. Andersen, T. Fujiwara, O. Jepsen and P. Vargas, Phys. Rev. B**44**, 3577 (1991).

4.8 線形化マフィン・ティン軌道法

だが，それらは LMTO 法の利点を損なうもので，計算が複雑となってしまう．これらの課題を克服するものとして新たな方法が発展させられている．これを第 3 世代 LMTO 法あるいは $NMTO$ 法と呼んでいる[*21]．新しい定式化により，原子球 AS の半径設定が任意に行われること (いい換えると ASA が第 2 世代までのように重要な意味を持たず，また空原子を必要としないこと，より広いエネルギー領域で良い表現になること，さらに down-holding という波動関数の繰り込み手法を用いてワニエ軌道様の局在軌道を定めることができ少数の軌道によるモデル・ハミルトニアンが有効に構成できる，など理論的展開が進められている．

各原子の周りの領域を 3 つに分ける．第 1 は原子の内側の $r < a$ の領域，第 2 は $a < r < S$ の領域，第 3 は $S < r$ の領域 (interstitial region) である．半径 a の球 (screened sphere) は互いに重なりはないが，半径 S の球 (potential sphere) はこれまでの原子球同様に重なりを許す．それぞれの領域で以下のように波動関数を展開する．$r < S$ では球対称ポテンシャルに対する部分波 (ϕ) で展開し (ここではエネルギー E はまだパラメターとして残る)，$r < S$ の領域では遮蔽された球面波 (screened spherical wave，これまで $\tilde{J}, \tilde{K}$ と書いたもの) を用いる (これを ψ と書く)．中間の領域 $a < r < S$ では新たに (平らなポテンシャルでエネルギー E の解になる) 波 φ を加える．この波は $r = S$ で ϕ に値とその傾きが等しいと定める．φ は $r = S$ から $r = a$ までつなげるので back-extrapolated partial wave と呼んでいる．

これらの波を用いて，$r < a$ で ϕ，$a < r < S$ で $\phi - \varphi$，$S < r$ で ψ とし，

$$\Phi = (\phi - \varphi) + \psi \tag{4.114}$$

が全域で連続になるようにする (**図 4.10**)．この波は連続であるが，それぞれの接続場所 ($r = a, S$) で滑らかではない．Φ を kinked partial wave と呼んでいる．球面の境界での不連続量であるキンクが 0 となる (すなわち滑らかにな

[*21] O. K. Andersen, O. Jepsen and G. Krier, in *Lectures on Methods of Electronic Structure Calculations*, Edited by V. Kumar, O. K. Andersen and A. Mookerjee, World Scientific (1994); O. K. Andersen, C. Arcangeli, R. W. Tank, T. Saha-Dasgupta, G. Krier, O. Jepsen and I. Dasgupta, Mat. Res. Soc. Symp. Proc. **491**, 3 (1998); O. K. Andersen and T. Saha-Dasgupta, Phys. Rev. B**62**, R16219 (2000); R. W. Tank and C. Arcangeli, Phys. Stat. Sol. (b)**217**, 89 (2000).

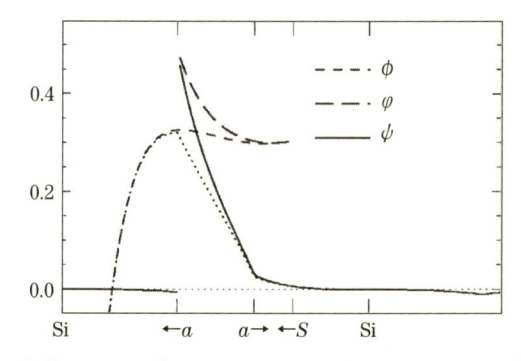

図 4.10 第 3 世代 LMTO 法における kinked partial wave の構成 (Si p-波)
(R. W. Tank and C. Arcangeli, Phys. Stat. Sol. **217**, 89 (2000)).

る）条件を書き下すことができ，これが新しい形式での固有値方程式となる[*22]．部分波 ϕ は任意のエネルギーの周りで任意の次数 N まで展開することができ，これを NMTO と呼んでいる．第 1 および第 2 世代 LMTO が AS 内部で ϕ および $\dot\phi$ による展開を行っていた．これに対して第 3 世代の方法では，$r < a$ の球領域では任意次（N 次）のエネルギー展開，その外では 1 次の展開となっている．例として Pavarini らの遷移金属酸化物における金属–絶縁体転移に関する議論をあげることができる[*23]．これについては LDA+DMFT の項 9.6.2 でも再び取り上げる．

4.8.3 カノニカル・バンド

LMTO 法に付随して得られる重要な概念のひとつに，カノニカル・バンドがある．再び第 2 世代 LMTO による定式化に戻ろう．今，$p_{Rl} = \langle \dot\phi_{RL} | \dot\phi_{RL} \rangle_R$ を無視すると，(4.87) 式によってマフィン・ティン軌道 χ_{RL} は正規直交系を

[*22] 第 2 世代 LMTO が，KKR 法の立場から見ると，AS の境界で連続接続の条件がちょうど各 AS から外に染み出した波動関数の tail がゼロになる条件と同等であり，これを tail cancellation の条件と呼んでいた（一言注意を加えておくと，tail calcellation の条件があるため，LMTO 法を KKR 法の近似と捉える誤解があるが，これは限定的見方に過ぎる）．これに対応して，今の条件を kink cancellation の条件と呼ぶ．

[*23] E. Pavarini, I. Dasgupta, T. Saha-Dasgupta, O. Jepsen and O. K. Andersen, Phys. Rev. Lett. **87**, 47003 (2001).

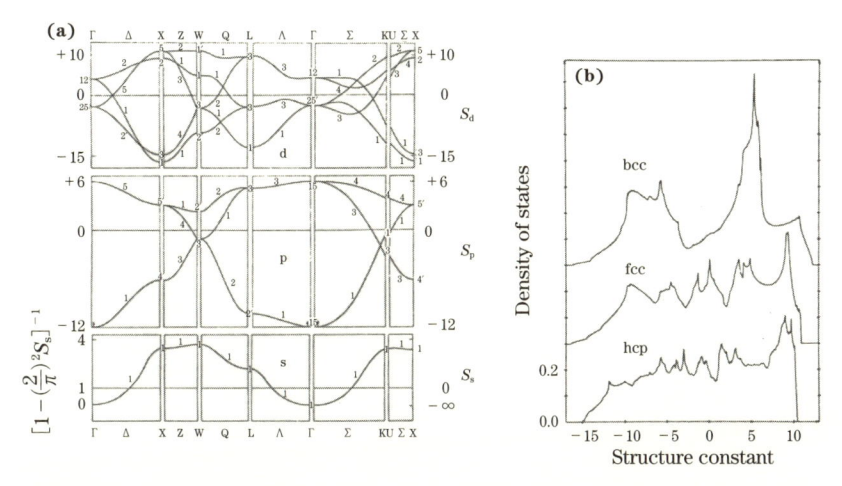

図 4.11 (a) 面心立方格子の s, p, d カノニカル・バンドと (b) 体心立方 (bcc), 面心立方 (fcc), 六方最密 (hcp) 格子の d-状態密度 (O. K. Andersen, J. Madsen, U. K. Poulsen, O. Jepsen and J. Kollar, Physica, **86–88** B, 249 (1977)).

作り

$$\langle \chi_{\bm{R}L} | \chi_{\bm{R}'L'} \rangle = \delta_{\bm{R}\bm{R}'} \delta_{LL'}, \tag{4.115}$$

ハミルトニアン行列は (4.86), (4.100), (4.111) 式などから

$$H_{\bm{R}L,\bm{R}'L'} = C_{\bm{R}l}\delta_{\bm{R}\bm{R}'}\delta_{LL'} + \Delta_{\bm{R}l}^{1/2}[\bm{S}(1-\bm{Q}\bm{S})^{-1}]_{\bm{R}L:\bm{R}'L'}\Delta_{\bm{R}'l'}^{1/2} \tag{4.116}$$

$$C_{\bm{R}l} = E_{\bm{R}l} - \frac{W_{\bm{R}l}\{K, \phi\}}{W_{\bm{R}l}\{K, \dot{\phi}\}} \tag{4.117}$$

$$\Delta_{\bm{R}l} = \frac{2}{w}(W_{\bm{R}l}\{\tilde{J}, \phi\})^2 \tag{4.118}$$

となる. 以下, 行列形式により

$$\bm{H} = \bm{C} + \bm{\Delta}^{1/2}\bm{S}(1-\bm{Q}\bm{S})^{-1}\bm{\Delta}^{1/2} \tag{4.119}$$

と書く. $\bm{C}, \bm{\Delta}, \bm{Q}$ は対角行列である. 固有値方程式 (4.89) は

$$\det[\bm{C} + \bm{\Delta}^{1/2}\bm{S}(1-\bm{Q}\bm{S})^{-1}\bm{\Delta}^{1/2} - E\bm{1}] = 0 \tag{4.120}$$

である.あるいはこれを適当にユニタリ変換をすると

$$\det[\boldsymbol{S} - \boldsymbol{P}(E)] = 0 \tag{4.121}$$

となる.ここで $\boldsymbol{P}(E)$ はポテンシャル関数と呼ばれる対角行列で,その各成分は

$$P_{\boldsymbol{R}lm}(E) = P_{\boldsymbol{R}l}(E)\delta_{mm'} = \frac{(E - C_{\boldsymbol{R}l})/\Delta_{\boldsymbol{R}l}}{1 + \{(E - C_{\boldsymbol{R}l})/\Delta_{\boldsymbol{R}l}\} \cdot Q_{\boldsymbol{R}l}} \tag{4.122}$$

である.(4.121) 式は固有値方程式が,原子配置にしか依存しない量 $\boldsymbol{S}$ と原子の個性によって決まる量 $\boldsymbol{P}(E)$ とに分離されたことを意味する.異なる角運動量を持つ状態間の混じりを無視すると各 l について (4.121) 式は

$$\det[S_{\boldsymbol{R}lm:\boldsymbol{R}'lm'} - P\delta_{\boldsymbol{R}\boldsymbol{R}'}\delta_{mm'}] = 0 \tag{4.123}$$

となる.(4.123) 式の固有値 P は物質の構造にのみ依存し,原子の個性によらない.原子の個性によるエネルギー固有値の分布は,(4.122) 式を通して決められる.(4.123) 式で決められる固有値 P のつくるスペクトル構造を,原子の個性に依存しないという意味でカノニカル・バンドという.実際には異なる角運動量を持つ状態間の混じりは重要であり,またここで無視した $p_{\boldsymbol{R}l}$ の効果もあるので事情はもう少し複雑であるが,1 電子バンド構造の大筋が原子配置で決まっていて原子の種類に敏感でないのは上の理由による.**図 4.11** に面心立方構造の s, p, d カノニカル・バンドと体心立方 (bcc),面心立方 (fcc),六方最密 (hcp) 格子の d-状態密度を示す.

5

金属の電子構造

前章までで凝縮系の電子構造を議論するおおよその道具は揃った．本章ではそれらを使いエネルギーバンドの立場で金属の電子構造と磁性などを議論する．電子構造を第一原理により求めた後，その物理的性質などを理解するためにはモデルを用いて，イメージを明確にできることも多い．

5.1 平衡状態と凝集機構

単純金属の場合には 4.2 節で述べたように，擬ポテンシャル法に基づき摂動論で求めた 2 体原子間ポテンシャルによって，その構造を理解することができる．一方，遷移金属の場合には例えば 3d 遷移金属の価電子 3d 状態は，内殻領域に同じ対称性の軌道を持たないために深いポテンシャルを感じていて，摂動論を用いることができない．言い換えれば，全エネルギーに占める 3 体原子間相互作用あるいはそれ以上の多原子間相互作用の寄与が大きい．

図5.1に fcc 常磁性ニッケルおよび bcc 常磁性鉄の状態密度の計算結果を示そう．遷移金属の結晶系は Mn を例外として bcc, fcc および hcp（六方最密格子）である．3d 系列を周期律表で左から右に並べると，絶対零度での構造は Sc (hcp), Ti (hcp), V (bcc), Cr (bcc), Mn (α-Mn), Fe (bcc), Co (hcp), Ni (fcc), Cu (fcc) となっている．このことは前章で述べたカノニカル・バンドを用いると容易に説明することができる．$N_{\mathrm{d}}(P)$ を固有値 P に対する d 軌道のカノニカル・バンド状態密度とする．$N_{\mathrm{d}}(E)$ を固有エネルギー E に対する状態密度とすると

$$N_{\mathrm{d}}(P)\mathrm{d}P = N_{\mathrm{d}}(E)\mathrm{d}E \tag{5.1}$$

である．電子間相互作用を無視すれば，全電子系のエネルギーは 1 電子エネルギーの和，すなわち電子をバンドにつめてちょうどフェルミ・エネルギーまで

112　第5章　金属の電子構造

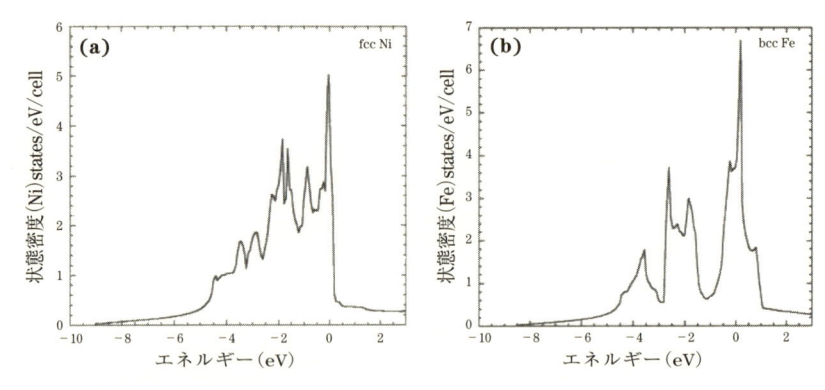

図 5.1 常磁性 fcc ニッケル (a) および bcc 鉄 (b) の状態密度.

満たしたときのエネルギーの和である.

$$P_\mathrm{d} = \frac{\{E - C_\mathrm{d}\}/\Delta_\mathrm{d}}{1 + \{(E - C_\mathrm{d})/\Delta_\mathrm{d}\}Q_\mathrm{d}} \approx \frac{E - C_\mathrm{d}}{\Delta_\mathrm{d}} \tag{5.2}$$

を用いると，全 d 電子エネルギーはバンドの中心 C_d を基準として

$$\int^{E_\mathrm{F}} \mathrm{d}E (E - C_\mathrm{d}) N_\mathrm{d}(E) = \Delta_\mathrm{d} \int^{P(n_\mathrm{d})} \mathrm{d}P P N_\mathrm{d}(P) \tag{5.3}$$

となる．ここで n_d は 1 原子当たりの d 電子数，$P(n_\mathrm{d})$ はそれに対応するポテンシャル関数の値で

$$n_\mathrm{d} = \int^{P(n_\mathrm{d})} N_\mathrm{d}(P) \mathrm{d}P \tag{5.4}$$

により決められる．したがって $\int^{P(n_\mathrm{d})} PN_\mathrm{d}(P) \mathrm{d}P$ をいろいろな構造について計算し，それを比較すれば d 電子数と結晶系の関連がわかる[*1]．**図 5.2** に fcc を基準として bcc, hcp 構造の $\int^{P(n_\mathrm{d})} PN_\mathrm{d}(P) \mathrm{d}P$ を d 電子数 n_d の関数として描いてある．d 電子数が 4〜5 の付近で bcc 構造がきわめて安定であることがわかる．これは図 4.11 あるいは図 5.1 で見るように，bcc の d 電子状態密度がバンドの真中で深い谷を持っているためである．以上の議論は実際の元素の個性を含めて定量的にも確かめられている．

[*1] D. G. Pettifor, J. Phys. C **3**, 367 (1970).

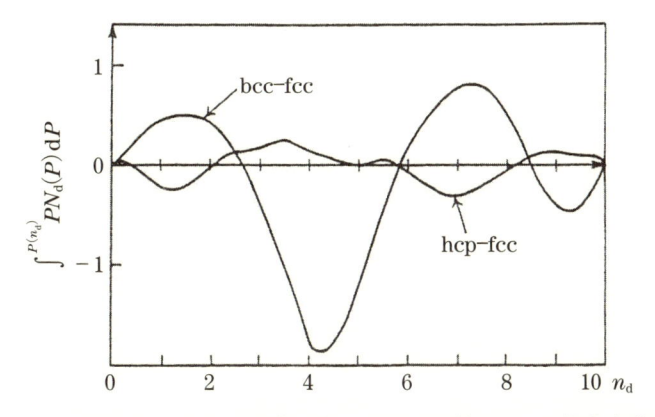

図 5.2 カノニカル・バンドの凝集エネルギーの比較．fcc の場合を基準にとり，bcc および hcp の d バンド全エネルギーを d 電子数の関数として描いた (O. K. Andersen, J. Madsen, U. K. Poulsen, O. Jepsen and J. Kollar, Physica, **86-88** B, 249 (1977)).

図 5.3 に遷移金属のウィグナー・ザイツ半径 (今の場合, 原子球の半径に等しい), 凝集エネルギー, 体積剛性率の計算値と実験値を示した. 中央部分において両者の一致が悪いのは, Fe, Co, Ni は強磁性, Mn は反強磁性, Cr はスピン密度波状態が基底状態であり, 一方, 図に示した計算では常磁性状態を仮定し磁気エネルギーが含まれていないためである. 磁気エネルギーを含めると一致ははるかに良くなる. 磁性状態を別にすれば, 図に示した曲線は, もっと簡単なモデルによって定性的に理解できる[*2]. 状態密度を d 電子のバンド状態密度を簡単な矩形で近似する.

$$N_{\mathrm{d}}(E) = \begin{cases} \dfrac{10}{W_{\mathrm{d}}} & : -\tfrac{1}{2}W_{\mathrm{d}} < E - C_{\mathrm{d}} < \tfrac{1}{2}W_{\mathrm{d}} \\ 0 & : その他 \end{cases} \quad (5.5)$$

d 電子数 n_{d} はフェルミ・エネルギー E_{F} と

$$n_{\mathrm{d}} = \int^{E_{\mathrm{F}}} \mathrm{d}E N_{\mathrm{d}}(E)$$

[*2] J. Friedel, *The Physics of Metals*, Cambrigde Univ. Press (1969).

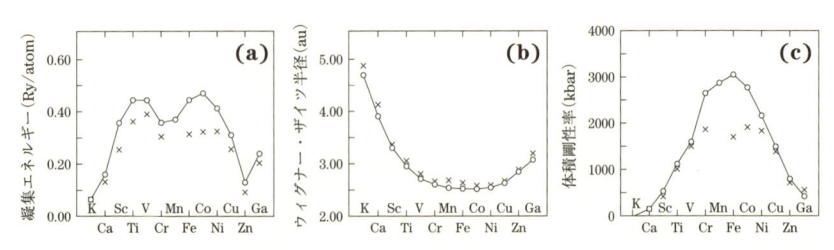

図 5.3 3d 遷移金属の凝集エネルギー (a), ウィグナー・ザイツ半径 (b), 体積剛性率 (c). ○印は計算値, ×印は実験値 (V. L. Moruzzi, J. F. Janak and A. R. Williams, *Calculated Electronic Properties of Metals*, Pergamon Press (1978)).

の関係にある.これから d 電子のバンド・エネルギーは 1 原子当たり

$$E_{\rm d} = \int^{E_{\rm F}} dE\, E N_{\rm d}(E) = -\frac{W_{\rm d}}{20} n_{\rm d}(10 - n_{\rm d}) + C_{\rm d} n_{\rm d} \tag{5.6}$$

となる.バンド幅 $W_{\rm d}$ は近隣原子間の軌道間跳び移りの大きさに比例する.(4.93)式から d 電子の場合それは近接原子間距離の 5 乗に逆比例する.一方, s 電子に関しては第 1 章で計算したように運動エネルギー,交換相互作用によって見積もることにして, $V_{\rm s}$ を s バンドの底のエネルギーとすると, 1 原子当たり

$$\begin{aligned} E_{\rm s} &= \left[\frac{3}{5}\varepsilon_{\rm F}^0 - \frac{3}{4\pi}k_{\rm F} + V_{\rm s}\right]n_{\rm s} = \left[\frac{3}{10}\left(\frac{9\pi}{4}\right)^{2/3}\frac{1}{r_{\rm s}^2} - \frac{3}{4\pi}\left(\frac{9\pi}{4}\right)^{1/3}\frac{1}{r_{\rm s}} + V_{\rm s}\right]n_{\rm s} \\ &= \left[\frac{1.105}{r_{\rm s}^2} - \frac{0.458}{r_{\rm s}} + V_{\rm s}\right]n_{\rm s} \quad \text{(原子単位)} \end{aligned} \tag{5.7}$$

を得る.

$n_{\rm s}$ は 1 原子当たりの s 電子数である.全エネルギーは, s 電子と d 電子の寄与の和

$$E_{\rm total} = E_{\rm s} + E_{\rm d} \tag{5.8}$$

である.(5.7)式の $r_{\rm s}$ は s 電子密度だけで決まるもので,したがって $n_{\rm s}$ を一定とすれば原子半径だけで決まる.全エネルギーから内部圧力 P を求めると, Ω を単位胞の体積として

$$3P\Omega = -\left[r\frac{dE_{\rm total}}{dr}\right]_{r_{\rm s}}$$

$$= \left[\frac{2.21}{r_s^2} - \frac{0.458}{r_s}\right]n_s - \frac{W_d}{4}n_d(10-n_d) - 3\frac{dV_s}{d\ln\Omega}n_s - 3\frac{dC_d}{d\ln\Omega}n_d \quad (5.9)$$

となる．ここで，d 電子のバンド幅 W_d は原子間距離の 5 乗に逆比例することを用いた．平衡状態は内部圧力 P がゼロであるように決まる．通常の金属におけるs電子濃度では，s電子の寄与は運動エネルギーの部分すなわち (5.9) 式の第 1 項が主である．したがって s 電子は正の内部圧力，d 電子は負の内部圧力に寄与する．

dバンドがちょうど真中ぐらいまでつまっている ($n_d \approx 5$) ときには，(5.9) 式の第 3 項が負で絶対値が最大となり，それを打ち消すように s 電子の寄与を効かすために r_s が小さくなる．これが 図 5.3 でウィグナー・ザイツ半径が真中で小さくなる理由である．またそこでは内部圧力に対する d 電子の寄与は極小近傍にあるから，体積剛性率

$$B = -\frac{dP}{d\ln\Omega} \quad (5.10)$$

にはs電子の部分しか寄与しなくて最大値をとる．これが $n_d \sim 5$ で体積剛性率が最大値をとる理由である．凝集エネルギーはd電子の寄与により $n_d \sim 5$ で最大値をとる．図 5.4 にテクネチウム Tc の内部圧力とウィグナー・ザイツ半径の関係を示した．(5.9) 式の第 3 項は d 軌道のボンド（バンド）効果で，図では d(bond) と記入してあるものに対応している．d(cg) はバンドの重心 (center of gravity) C_d の変化からの寄与である．また図において s(core) と記してあるのは，s バンドの底のエネルギー V_s の変化による寄与である．s(ke) は s 電子の運動エネルギー (kinetic energy) からの寄与である．C_d の変化，V_s の変化に関しても，カノニカル・バンドにより記述できるが，ここでは立ち入った議論は行わない．

5.2　不純物イオンによる電気抵抗とフリーデルの理論

空間の 1 点に不純物などの局在した摂動が加えられたとき金属では遮蔽効果が効くので，波長成分 λ を持つ揺らぎの影響は距離 $\xi > \lambda/2\pi$ の領域には伝播されない．したがって不純物原子の存在による摂動はフェルミ・エネルギー付近の電子について見れば，不純物原子から $1/k_F$ 程度までの距離の範囲に限ら

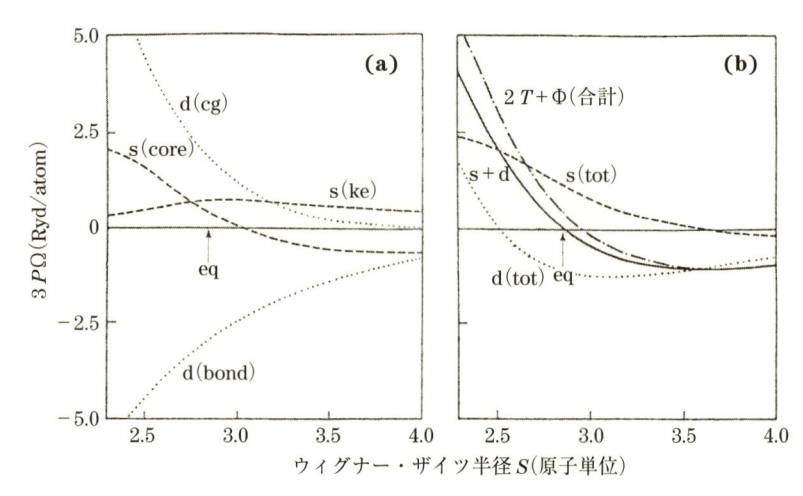

図 5.4 テクネチウム Tc の内部圧力とウィグナー・ザイツ半径. (a) s 電子については バンドの底 (s(core); 内殻の大きさに依存) と運動エネルギー (s(ke)), d 電子についてはバンドの重心によるもの (d(cg)) と d ボンドによるもの, 以上の各寄与を分けて示してある. eq は平衡位置. (b) s および d 電子の寄与, それらの和 s+d, およびビリアル定理による内部圧力 ($3PV = 2T + \Phi$) を示す. $2T + \Phi$ と s+d との差は単純な和 s+d 以外の高次の寄与を含むためである (D. G. Pettifor, J. Phys. F**8**, 219 (1978)).

れている.

母体金属中で, 有効価数が母体金属イオンに比べて $+Z$ である不純物原子が, 原点におかれているとする. この原子の自己無撞着な球対称ポテンシャルを $v_{\rm imp}(\boldsymbol{r})$ と書く. 入射波 $(2\pi)^{-3/2}\exp(ikz)$ に対して, 外向き散乱波は

$$\psi_k^{(+)}(\boldsymbol{r}) = (2\pi)^{-3/2}{\rm e}^{ikz} - \frac{1}{4\pi}\int d\boldsymbol{r}'\frac{{\rm e}^{ik|\boldsymbol{r}-\boldsymbol{r}'|}}{|\boldsymbol{r}-\boldsymbol{r}'|}\frac{2m}{\hbar^2}v_{\rm imp}(\boldsymbol{r}')\psi_k^{(+)}(\boldsymbol{r}') \quad (5.11)$$

となる. 右辺の積分中に現れた $-(1/4\pi){\rm e}^{ik|\boldsymbol{r}-\boldsymbol{r}'|}/|\boldsymbol{r}-\boldsymbol{r}'|$ はひとつの散乱中心に対するグリーン関数 (4.5 節, グリーン関数法参照) である. (5.11) 式を部分波で展開すると

$$\psi_k^{(+)}(\boldsymbol{r}) = (2\pi)^{-3/2}\sum_{l=0}^{\infty}{\rm i}^l(2l+1)\cos\delta_l{\rm e}^{i\delta_l}{\rm R}_l^{(+)}(r){\rm P}_l(\cos\theta) \quad (5.12)$$

と書け，前章 (4.22) 式が再び得られる．θ はベクトル r (散乱方向) と電子の入射方向 z 軸のなす角 (散乱角) である．$R_l^{(+)}$ は，$r \to \infty$ で $R_l^{(+)}(r) \to j_l(kr) - \tan\delta_l n_l(kr) \sim 1/(\cos\delta_l) \cdot 1/(kr)\sin(kr - \frac{l\pi}{2} + \delta_l)$ である．散乱中心近傍での電荷の総和は，スピン縮重度 2 を含めて

$$\int_{r<r_c} \rho(\boldsymbol{r})\mathrm{d}\boldsymbol{r} = 2\sum_l 4\pi \int_0^{k_F} \mathrm{d}k \frac{(2l+1)^2}{(2\pi)^3}k^2 \int_0^\pi \mathrm{d}\theta \sin\theta 2\pi P_l(\cos\theta)^2$$
$$\times \cos^2\delta_l \int_0^{r_c} \mathrm{d}r r^2 R_l^{(+)}(r)^2$$
$$= \frac{4}{\pi}\sum_l (2l+1) r_c^2 \int_0^{k_F} \mathrm{d}k \frac{k}{2}\left\{\frac{\partial \tilde{R}_l^{(+)}}{\partial r}\frac{\partial \tilde{R}_l^{(+)}}{\partial k} - \tilde{R}_l^{(+)}\frac{\partial^2 \tilde{R}_l^{(+)}}{\partial r \partial k}\right\}_{r=r_c} \quad (5.13)$$

である．ここで $\tilde{R}_l^{(+)} = \cos\delta_l \cdot R_l^{(+)}$ とし，また (4.54) 式を用いた．$R_l^{(+)}$ の漸近形 $R_l^{(+)}(r) \to \sim 1/(\cos\delta_l) \cdot 1/(kr)\sin(kr - \frac{l\pi}{2} + \delta_l)$ を用いると，

$$\frac{\partial \tilde{R}_l^{(+)}}{\partial r}\frac{\partial \tilde{R}_l^{(+)}}{\partial k} - \tilde{R}_l^{(+)}\frac{\partial^2 \tilde{R}_l^{(+)}}{\partial r \partial k}$$
$$\sim \frac{1}{(kr)^2}\left\{k\left(r + \frac{\partial\delta_l}{\partial k}\right) - \frac{1}{2}\sin 2\left(kr + \delta_l - \frac{l\pi}{2}\right)\right\}$$

となる．不純物がないときの電子密度はこれらで位相のずれを $\delta_l = 0$ としたものである．以上により不純物ポテンシャルによる電子数の変化は

$$\int_{r<r_c} \mathrm{d}\boldsymbol{r}\{\rho(\boldsymbol{r}) - \rho_0(\boldsymbol{r})\}$$
$$= \frac{2}{\pi}\int_0^{k_F} \mathrm{d}k \sum_{l=0}^\infty (2l+1)\left[\frac{\mathrm{d}\delta_l}{\mathrm{d}k} - \frac{1}{k}\sin\delta_l \cos(2kr_c + \delta_l - l\pi)\right]$$
$$\approx \frac{2}{\pi}\sum_{l=0}^\infty (2l+1)\left[\delta_l(k_F) - \frac{1}{2k_F r_c}\sin\delta_l(k_F)\sin(2k_F r_c + \delta_l(k_F) - l\pi)\right]$$
$$(5.14)$$

となる．最後の結果では束縛状態がないとして $\delta_l(0) = 0$ とした．束縛状態があるときは，左辺にその電荷を加え，右辺で $\delta_l(0) = \pi$ として計算すればよい．(5.14) 式の左辺は，不純物ポテンシャルが存在するときに，その不純物ポテン

シャルのために半径 r_c の球内で変化する電子の総和を表している．不純物が母体原子に比べて価数 $+Z$ として働いている場合，その不純物の周りの電子数変化はちょうど不純物の電荷を遮蔽するはずであるから，$r_\mathrm{c} \to \infty$ としたとき価数 $+Z$ はその変化分の総和と等しく

$$Z = \int_{r_\mathrm{c} \to \infty} \mathrm{d}\boldsymbol{r}\{\rho(\boldsymbol{r}) - \rho_0(\boldsymbol{r})\} = \frac{2}{\pi}\sum_{l=0}^{\infty}(2l+1)\delta_l(k_\mathrm{F}) \tag{5.15}$$

である．(5.15) 式を "**フリーデル** (Friedel) **の総和則**" という．また電子密度は

$$\begin{aligned}\Delta\rho(r) &= \frac{1}{4\pi r^2}\frac{\partial}{\partial r}\int_{r'<r}\mathrm{d}\boldsymbol{r}'\{\rho(\boldsymbol{r}') - \rho_0(\boldsymbol{r}')\} \\ &= -\frac{1}{2\pi^2 r^3}\sum_l(2l+1)\sin\delta_l(k_\mathrm{F})\cos(2k_\mathrm{F}r + \delta_l(k_\mathrm{F}) - l\pi)\end{aligned} \tag{5.16}$$

のようにフェルミ波数 k_F を波数として振動する．これを**フリーデル** (Friedel) **振動**という．

以上の議論を用いて金属中の不純物による電気抵抗を考えよう．電気抵抗 R は，単位体積中の電子数を n と書くと，**ドルーデ** (Drude) **の式**により

$$R = \frac{m}{ne^2\tau_i} = \frac{n_i k_\mathrm{F}}{ne^2}\langle\sigma\rangle \tag{5.17}$$

である．n_i は不純物濃度，τ_i は散乱の平均自由時間である．電気抵抗に寄与する散乱の断面積 $\langle\sigma\rangle$ は，後方散乱の寄与が抵抗に効くことを考慮すると

$$\langle\sigma\rangle = 2\pi\int_{-\pi}^{\pi}\mathrm{d}\theta\sin\theta\sigma(\theta)(1-\cos\theta) \tag{5.18}$$

である．フェルミ・エネルギー上の位相のずれを $\delta_l \equiv \delta_l(k_\mathrm{F})$ と書けば，$\sigma(\theta)$ は散乱の微分断面積で $\sigma(\theta) = \frac{1}{k_\mathrm{F}^2}\left|\sum_{l=0}^{\infty}(2l+1)e^{i\delta_l}\sin\delta_l P_l(\cos\theta)\right|^2$ と書かれる．$l = L$ の散乱のみが大きくて電気抵抗に寄与するとすれば，フリーデルの総和則 (5.15) から $\delta_L(k_\mathrm{F}) = \pi Z/2(2L+1)$ となるから，電気抵抗は

$$R = \frac{4\pi n_i}{ne^2 k_\mathrm{F}}(2L+1)\sin^2\delta_L(k_\mathrm{F}) = \frac{4\pi n_i}{ne^2 k_\mathrm{F}}(2L+1)\sin^2\frac{\pi Z}{4L+2} \tag{5.19}$$

となる．

5.3 遷移金属のバンド構造と強磁性

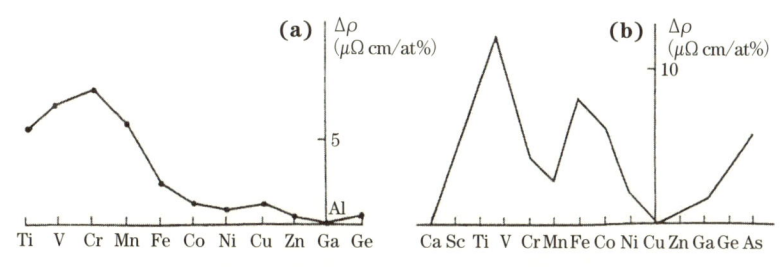

図 5.5 非磁性金属中の遷移金属不純物による残留抵抗の変化 (単位は, 不純物濃度 (パーセント) 当たりの電気抵抗の変化 ($\mu\Omega$cm/at%). (a) Al 母体, (b) Cu 母体中 (J. Friedel, Phil. Mag. **43**, 153 (1952)).

Al および Cu 中の遷移金属不純物による残留抵抗の変化を**図 5.5** (a),(b) に示した. Al 中では, Cu の 3d 準位はフェルミ準位より深いところにあり, したがって伝導電子はあまり散乱を受けない. 不純物元素が周期律表で左に移るにしたがって 3d 準位は浅くなってきて, Cr で 3d 準位の状態密度のピークの中心がフェルミ準位の位置にさしかかる. そのため不純物 Cr で最大の残留抵抗を与える. 一方, Cu 母体中の遷移金属不純物では, 原子内交換相互作用によって 3d 準位はスピン上向き状態とスピン下向き状態がエネルギー的に分離する. Cu 中ではこの分離の大きさが各スピンの 3d 準位の幅より大きく, Mn 不純物ではちょうど上向きスピンの 3d 準位が完全に満たされ下向きスピンのそれが空で, その間にフェルミ準位がある. そのため Mn 不純物はフェルミ準位の電子を散乱することが少なく残留抵抗が小さい. このように不純物の 3d 電子のスピンが分極することは Cu 中の Cr, Mn, Fe 不純物の帯磁率がキュリー・ワイス則に従うことによっても確かめられる.

5.3 遷移金属のバンド構造と強磁性

3d 遷移金属の強磁性に話を限って議論をさらに進めよう. いまスピン分極しているバンドの波動関数を $\psi_{kn}(r)$ と書くと, これはおおよそ 3d 軌道から成り立っているから

$$\psi_{kn}(r) \simeq \frac{1}{\sqrt{N}} \sum_{R} e^{i k \cdot r} \phi_{dR}(r - R) \tag{5.20}$$

と書ける．$\phi_{dR}(r-R)$ は位置 R にある原子に属する d 電子波動関数である．一方スピン分極は，フェルミ・ディラックの分布関数を

$$f(\varepsilon) = \frac{1}{1+\exp(\frac{\varepsilon-\mu}{kT})}$$

と書き，スピン分極したバンドのエネルギーを $\varepsilon_{k\pm}$ と書けば，スピンにより分極した電子密度の差は

$$m(r) = n_+(r) - n_-(r) = \sum_k |\psi_{kn}(r)|^2 [f(\varepsilon_{k+}) - f(\varepsilon_{k-})] \qquad (5.21)$$

で与えられる．$m(r)$ の角度平均は

$$\langle m(r) \rangle = \frac{1}{4\pi} \int d\hat{r}\, m(r) \simeq \phi_d(r, \varepsilon_F)^2 \frac{1}{N} \sum_k \{f(\varepsilon_{k+}) - f(\varepsilon_{k-})\} \qquad (5.22)$$

である．ここで各原子の d 軌道は同等であるとし，エネルギー ε に対応した d 軌道の動径波動関数を $\phi_d(r,\varepsilon)$ と書いた．一方，原子 1 個当たりの正味のモーメント Δm は

$$\Delta m = \int dr\, 4\pi r^2 \langle m(r) \rangle = \frac{4\pi}{N} \sum_k \{f(\varepsilon_{k+}) - f(\varepsilon_{k-})\} \qquad (5.23)$$

であるから，結局 (5.22), (5.23) 式から

$$\langle m(r) \rangle = \frac{\Delta m}{4\pi} \phi_d(r, \varepsilon_F)^2 \qquad (5.24)$$

となる．これが各原子の周りでの角度平均したスピン分極である．一方，局所密度汎関数法によって，スピン分極した場合の交換相互作用および電子相関によるポテンシャルは

$$\mu_{xc}^{(\pm)}(n_+, n_-) = A(r_s)(1\pm\zeta)^{1/3} + B(r_s) \qquad (5.25)$$

と与えられる ((3.22), (3.24) 式 参照)．ここで $(\pm)$ はスピン上向き $(+)$，または下向き $(-)$ に働くポテンシャルを示し，$\zeta = (n_+(r) - n_-(r))/n(r)$ である．したがって

5.3 遷移金属のバンド構造と強磁性

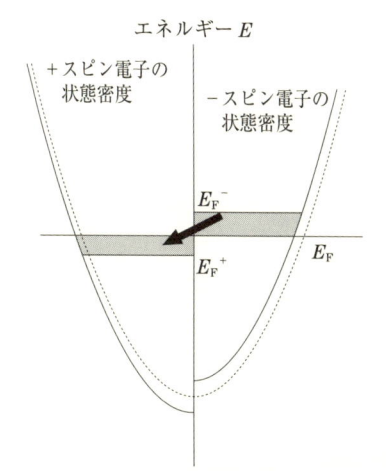

図 5.6 スピンにより分裂したバンドの状態密度.

$$\mu_{\rm xc}^{(+)} - \mu_{\rm xc}^{(-)} \simeq \frac{2}{3} A(r_{\rm s}) \cdot \zeta = \frac{2}{3} A(r_{\rm s}) \frac{\langle m(\boldsymbol{r}) \rangle}{n(r)} = \frac{\Delta m}{6\pi} A(r_{\rm s}) \frac{\phi_{\rm d}(r, \varepsilon_{\rm F})^2}{n(\rm r)} \quad (5.26)$$

がスピン分極によるポテンシャルの差を表す.このポテンシャルの差によってバンドのスピンによる分極 $\Delta \varepsilon_{\boldsymbol{k}} = \varepsilon_{\boldsymbol{k}+} - \varepsilon_{\boldsymbol{k}-}$ が生じているのだから

$$\Delta \varepsilon_{\boldsymbol{k}} = \varepsilon_{\boldsymbol{k}+} - \varepsilon_{\boldsymbol{k}-} = \langle \psi_{\boldsymbol{k}n} | \mu_{\rm xc}^{(+)} - \mu_{\rm xc}^{(-)} | \psi_{\boldsymbol{k}n} \rangle = -I(\varepsilon_{\boldsymbol{k}}) \cdot \Delta m \quad (5.27)$$

$$I(\varepsilon) = -\frac{1}{6\pi} \int {\rm d}r r^2 A(r_{\rm s}) \frac{\phi_{\rm d}(r,\varepsilon)^2 \phi_{\rm d}(r,\varepsilon_{\rm F})^2}{n(r)} \quad (5.28)$$

である.$I(\varepsilon)$ は,スピン分極による交換相互作用エネルギーの得を表し,(一般化された) **ストーナー** (Stoner)・**パラメター**と呼ぶ.(5.28) 式はスピン分極を考慮したバンド計算の結果得られるバンドの分裂と大変良い一致を示す.

図 **5.6** に示すように,バンドがスピンにより分裂して上向きスピン,下向きスピンの電子の総数が

$$n_+ = \frac{1}{2}(n + \Delta m), \quad n_- = \frac{1}{2}(n - \Delta m) \quad (5.29)$$

になったとする.バンドの分裂を

$$E_{\rm F}^{(+)} - E_{\rm F} = E_{\rm F} - E_{\rm F}^{(-)} = \Delta E_{\rm F} \quad (5.30)$$

とする．さらに E_F におけるスピン当たりの状態密度を $N(E_F)$ と書こう．状態密度と電子数の変化との間には

$$\frac{1}{2}\Delta m = N(E_F) \cdot \Delta E_F \tag{5.31}$$

の関係がある．バンドの分裂による全バンド・エネルギーの変化 ΔE_1 および交換相互作用エネルギーの変化 ΔE_2 は

$$\Delta E_1 = \frac{1}{2}\Delta m \cdot \Delta E_F = \frac{1}{N(E_F)}\left(\frac{\Delta m}{2}\right)^2 \tag{5.32}$$

$$\Delta E_2 = -\frac{1}{2}I(E_F)\left\{\left(n_+^2 + n_-^2\right) - 2\left(\frac{n}{2}\right)^2\right\}$$
$$= -I(E_F) \cdot \left(\frac{\Delta m}{2}\right)^2 \tag{5.33}$$

である．ΔE_2 の係数 1/2 は交換相互作用エネルギーが 2 電子の相互作用であるから二重に数えないようにするためである．結局バンドの分裂による全エネルギー変化は

$$\Delta E = \Delta E_1 + \Delta E_2 = \left\{\frac{1}{N(E_F)} - I(E_F)\right\}\left(\frac{\Delta m}{2}\right)^2 \tag{5.34}$$

である．(5.34) 式が正 (負) であればスピン分極をした方がエネルギー的に損 (得) ということになり，常 (強) 磁性状態が絶対零度における基底状態であることを意味する．こうして，バンド理論による強磁性出現の条件 (ストーナーの条件)

$$I(E_F)N(E_F) > 1 \quad (強磁性) \tag{5.35}$$

を得る．

スピン分極したとき，バンドの形が変化しないで単にエネルギー的なずれだけが生じるとすると，モーメント Δm は

$$\Delta m = n_+ - n_- = \int^{E_F^{(+)}} \mathrm{d}E N(E) - \int^{E_F^{(-)}} \mathrm{d}E N(E)$$
$$= \int_{E_F^{(-)}}^{E_F^{(+)}} \mathrm{d}E N(E) . \tag{5.36}$$

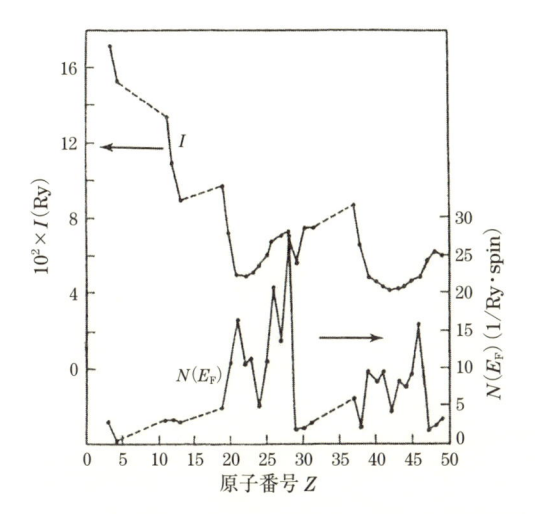

5.3 遷移金属のバンド構造と強磁性   123

図 5.7 ストーナー・パラメター $I(E_\mathrm{F})$ とフェルミ・エネルギーにおける状態密度 $N(E_\mathrm{F})$ の原子番号 Z 依存性 (J. F. Janak, Phys. Rev. B**16**, 255 (1977)).

一方, (5.30), (5.31) 式により

$$E_\mathrm{F}^{(+)} - E_\mathrm{F}^{(-)} = -I(E_\mathrm{F}) \cdot \Delta m \tag{5.37}$$

である. 今のモデルでは (5.36), (5.37) 式よりバンドの分裂の大きさ $E_\mathrm{F}^{(\pm)}$ は

$$\frac{E_\mathrm{F}^{(+)} - E_\mathrm{F}^{(-)}}{I(E_\mathrm{F})} = -\int_{E_\mathrm{F}^{(-)}}^{E_\mathrm{F}^{(+)}} \mathrm{d}E\, N(E) \tag{5.38}$$

によって決まり, モーメント Δm はそれから

$$\Delta m = -\frac{E_\mathrm{F}^{(+)} - E_\mathrm{F}^{(-)}}{I(E_\mathrm{F})} \tag{5.39}$$

と求められる. すなわちスピン分極を含めないバンド計算の結果から, (5.35) 式によりその基底状態における磁気的性質が判定され, 強磁性の場合にはバンドの分裂 $E_\mathrm{F}^{(+)} - E_\mathrm{F}^{(-)}$ とモーメントの大きさ Δm が (5.38), (5.39) 式から決められる. ストーナー・パラメター $I(E_\mathrm{F})$ およびスピン当たりの状態密度 $N(E_\mathrm{F})$

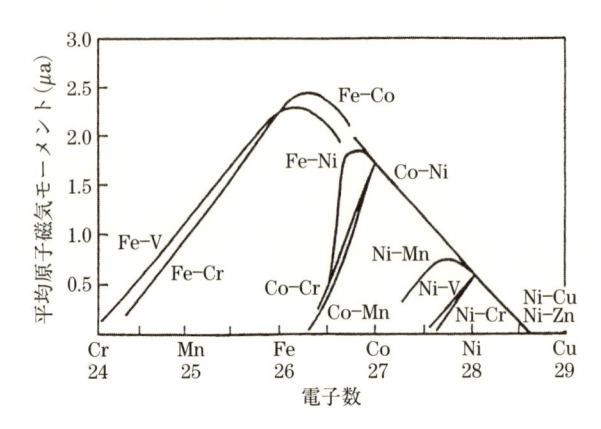

図5.8 スレーター・ポーリング曲線.

の原子番号による変化を **図5.7** に示す[*3]．状態密度 $N(E_F)$ が大きくなっているのは，3d あるいは 4d バンドにフェルミ・エネルギーがかかっているときである．ストーナー・パラメターの電子密度依存性は $A(r_s) \propto 1/r_s \sim n^{1/3}$ であるから

$$I \sim \frac{n^{1/3}}{n} = n^{-2/3}$$

である．したがってフェルミ準位で s-p 電子状態が主たる寄与をする場合には n が小さく $I(E_F)$ が大きくなる．これが原子番号の小さいところで，ストーナー・パラメターが大きい理由である．電子数が小さいので交換相互作用エネルギーへの寄与は小さい．

図5.8 に種々の強磁性遷移金属合金について，1原子当たりの電子数の関数として飽和磁気モーメントの実験値を描いた有名な**スレーター・ポーリング (Slater–Pauling) 曲線**を示す．すべての実験値は，いくつかの例外を除いて基本的に電子数 26.5 付近で交わる 2 本の半直線上に乗っている．この境目付近が 3d 遷移金属の構造が変化するところで，それより電子数の少ない左側で bcc, 電子数の多い右側で fcc となる．

実際 bcc および fcc のカノニカル d バンドを用いて，(5.38), (5.39) 式によって磁気モーメントを見積ることにより，このスレーター・ポーリング曲線を再

[*3] J. F. Janak, Phys. Rev. B**16**, 255 (1977).

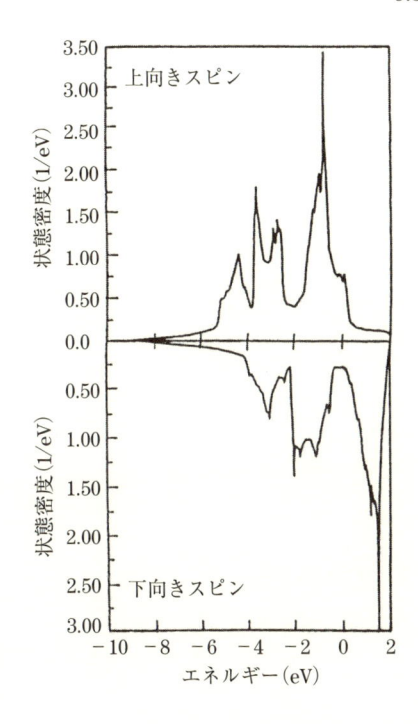

5.3　遷移金属のバンド構造と強磁性　　125

図 5.9 bcc 強磁性鉄の電子状態密度. フェルミ・エネルギーをエネルギー原点とする.

現することができる. 電子数 25 付近から電子をさらに増やすとフェルミ・エネルギーは bcc 状態密度の高いピークにさしかかり常磁性状態は不安定となり, バンドの分裂による交換相互作用エネルギーの得が大きくなる.

このときスピン上向き電子のフェルミ・エネルギーは状態密度のピーク位置より高いところにあり, 一方スピン下向き電子のフェルミ・エネルギーは状態密度の最大ピークの手前の谷にある (**図 5.9**). したがって増加した電子はもっぱら上向きスピン・バンドに収容され, 磁気モーメントが増加する. 加えられた不純物イオンに対する遮蔽が上向きスピン電子で行われる, といってもよい. さらに電子数を増やすと, やがて下向きスピン・バンドのピークにフェルミ・エネルギーがかかるようになり, bcc 強磁性相は不安定となり fcc 相に転移する. fcc 相で電子数 27(Co)～28(Ni) では上向きスピンの d バンドは完全に満たされており, 増加した電子は下向きスピン・バンドに収容される (不純物イオンに対する遮蔽が下向きスピン電子で行われる). そのため, 電子数の増加に対

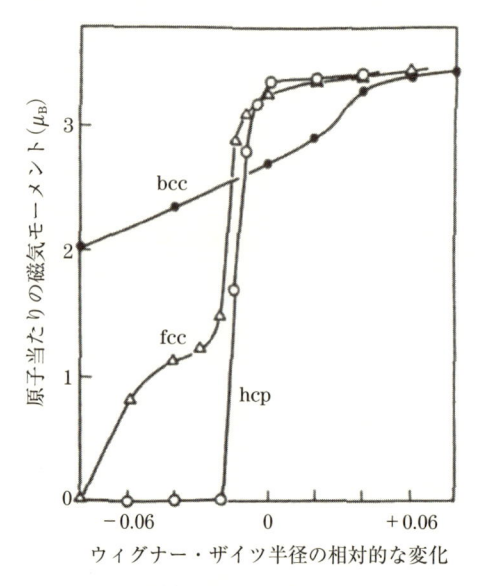

図 5.10 鉄 (bcc, fcc, hcp) の磁気モーメントとウィグナー・ザイツ半径 (O. K. Andersen, J. Madsen, U. K. Poulsen, O. Jepsen and J. Kollar, Physica, **86–88** B, 249 (1977)).

して磁気モーメントは減少する．電子数 28(Ni) の付近より上の直線からはずれて左下りに出ているのは，Ni–Cr，Ni–V 合金である．Cr, V 等の非常に浅いポテンシャルのために，上向きスピン下向きスピンともにフェルミ・エネルギーより上のエネルギーに束縛状態が出現する．その分だけ上向きスピン電子が減少し下向きスピン電子が増加し，Cr または V の濃度に比例して磁気モーメントが減少する．

bcc Fe に圧力を加えた場合には，約 100 kbar までは磁気モーメントはわずかに減少する変化を見せるだけだが，さらに大きい圧力を加えると Fe は hcp 相に転移し磁気モーメントは消失する．この実験事実も上の議論により理解することができる．**図 5.10** に，Fe の bcc, fcc, hcp 相における磁気モーメントをウィグナー・ザイツ半径 (bcc Fe における実験値を基準として) の関数として示した．bcc では常磁性 Fe の E_F は状態密度の最大ピークのほぼ中心に対応している．一方，fcc, hcp では第 3 章あるいは図 5.1 で見るように，最も高

いピークも bcc と比べてそれほど高くなくまた E_F の位置はピークをはずれている．原子間距離が短くなると原子間相互作用が大きくなり，バンド幅が拡がり状態密度が全体にその分小さくなる．一方，ストーナー・パラメターは原子内波動関数によって決まっているのでウィグナー・ザイツ半径の数 % の変化ではほとんど変化しない．結局 fcc, hcp の Fe では磁性はウィグナー・ザイツ半径に依存して，(5.35) 式により敏感に変化することになる．

5.4　金属の表面電子系と電子相関

　密度汎関数理論により金属表面の電子構造を理解することができる．現在多くの金属の表面近傍における電子状態が計算され，またその磁性もいろいろと議論され，表面構造，構造再構成などについてもたくさんの研究がある．

　電子の感じるクーロン・ポテンシャルを $\phi(r)$ と書くことにする．電子1個を金属から引き離し無限遠方へ持ち去るために必要なエネルギーを仕事関数という．仕事関数はその定義から

$$\Phi = \lim_{r \to \infty} \phi(r) + E_{N-1} - E_N = \phi(\infty) - \mu \qquad (5.40)$$

と書ける．μ は化学ポテンシャルである．金属中の平均のクーロン・ポテンシャルを $\bar{\phi} = \frac{1}{\Omega} \int \phi(\boldsymbol{r}) d\boldsymbol{r}$ と書き，

$$D = \phi(\infty) - \bar{\phi}, \quad \bar{\mu} = \mu - \bar{\phi}, \quad \Phi = D - \bar{\mu} \qquad (5.41)$$

を定義する．

　Lang と Kohn[*4]は，**図 5.11** (a) に示すような半無限の一様な正電荷で金属イオンを近似し，そこで局所密度汎関数法による計算を実行した．電子分布は図5.11 (a) に見るように表面近傍でフリーデルの振動を示し，表面から外に浸み出してやがてゼロとなる．図5.11 (b) にクーロン・ポテンシャルと有効1電子ポテンシャルの表面からの距離依存性を示した．真空レベルからのポテンシャルの下りには，クーロン・ポテンシャルよりはるかに大きい交換相関相互作用 v_{xc} の寄与があることがわかる．

[*4]　N. D. Lang and W. Kohn, Phys. Rev. B**1**, 4555 (1970)；Phys. Rev. B**3**, 1215 (1971)；Phys. Rev. B**7**, 3541 (1973).

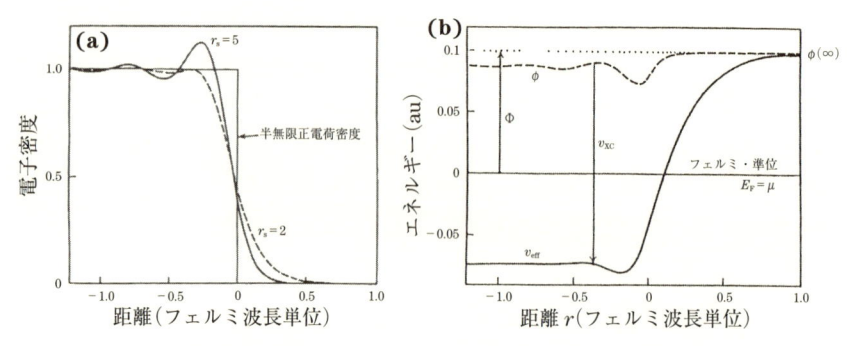

図 5.11 (a) 金属表面の電子ガス模型．正電荷分布と電子密度．(b) 表面近傍でのクーロン・ポテンシャル $\phi(r)$ と 有効 1 電子ポテンシャル $v_{\text{eff}}(r)$．電子密度は $r_s = 5$ (N. D. Lang and W. Kohn, Phys. Rev. B**1**, 4555 (1970)).

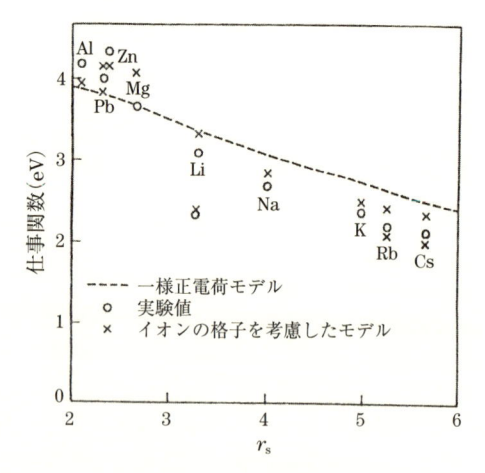

図 5.12 仕事関数 Φ の r_s 依存性と単純金属での実験値 (N. D. Lang and W. Kohn, Phys. Rev. B**1**, 4555 (1970)).

図 5.12 に仕事関数 Φ の r_s 依存性と単純金属での実験値を示した．さらにイオンの具体的な個性を考慮して，擬ポテンシャルを用いた結果も示してある．r_s を小さくして電子密度を増加させると電子はよりたくさん表面から外に浸み出し，したがってその電荷の作る双極子電場が増加し仕事関数が増加する．図

5.12 における実験値と計算値の一致は大変良い．またこれらのことは結晶面の違いによる仕事関数の違いも説明することができる．原子密度の小さな結晶表面では r_s が実質的に大きくなり (電子密度が小さくなり) 仕事関数は小さくなるのである．

5.5 ナノ構造体の電気伝導

金属中の電子による輸送現象 (電気抵抗, 熱電効果など) はボルツマン (Boltzmann) 方程式によって議論される．特に電気伝導度テンソルの電場による成分は

$$\sigma_{\mu\nu} = e^2 \int \frac{d\boldsymbol{k}}{4\pi^3} \sum_n \tau_n(\boldsymbol{k}) v_n^\mu(\boldsymbol{k}) v_n^\nu(\boldsymbol{k}) \left(-\frac{\partial f^0}{\partial E}\right)_{E=E_n(\boldsymbol{k})} \tag{5.42}$$

と書ける．ここで

$$\boldsymbol{v}_n(\boldsymbol{k}) = \frac{1}{\hbar} \frac{\partial E_n(\boldsymbol{k})}{\partial \boldsymbol{k}} \tag{5.43}$$

は波束の群速度で，$f_{n\boldsymbol{k}}^0$ は各バンドの電子のフェルミ・ディラック分布関数である．バンド構造以外の基礎物性の情報はすべて散乱の緩和時間 τ の中に押し込められている．緩和時間 $\tau_n(\boldsymbol{k})$ を種々の衝突過程について定量的に見積ることは難しい．バルク固体において伝導電子を散乱する機構としては，不純物を含む結晶欠陥による散乱，原子のランダムな振動 (格子振動) による散乱，局在スピンによる散乱，電子間クーロン相互作用による散乱 (弱局在) などがある．それぞれ特徴的な温度依存性や (欠陥の) 濃度依存性があり，実験的に区別することができる．

これまで多くの場合にバルクな系を考えてきたが，これからしばらくは物質系の大きさや形状の効果を考えてみよう．線形のスケール L に関して，体積は L^3，表面積は L^2 である．ナノ・スケールの系では $L^3 \sim L^2$ となって表面の効果が無視できなくなる．その結果，古典的なオームの法則は成り立たない．電極や構造体の形による散乱がサイズによる量子効果として現れるからである．実際の電気伝導度測定では，サンプルに伝導度の高いリード線を付ける．このときリード線の原子がサンプル原子系のどの位置についているのか，その間に化学結合が形成されるのか，リード線とサンプルの間は電気が流れるように接

続されているか (伝導電子の波動関数がつながっているか), 外部から注入されて電子のサンプル形状による散乱がどのように起こるのか, など複雑な問題がその特徴を決めている.

ナノ・スケールの細線の実験では, 金などではコンダクタンスは量子化される[*5]. 遷移金属の単原子コンタクトでは, コンダクタンス量子化は見られず, 大きな非線形性が現れる[*6]. ナノメートルサイズの系の電気伝導を理論的に議論する方法の参考図書を挙げておこう[*7]. 非平衡グリーン関数 (ケルディッシュ (Keldish) グリーン関数) を用いて議論を組み立てることが多いが, バルクな意味での非弾性散乱がなければ, ランダウアー・ビュテカー (Landawer–Büttiker) 公式[*8], あるいは透過率の計算と同等である.

実際の系 (単原子ワイヤーや有機物と金属の複合ナノ構造体) における量子伝導の実験が行われるようになって, 現実の電子構造に則して詳細な議論ができるようになってきた. そこでは現実的な原子構造に即して電子構造を求め, そのハミルトニアンをもとに, (非平衡グリーン関数を用いた) 上の方法を適用する必要がある. これらの方法によって具体的な系について計算した例をいくつか挙げておこう[*9].

[*5] G. Rubio, N. Agräit and S. Viera, Phys. Rev. Lett. **76**, 2302 (1996).

[*6] K. Yuki, S. Kurosawa and A. Sakaki, Jpn. J. Appl. Phys. **40**, 803 (2001).

[*7] 三好旦六, 小川真人, 土屋英明, ナノエレクトロニクスの基礎, 培風館 (2007); S. Datta, *Electronic Transport in Mesoscopic Systems*, Cambridge Univ. Press (1995).

[*8] R. Landauer, IBM Journal of research and development **1**, 223 (1957); R. Landauer, Philos. Mag. **21**, 863 (1970); M. Büttiker, Phys. Rev. Lett. **57**, 1761 (1986).

[*9] M. Brandbyge, J.-L. Mozos, P. Ordejon, J. Taylor and K. Stokbro, Phys. Rev. B**65**, 165401 (2002); K. Hirose, N. Kobayashi and M. Tsukada, Phys. Rev. B**69**, 245412 (2004); T. Ozaki, K. Nishio and H. Kino, Phys. Rev. B**81**, 035116 (2010); Y. Asai, Phys. Rev. Lett. **93**, 246102 (2004).

6
正四面体配位半導体の電子構造

　半導体・絶縁体の場合にはタイト・バインディング近似で議論すると物理的にも電子波動関数の対称性などについて理解しやすい．

6.1 タイト・バインディング近似

　分子や固体の電子構造を理解するのに最も物理的化学的に意味の明確なのが**タイト・バインディング近似**である．$\phi_{n\alpha}(r)$ を原子 R_n に属する原子軌道 α であるとする．系の固有状態が原子軌道の 1 次結合 (Linear Combination of Atomic Orbitals (**LCAO**)) の形で

$$\psi_i = \sum_{n\alpha} a^i_{n\alpha} \phi_{n\alpha} \tag{6.1}$$

で書かれるとする．すると $a^i_{n\alpha}$ および固有値エネルギー E_i を決める方程式は

$$\sum_{n\alpha} (\langle \phi_{m\beta}|H|\phi_{n\alpha}\rangle - E_i \langle \phi_{m\beta}|\phi_{n\alpha}\rangle) a^i_{n\alpha} = 0 \tag{6.2}$$

あるいは行列形式で書いて

$$(\boldsymbol{H} - E\boldsymbol{O})\boldsymbol{a} = 0 \tag{6.3}$$

となる．これについては第 1 章で説明した．$\boldsymbol{H}$ および $\boldsymbol{O}$ は原子軌道によるハミルトニアンおよび重なり積分の行列で，その行列要素は $H_{m\beta,n\alpha} = \langle \phi_{m\beta}|H|\phi_{n\alpha}\rangle$, $O_{m\beta,n\alpha} = \langle \phi_{m\beta}|\phi_{n\alpha}\rangle$ である．基底が原子軌道であるため，(6.3) 式を解いて得られた結果を理解するのが大変容易である．$\boldsymbol{H}$ および $\boldsymbol{O}$ は体系の持っている対称性を完全に保存し，結晶では行列要素 $\langle \phi_{m\beta}|H|\phi_{n\alpha}\rangle$ および $\langle \phi_{m\beta}|\phi_{n\alpha}\rangle$

の形は, $\phi_{m\beta}, \phi_{n\alpha}$ の形と原子の相対的位置 $\bm{R}_{nm} = \bm{R}_n - \bm{R}_m$ によって決まる. 今, 原子軌道の量子化軸を原子対の軸 $\bm{R}_{nm}$ と一致させてとることとする. このとき, $\bm{R}_i$ 原子に属する (l, m) 原子軌道と, $\bm{R}_j$ 原子に属する (l', m') 原子軌道の間の, ポテンシャル $V(\bm{r})$ の行列要素を計算しよう. 簡単のためにポテンシャル $V(\bm{r})$ は原子対 ij によりほとんど決まっていてその外の環境にはよらず, したがって原子対軸 $\bm{R}_{ij}$ 周りの回転に対して不変であると仮定する. この仮定により, 一般に $m = m'$ のときのみゼロでない行列要素が与えられる.

$$\langle \bm{R}_j l'm'|V|\bm{R}_i lm\rangle = \delta_{mm'}\langle \bm{R}_j l'm|V|\bm{R}_i lm\rangle. \tag{6.4}$$

原子対を結ぶ軸の周りの対称性 $|m| = 0, 1, 2$ に対して一般に σ, π, δ という記号が用いられ, 行列要素を定めるパラメターとしては

$$\begin{aligned}
V_{ss\sigma} &= \langle s|V|s\rangle, \quad V_{sp\sigma} = \langle s|V|p0\rangle, \quad V_{sd\sigma} = \langle s|V|d0\rangle, \\
V_{pp\sigma} &= \langle p0|V|p0\rangle, \quad V_{pp\pi} = \langle p\pm 1|V|p\pm 1\rangle, \\
V_{pd\sigma} &= \langle p0|V|d0\rangle, \quad V_{pd\pi} = \langle p\pm 1|V|d\pm 1\rangle, \\
V_{dd\sigma} &= \langle d0|V|d0\rangle, \quad V_{dd\pi} = \langle d\pm 1|V|d\pm 1\rangle, \\
V_{dd\delta} &= \langle d\pm 2|V|d\pm 2\rangle
\end{aligned} \tag{6.5}$$

などが必要である. 一般に原子軌道の量子化軸が原子対軸と異なる方向に選ばれているときの行列要素は (6.5) 式のパラメターと原子対軸の方向余弦を用いて表すことができる. これを**表6.1** に示す (Slater-Koster (**スレーター・コスター**) **の表**)[*1]. この表の結果は, 原子対軸を量子化軸にするように波動関数の基底を変換することによって得られる.

この表を用いると少数のパラメターを仮定することによって電子構造を計算することができる. しかしそれはパラメターをうまく選ぶことができたときの話であって, 一般にこのパラメターを LCAO の立場から決定するのは大変困難である. 第1の理由は, 原子軌道を孤立した中性原子のそれに選んでよい理由はないということである. そのためパラメターを含まないセルフコンシステントな計算を行うには複雑な手続きが必要となる. 第2の理由は, 第1の理由

[*1] J. C. Slater and G. F. Koster, Phys. Rev. **94**, 1498 (1954).

表6.1 スレーター・コスターの表. l, m, n は行列要素の左側の状態がある原子から右の状態がある原子へ延ばしたベクトルの方向余弦.

$V_{\mathrm{s,s}}$	$= V_{\mathrm{ss}\sigma}$
$V_{\mathrm{s,x}}$	$= lV_{\mathrm{sp}\sigma}$
$V_{\mathrm{x,x}}$	$= l^2 V_{\mathrm{pp}\sigma} + (1-l^2)V_{\mathrm{pp}\pi}$
$V_{\mathrm{x,y}}$	$= lm(V_{\mathrm{pp}\sigma} - V_{\mathrm{pp}\pi})$
$V_{\mathrm{x,z}}$	$= ln(V_{\mathrm{pp}\sigma} - V_{\mathrm{pp}\pi})$
$V_{\mathrm{s,xy}}$	$= \sqrt{3} lm V_{\mathrm{sd}\sigma}$
$V_{\mathrm{s,x}^2-\mathrm{y}^2}$	$= \frac{1}{2}\sqrt{3}(l^2 - m^2) V_{\mathrm{sd}\sigma}$
$V_{\mathrm{s,3z}^2-\mathrm{r}^2}$	$= [n^2 - \frac{1}{2}(l^2 + m^2)] V_{\mathrm{sd}\sigma}$
$V_{\mathrm{x,xy}}$	$= \sqrt{3} l^2 m V_{\mathrm{pd}\sigma} + m(1 - 2l^2) V_{\mathrm{pd}\pi}$
$V_{\mathrm{x,yz}}$	$= \sqrt{3} lmn V_{\mathrm{pd}\sigma} - 2lmn V_{\mathrm{pd}\pi}$
$V_{\mathrm{x,zx}}$	$= \sqrt{3} l^2 n V_{\mathrm{pd}\sigma} + n(1 - 2l^2) V_{\mathrm{pd}\pi}$
$V_{\mathrm{x,x}^2-\mathrm{y}^2}$	$= \frac{1}{2}\sqrt{3} l(l^2 - m^2) V_{\mathrm{pd}\sigma} + l(1 - l^2 + m^2) V_{\mathrm{pd}\pi}$
$V_{\mathrm{y,x}^2-\mathrm{y}^2}$	$= \frac{1}{2}\sqrt{3} m(l^2 - m^2) V_{\mathrm{pd}\sigma} - m(1 + l^2 - m^2) V_{\mathrm{pd}\pi}$
$V_{\mathrm{z,x}^2-\mathrm{y}^2}$	$= \frac{1}{2}\sqrt{3} n(l^2 - m^2) V_{\mathrm{pd}\sigma} - n(l^2 - m^2) V_{\mathrm{pd}\pi}$
$V_{\mathrm{x,3z}^2-\mathrm{r}^2}$	$= l[n^2 - \frac{1}{2}(l^2 + m^2)] V_{\mathrm{pd}\sigma} - \sqrt{3} ln^2 V_{\mathrm{pd}\pi}$
$V_{\mathrm{y,3z}^2-\mathrm{r}^2}$	$= m[n^2 - \frac{1}{2}(l^2 + m^2)] V_{\mathrm{pd}\sigma} - \sqrt{3} mn^2 V_{\mathrm{pd}\pi}$
$V_{\mathrm{z,3z}^2-\mathrm{r}^2}$	$= n[n^2 - \frac{1}{2}(l^2 + m^2)] V_{\mathrm{pd}\sigma} + \sqrt{3} n(l^2 + m^2) V_{\mathrm{pd}\pi}$
$V_{\mathrm{xy,xy}}$	$= 3l^2 m^2 V_{\mathrm{dd}\sigma} + (l^2 + m^2 - 4l^2 m^2) V_{\mathrm{dd}\pi} + (n^2 + l^2 m^2) V_{\mathrm{dd}\delta}$
$V_{\mathrm{xy,yz}}$	$= 3lm^2 n V_{\mathrm{dd}\sigma} + ln(1 - 4m^2) V_{\mathrm{dd}\pi} + ln(m^2 - 1) V_{\mathrm{dd}\delta}$
$V_{\mathrm{xy,zx}}$	$= 3l^2 mn V_{\mathrm{dd}\sigma} + mn(1 - 4l^2) V_{\mathrm{dd}\pi} + mn(l^2 - 1) V_{\mathrm{dd}\delta}$
$V_{\mathrm{xy,x}^2-\mathrm{y}^2}$	$= \frac{3}{2} lm(l^2 - m^2) V_{\mathrm{dd}\sigma} + 2lm(m^2 - l^2) V_{\mathrm{dd}\pi} + \frac{1}{2} lm(l^2 - m^2) V_{\mathrm{dd}\delta}$
$V_{\mathrm{yz,x}^2-\mathrm{y}^2}$	$= \frac{3}{2} mn(l^2 - m^2) V_{\mathrm{dd}\sigma} - mn[1 + 2(l^2 - m^2)] V_{\mathrm{dd}\pi}$
	$\quad + mn[1 + \frac{1}{2}(l^2 - m^2)] V_{\mathrm{dd}\delta}$
$V_{\mathrm{zx,x}^2-\mathrm{y}^2}$	$= \frac{3}{2} nl(l^2 - m^2) V_{\mathrm{dd}\sigma} + nl[1 - 2(l^2 - m^2)] V_{\mathrm{dd}\pi}$
	$\quad - nl[1 - \frac{1}{2}(l^2 - m^2)] V_{\mathrm{dd}\delta}$
$V_{\mathrm{xy,3z}^2-\mathrm{r}^2}$	$= \sqrt{3} lm[n^2 - \frac{1}{2}(l^2 + m^2)] V_{\mathrm{dd}\sigma} - \sqrt{3} 2lmn^2 V_{\mathrm{dd}\pi}$
	$\quad + \frac{1}{2}\sqrt{3} lm(1 + n^2) V_{\mathrm{dd}\delta}$
$V_{\mathrm{yz,3z}^2-\mathrm{r}^2}$	$= \sqrt{3} mn[n^2 - \frac{1}{2}(l^2 + m^2)] V_{\mathrm{dd}\sigma} + \sqrt{3} mn(l^2 + m^2 - n^2) V_{\mathrm{dd}\pi}$
	$\quad - \frac{1}{2}\sqrt{3} mn(l^2 + m^2) V_{\mathrm{dd}\delta}$
$V_{\mathrm{zx,3z}^2-\mathrm{r}^2}$	$= \sqrt{3} nl[n^2 - \frac{1}{2}(l^2 + m^2)] V_{\mathrm{dd}\sigma} + \sqrt{3} nl(l^2 + m^2 - n^2) V_{\mathrm{dd}\pi}$
	$\quad - \frac{1}{2}\sqrt{3} nl(l^2 + m^2) V_{\mathrm{dd}\delta}$
$V_{\mathrm{x}^2-\mathrm{y}^2,\mathrm{x}^2-\mathrm{y}^2}$	$= \frac{3}{4}(l^2 - m^2)^2 V_{\mathrm{dd}\sigma} + [l^2 + m^2 - (l^2 - m^2)^2] V_{\mathrm{dd}\pi}$
	$\quad + [n^2 + \frac{1}{4}(l^2 - m^2)^2] V_{\mathrm{dd}\delta}$
$V_{\mathrm{x}^2-\mathrm{y}^2,3\mathrm{z}^2-\mathrm{r}^2}$	$= \frac{1}{2}\sqrt{3}(l^2 - m^2)[n^2 - \frac{1}{2}(l^2 + m^2)] V_{\mathrm{dd}\sigma} + \sqrt{3} n^2(m^2 - l^2) V_{\mathrm{dd}\pi}$
	$\quad + \frac{1}{4}\sqrt{3}(1 + n^2)(l^2 - m^2) V_{\mathrm{dd}\delta}$
$V_{3\mathrm{z}^2-\mathrm{r}^2,3\mathrm{z}^2-\mathrm{r}^2}$	$= [n^2 - \frac{1}{2}(l^2 + m^2)]^2 V_{\mathrm{dd}\sigma} + 3n^2(l^2 + m^2) V_{\mathrm{dd}\pi} + \frac{3}{4}(l^2 + m^2)^2 V_{\mathrm{dd}\delta}$

と関連しているが,原子軌道は内殻のものから高い励起状態のものまですべて必要であるということにある.一般に固体内の電子波動関数を表現するためには,各原子軌道について他の原子位置を中心とする (内殻および高い励起状態を含めた) 原子軌道との間での非直交性があり,今注目しているエネルギー領域から離れた原子軌道もあらかじめ混ぜておかなくてはならない.第3に,一般にはパラメター・フィッティングが一意的でないことも問題を困難にする.

第4章で示した LMTO 法 (第2世代,第3世代とも) は,タイト・バインディング近似を第1原理の立場からすすめる方法と見ることもでき,タイト・バインディング・パラメターを第一原理から決める方法として使うことができる.軌道間の相互作用を無視してしまうと,LMTO 法の枠内では (6.5) 式のタイト・バインディング・パラメターの間には構造因子 (4.93) によって決まっている次の関係がある.

$$
\begin{aligned}
V_{\mathrm{pp}\sigma} &= -2V_{\mathrm{pp}\pi} \\
V_{\mathrm{pd}\sigma} &= -\sqrt{3}V_{\mathrm{pd}\pi} \\
V_{\mathrm{dd}\sigma} &= -\frac{3}{2}V_{\mathrm{dd}\pi} = 6V_{\mathrm{dd}\delta}
\end{aligned} \tag{6.6}
$$

ブロッホの定理を用いることができず実空間で計算を実行しなくてはならない非晶質系や,表面電子構造を調べるためには,第1原理に基づいたタイト・バインディング近似が有用である.また複雑な物質やあるいは一般の物質でも集団励起状態を知るための詳細な解析を進めるためにモデル・ハミルトニアンを作るためには,このパラメターを得ることが大変重要になる.

以下では,タイト・バインディング・パラメターは適当に決めることにして,正四面体配位であるダイヤモンド構造の半導体 (C, Si, Ge, α-Sn) および,閃亜鉛鉱構造の化合物半導体 (GaP, GaAs, GaSb, InP, InAs, InSb, CdTe, ZnSe) の電子構造について述べよう.典型的な半導体構造としてはダイヤモンド構造,閃亜鉛鉱構造の他に Se, Te などの1次元鎖構造,As などの2次元平面構造がある.

6.2 ダイヤモンド構造および閃亜鉛鉱構造のバンド構造

図6.1にダイヤモンド構造を示す．ダイヤモンド構造は，1つのfcc構造と，それを[111]方向に$[111]a/4$だけずらしたfcc構造とを重ねたものであり，単位胞に2個の原子を含む．2つのfcc格子位置に同一の原子を配列したものがダイヤモンド構造，異種原子を配置したものが閃亜鉛鉱構造である．1つの中心原子位置に対してその最近接原子は4つあり，中心原子とは異なるfcc格子位置に属している．4個の最近接原子は中心原子の周りにできる正四面体の頂点に位置している．

ダイヤモンド構造および閃亜鉛構造の物質，具体的にはIV族あるいはIII–V，II–VI族化合物半導体のバンド構造をタイト・バインディング近似により調べてみよう．IV族の電子配置はns^2np^2，III–V族は$(ns^2np^1$–$n's^2n'p^3)$，II–VI族は$(ns^2$–$n's^2n'p^4)$である．いずれも結合軌道に由来したバンドが完全に占有され価電子バンドを形成し，反結合軌道に由来した伝導バンドが空になった状態が実現する．

重い元素ほど外殻電子に対する擬ポテンシャルが浅くなるため価電子状態のs,p軌道のエネルギー差$\varepsilon_p - \varepsilon_s$は小さくなる．このためIV族の単一元素結晶中では重い元素であるほどバンド・ギャップは小さくなり，α-Snは半金属と

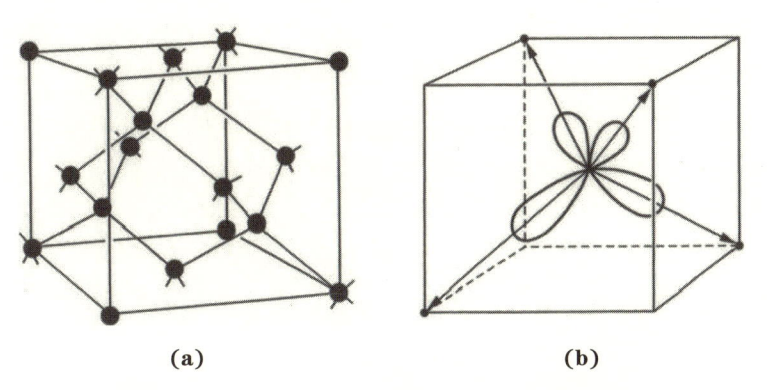

図6.1 (a) ダイヤモンド構造と(b) sp^3混成軌道．

なる．一方，IV族からIII–V族，II–VI族と移るにしたがって異種原子の極性が大きくなり，バンド・ギャップが大きくなることが期待される．このことは，Ge, GaAs, ZnSe あるいは，α-Sn, InSb, CdTe と比べることによって見ることができる．

陰イオン (anion) を a，陽イオン (cation) を c と記し，おのおのの原子軌道から LCAO を次のように作る．

$$\psi_a(\boldsymbol{k},\boldsymbol{r}) = \frac{1}{\sqrt{N}} \sum_{\boldsymbol{R}} e^{i\boldsymbol{k}\cdot(\boldsymbol{R}+\boldsymbol{\tau})} a(\boldsymbol{r}-\boldsymbol{R}-\boldsymbol{\tau}) \tag{6.7}$$

$$\psi_c(\boldsymbol{k},\boldsymbol{r}) = \frac{1}{\sqrt{N}} \sum_{\boldsymbol{R}} e^{i\boldsymbol{k}\cdot\boldsymbol{R}} c(\boldsymbol{r}-\boldsymbol{R}) \tag{6.8}$$

N は単位胞の個数，$\boldsymbol{R}$ は単位胞を区別する位置ベクトルである．単位胞内では陽イオンは原点に，陰イオンは $\boldsymbol{\tau}$ におかれている．必要のない限り，原子軌道 s, p 等を示す添字は落とすこととする．簡単のため原子軌道は互いに重なりがないとする．また1つの陽イオンから，最近接陰イオンに向かうベクトルは次の4つとする．

$$\begin{aligned}\boldsymbol{d}_1 &= \frac{a}{4}(1,1,1), \\ \boldsymbol{d}_2 &= \frac{a}{4}(1,-1,-1), \\ \boldsymbol{d}_3 &= \frac{a}{4}(-1,1,-1), \\ \boldsymbol{d}_4 &= \frac{a}{4}(-1,-1,1).\end{aligned} \tag{6.9}$$

したがって，1つの陰イオンから最近接陽イオンに向かうベクトルは $-\boldsymbol{d}_1, -\boldsymbol{d}_2, -\boldsymbol{d}_3, -\boldsymbol{d}_4$ である．相互作用は最近接原子間のみとする．後の計算のために最近接原子間を結ぶ位相差の線形結合を次のように定義しておく．

$$\begin{aligned}g_0(\boldsymbol{k}) &= +e^{i\boldsymbol{k}\cdot\boldsymbol{d}_1} + e^{i\boldsymbol{k}\cdot\boldsymbol{d}_2} + e^{i\boldsymbol{k}\cdot\boldsymbol{d}_3} + e^{i\boldsymbol{k}\cdot\boldsymbol{d}_4} \\ g_1(\boldsymbol{k}) &= +e^{i\boldsymbol{k}\cdot\boldsymbol{d}_1} + e^{i\boldsymbol{k}\cdot\boldsymbol{d}_2} - e^{i\boldsymbol{k}\cdot\boldsymbol{d}_3} - e^{i\boldsymbol{k}\cdot\boldsymbol{d}_4} \\ g_2(\boldsymbol{k}) &= +e^{i\boldsymbol{k}\cdot\boldsymbol{d}_1} - e^{i\boldsymbol{k}\cdot\boldsymbol{d}_2} + e^{i\boldsymbol{k}\cdot\boldsymbol{d}_3} - e^{i\boldsymbol{k}\cdot\boldsymbol{d}_4} \\ g_3(\boldsymbol{k}) &= +e^{i\boldsymbol{k}\cdot\boldsymbol{d}_1} - e^{i\boldsymbol{k}\cdot\boldsymbol{d}_2} - e^{i\boldsymbol{k}\cdot\boldsymbol{d}_3} + e^{i\boldsymbol{k}\cdot\boldsymbol{d}_4}\end{aligned} \tag{6.10}$$

6.2 ダイヤモンド構造および閃亜鉛鉱構造のバンド構造

さらに左から R にある陽イオンの原子軌道を，右から $R+d_1$ にある陰イオンの原子軌道をかけて，ハミルトニアンをはさみ，

$$V_{\mathrm{ss}} \equiv V_{\mathrm{ss}\sigma}, \quad V_{\mathrm{sp}} \equiv \frac{1}{\sqrt{3}} V_{\mathrm{sp}\sigma},$$
$$V_{xx} \equiv \frac{1}{3} V_{\mathrm{pp}\sigma} + \frac{2}{3} V_{\mathrm{pp}\pi}, \quad V_{xy} \equiv \frac{1}{3} V_{\mathrm{pp}\sigma} - \frac{1}{3} V_{\mathrm{pp}\pi} \tag{6.11}$$

を定義しよう．これは表 6.1 を用いて計算した行列要素そのものである．また，左から $R+d_1$ にある陰イオンの原子軌道を，右から R にある陽イオンの原子軌道をかけて，ハミルトニアンをはさんだ行列要素を同様に

$$V'_{\mathrm{ss}}, \quad V'_{\mathrm{sp}}, \quad V'_{xx}, \quad V'_{xy} \tag{6.12}$$

と定義する．対称性から

$$V'_{\mathrm{ss}} = V_{\mathrm{ss}}, \quad V'_{xx} = V_{xx}, \quad V'_{xy} = V_{xy} \tag{6.13}$$

であるが，

$$V'_{\mathrm{sp}} \neq V_{\mathrm{sp}} \tag{6.14}$$

である．もし 2 種のイオンが同種のものであれば

$$V'_{\mathrm{sp}} = -V_{\mathrm{ps}} \tag{6.15}$$

である．

これだけの準備をして，例えば陽イオンの s 軌道 $\psi_{\mathrm{c,s}}(\boldsymbol{k},\boldsymbol{r})$ と陰イオンの p_x 軌道 $\psi_{\mathrm{a,p}_x}(\boldsymbol{k},\boldsymbol{r})$ との間の行列要素を計算しよう．

$$\begin{aligned}\langle \psi_{\mathrm{c,s}} | V | \psi_{\mathrm{a,p}_x} \rangle &= \sum_{\boldsymbol{d}_i} \langle \mathrm{c,s} | V | a_{\boldsymbol{d}_i}, \mathrm{p}_x \rangle \mathrm{e}^{\mathrm{i}\boldsymbol{k}\cdot\boldsymbol{d}_i} = V_{\mathrm{sp}\sigma} \sum_{\boldsymbol{d}_i} l_i \mathrm{e}^{\mathrm{i}\boldsymbol{k}\cdot\boldsymbol{d}_i} \\ &= V_{\mathrm{sp}} g_1(\boldsymbol{k}) \ .\end{aligned} \tag{6.16}$$

ここで，$\boldsymbol{d}_i$ の方向余弦を $\boldsymbol{d}_i/|\boldsymbol{d}_i| = (l_i, m_i, n_i)$ と定義した．同様に

$$\langle \Phi_{\mathrm{c,p}_x} | V | \Phi_{\mathrm{a,p}_x} \rangle = \sum_{\boldsymbol{d}_i} \langle \mathrm{c,p}_x | V | a_{\boldsymbol{d}_i}, \mathrm{p}_x \rangle \mathrm{e}^{\mathrm{i}\boldsymbol{k}\cdot\boldsymbol{d}_i} = V_{xx} g_0(\boldsymbol{k}) \tag{6.17}$$

第6章　正四面体配位半導体の電子構造

$$\langle \Phi_{c,p_x}|V|\Phi_{a,p_y}\rangle = \sum_{d_i}\langle c,p_x|V|a_{d_i},p_y\rangle e^{i\boldsymbol{k}\cdot\boldsymbol{d}_i} = V_{xy}g_3(\boldsymbol{k}) \quad (6.18)$$

等が計算される．こうしてハミルトニアン行列として次のものが得られる．

	c,s	a,s	c,p_x	c,p_y	c,p_z	a,p_x	a,p_y	a,p_z
c,s	ε_s^c	$V_{ss}g_0$	0	0	0	$V_{sp}g_1$	$V_{sp}g_2$	$V_{sp}g_3$
a,s	$V_{ss}g_0^*$	ε_s^a	$-V'_{sp}g_1^*$	$-V'_{sp}g_2^*$	$-V'_{sp}g_3^*$	0	0	0
c,p_x	0	$-V'_{sp}g_1$	ε_p^c	0	0	$V_{xx}g_0$	$V_{xy}g_3$	$V_{xy}g_1$
c,p_y	0	$-V'_{sp}g_2$	0	ε_p^c	0	$V_{xy}g_3$	$V_{xx}g_0$	$V_{xy}g_1$
c,p_z	0	$-V'_{sp}g_3$	0	0	ε_p^c	$V_{xy}g_1$	$V_{xy}g_2$	$V_{xx}g_0$
a,p_x	$V_{sp}g_1^*$	0	$V_{xx}g_0^*$	$V_{xy}g_3^*$	$V_{xy}g_1^*$	ε_p^a	0	0
a,p_y	$V_{sp}g_2^*$	0	$V_{xy}g_3^*$	$V_{xx}g_0^*$	$V_{xy}g_2^*$	0	ε_p^a	0
a,p_z	$V_{sp}g_3^*$	0	$V_{xy}g_1^*$	$V_{xy}g_1^*$	$V_{xx}g_0^*$	0	0	ε_p^a

(6.19)

ここで $\varepsilon_s^c, \varepsilon_p^c, \varepsilon_s^a, \varepsilon_p^a$ は，おのおの陽イオンの s, p，陰イオンの s, p 原子軌道のエネルギーである．行列 (6.19) を対角化することによってバンドの各 $\boldsymbol{k}$ 点における固有エネルギーと固有ベクトルを知ることができる．

　ブリルアン・ゾーン中のいくつかの対称性が高い点では，上の行列 (6.19) 式のある部分を解析的に解くことができる．

Γ点：$\boldsymbol{k} = (0,0,0)$　$g_1 = g_2 = g_3 = 0,\ g_0 = 4$

X 点：$\boldsymbol{k} = \left(0, 0, \dfrac{2\pi}{a}\right)$　$g_0 = g_1 = g_2 = 0,\ g_3 = 4i$

L 点：$\boldsymbol{k} = \left(\dfrac{\pi}{a}, \dfrac{\pi}{a}, \dfrac{\pi}{a}\right)$　$g_0 = \sqrt{2}(1-i),\ g_1 = g_2 = g_3 = -\sqrt{2}(1-i)$

これらを用いて，

$$E(\Gamma_1) = \frac{\varepsilon_s^c + \varepsilon_s^a}{2} \pm \sqrt{\left(\frac{\varepsilon_s^c - \varepsilon_s^a}{2}\right)^2 + (4V_{ss})^2} \quad (6.20)$$

$$E(\Gamma_{15}) = \frac{\varepsilon_p^c + \varepsilon_p^a}{2} \pm \sqrt{\left(\frac{\varepsilon_p^c - \varepsilon_p^a}{2}\right)^2 + (4V_{xx})^2} \quad (6.21)$$

$$E(X_1) = \frac{\varepsilon_s^c + \varepsilon_p^a}{2} \pm \sqrt{\left(\frac{\varepsilon_s^c - \varepsilon_p^a}{2}\right)^2 + (4V_{sp})^2} \quad (6.22)$$

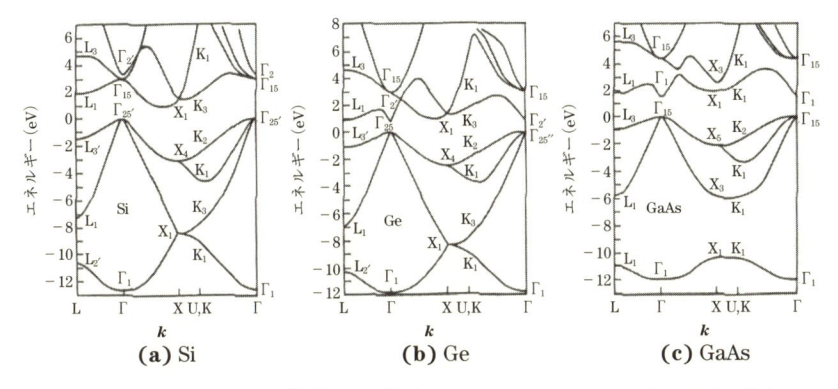

6.2 ダイヤモンド構造および閃亜鉛鉱構造のバンド構造

(a) Si　**(b)** Ge　**(c)** GaAs

図 6.2 Si, Ge, GaAs の電子バンド (J. R. Chelikowsky and M. L. Cohen, Phys. Rev. B**14**, 556 (1976)).

$$E(X_3) = \frac{\varepsilon_p^c + \varepsilon_s^a}{2} \pm \sqrt{\left(\frac{\varepsilon_p^c - \varepsilon_s^a}{2}\right)^2 + (4V_{sp})^2} \tag{6.23}$$

$$E(X_5) = \frac{\varepsilon_p^c + \varepsilon_p^a}{2} \pm \sqrt{\left(\frac{\varepsilon_p^c - \varepsilon_p^a}{2}\right)^2 + (4V_{xy})^2} \tag{6.24}$$

$$E(L_3) = \frac{\varepsilon_p^c + \varepsilon_p^a}{2} \pm \sqrt{\left(\frac{\varepsilon_p^c - \varepsilon_p^a}{2}\right)^2 + (2V_{xx} + 2V_{xy})^2} \tag{6.25}$$

を得る．ここで Γ_1 等は各 k 点における既約表現を示す記号で，おのおのの縮退度は $\Gamma_1(1), \Gamma_{15}(3), X_1(1), X_3(1), X_5(2), L_3(2)$ である．

図 6.2 にタイト・バインディング近似による Si, Ge, GaAs のバンドを示す．ダイヤモンド構造では，(6.20)〜(6.25) 式で陰イオン，陽イオンの区別をなくせばよい．ただし対称性の記号は，例えば (6.20) 式は Γ_1 と $\Gamma_{2'}$ に，(6.21) 式は Γ_{15} と $\Gamma_{25'}$ に，また (6.22) 式と (6.23) 式は同一の X_1 と記し 2 重縮退の準位に，(6.24) 式は X_4 に，(6.25) 式は $L_{3'}$ に変わる．

図 6.2 で Si と Ge を比べると，$\varepsilon_p - \varepsilon_s$ の大きさが Ge では小さくなって，その結果，伝導バンド底近くの Γ_{15} と $\Gamma_{2'}$ が逆転する様子が見られる．図 6.2 では Γ 点にある価電子バンドの頂点をエネルギーの頂点と選んである．伝導バンドの底は，Si では X 点から少し Γ 点の方にずれた点，Ge では L 点にある．α-Sn では，この $\Gamma_{2'}$ の準位がさらに下がってきて $\Gamma_{25'}$ 準位と接し，バンド・

ギャップが消失する．一方 GaAs では Ge に比べてバンド・ギャップはわずかに開いている．Ga と As の電気陰性度の違いが，ゼロでない $\varepsilon_s^c - \varepsilon_s^a$, $\varepsilon_p^c - \varepsilon_p^a$ を与えるからである．Γ 点における直接バンド・ギャップの大きさは

$$\begin{aligned} E_g &= \{E(\Gamma_1)\}_{\text{伝導}} - \{E(\Gamma_{15})\}_{\text{価電子}} \\ &= -\frac{(\varepsilon_p^c - \varepsilon_s^c) + (\varepsilon_p^a - \varepsilon_s^a)}{2} + \sqrt{\left(\frac{\varepsilon_s^c - \varepsilon_s^a}{2}\right)^2 + (4V_{ss})^2} \\ &\quad + \sqrt{(\frac{\varepsilon_p^c - \varepsilon_p^a}{2})^2 + (4V_{xx})^2} \end{aligned} \tag{6.26}$$

である．$\{(\varepsilon_p^c - \varepsilon_s^c) + (\varepsilon_p^a - \varepsilon_s^a)\}/2$ が小さくなるということは金属性が増加するということで，共有結合性の大きさの目安を与える V_{ss}, V_{xx} も同時に小さくなる．全体として，バンド・ギャップ E_g が減少する．Chelikowsky と Cohen は，経験的に求めた非局所的な擬ポテンシャルを用いて，Si, Ge, α-Sn, GaP, GaAs, GaSb, InP, InAs, InSb, ZnSe, CdTe のバンド構造と反射スペクトルを系統的に調べた[*2]．

6.3 半導体の光スペクトルとバンド構造

半導体・絶縁体の場合，光吸収スペクトルには占有状態バンドと非占有状態バンドの構造が顕著に反映される．電子の始状態を $\psi_i(\boldsymbol{r})$（エネルギー固有値 E_i），終状態を $\psi_f(\boldsymbol{r})$（エネルギー固有値 E_f）として，光の振動数を ω とする．光吸収に関しては，光の波数 $\boldsymbol{k}$ は電子の運動量（波動関数の拡がりの逆数）に比べ十分小さいので一般に無視することができる（$\boldsymbol{k} \approx 0$）．これを垂直遷移という．このとき光の偏光 μ に対する吸収係数は

$$k^\mu(\omega) = \frac{4\pi^2 e^2}{m^2 c \omega \hbar} \sum_{cv} \sum_{q} |\langle \psi_c^{\boldsymbol{q}} | p_\mu | \psi_v^{\boldsymbol{q}} \rangle|^2 \delta(\hbar\omega - E_c^{\boldsymbol{q}} + E_v^{\boldsymbol{q}}) \tag{6.27}$$

である．光の偏光ベクトル $\boldsymbol{e}_{\mu k}$ 方向の電子運動量演算子の射影を $\boldsymbol{p} \cdot \boldsymbol{e}_{\mu k} = p_\mu$ とした．$(c, \boldsymbol{q}), (v, \boldsymbol{q})$ はそれぞれ伝導バンド c の運動量 $\hbar\boldsymbol{q}$ の状態（エネルギー $E_c^{\boldsymbol{q}}$），価電子バンド v の $\hbar\boldsymbol{q}$ 状態（エネルギー $E_v^{\boldsymbol{q}}$）である．光の波長が原子ス

[*2] J. R. Chelikowsky and M. L. Cohen, Phys. Rev. B**14**, 556 (1976).

6.3 半導体の光スペクトルとバンド構造

ケールの長さに比べて長いことを考慮して,さらに (6.27) 式は簡単に

$$k^{\mu}(\omega) = \frac{4\pi^2 e^2}{m^2 c\omega\hbar} \sum_{\text{cv}} |\langle \phi_{\text{c}}|p_{\mu}|\phi_{\text{v}}\rangle|^2 \frac{1}{N} \sum_{q} \delta(\hbar\omega - E_{\text{c}}^{q} + E_{\text{v}}^{q}) \qquad (6.28)$$

となる.$|M_{\text{cv}}^{\mu}|^2 = |\langle \phi_{\text{c}}|p_{\mu}|\phi_{\text{v}}\rangle|^2$ は,同一原子上の価電バンド,伝導バンド状態間 (原子 1 個当たり) 遷移行列要素である.上式の和は

$$\begin{aligned}
\frac{1}{N} \sum_{q} \delta(\hbar\omega - E_{\text{c}}^{q} + E_{\text{v}}^{q}) &= \frac{\Omega_{\text{c}}}{8\pi^3} \int dq \delta(\hbar\omega - E_{\text{c}}^{q} + E_{\text{v}}^{q}) \\
&= \frac{\Omega_{\text{c}}}{8\pi^3} \int dS_q \frac{1}{|\nabla_q (E_{\text{c}}^{q} - E_{\text{v}}^{q})|_{E_{\text{c}} - E_{\text{v}} = \hbar\omega}} \qquad (6.29)
\end{aligned}$$

と計算される.(6.29) 式の計算にはテトラヘドロン法 (付録 A.4.2) を用いる.光吸収スペクトルには $\nabla_q(E_{\text{c}}^{q} - E_{\text{v}}^{q})$ の特異性が反映され,その結果ファン・ホーブ特異点 (付録 A.4.1) が観測される.半導体,絶縁体では電子・正孔の束縛状態も重要である.この束縛状態を励起子 (エキシトン,exiton) といい 9.3 節で議論する GW 近似の延長上 (2 体グリーン関数のベーテ・サルピーター (Bethe–Salpeter) 方程式) で議論されている.

7

電子バンドのベリー位相と電気分極

7.1 ベリー位相とゲージ変換

7.1.1 電磁場中の電子とゲージ変換

空間的に一様な電磁場中の1個の電子を考えよう.この系のハミルトニアンは

$$H = \frac{1}{2m}(\boldsymbol{p} + e\boldsymbol{A})^2 + V(\boldsymbol{r}) - e\phi(\boldsymbol{r}) \tag{7.1}$$

と書くことができる.$\boldsymbol{A}, \phi$ はそれぞれベクトル・ポテンシャル,スカラー・ポテンシャルであり,系の電場 $\boldsymbol{E}$ および磁束密度 $\boldsymbol{B}$ はそれぞれ

$$\boldsymbol{E} = -\frac{\partial \boldsymbol{A}}{\partial t} - \mathrm{grad}\,\phi \tag{7.2}$$

$$\boldsymbol{B} = \mathrm{rot}\,\boldsymbol{A} \tag{7.3}$$

によって与えられる.ベクトル・ポテンシャルやスカラー・ポテンシャルは一意的に定まらない.任意のスカラー関数 $\chi(\boldsymbol{r}, t)$ を用いて

$$\boldsymbol{A} \to \boldsymbol{A} = \boldsymbol{A}' + \mathrm{grad}\,\chi \tag{7.4}$$

$$\phi \to \phi = \phi' - \frac{\partial \chi}{\partial t} \tag{7.5}$$

により,$\boldsymbol{A}, \phi$ から $\boldsymbol{A}', \phi'$ に変換しても,$\boldsymbol{E} = -\frac{\partial \boldsymbol{A}'}{\partial t} - \mathrm{grad}\,\phi' \equiv \boldsymbol{E}'$,$\boldsymbol{B} = \mathrm{rot}\,\boldsymbol{A}' \equiv \boldsymbol{B}'$ となる.すなわち (7.2),(7.3) 式は変わらず,電場 $\boldsymbol{E}$ および磁束密度 $\boldsymbol{B}$ は同じものである.変換 (7.4) (7.5) 式をゲージ変換という.また $\boldsymbol{A}, \phi$ を特定の形に決めることを「ゲージを固定する」という.

それではゲージ変換を行ったとき,電子の波動関数はどのような変化を受けるのであろうか.ゲージ変換前後の波動関数を ψ および ψ' と書き,その間に $\psi' = \psi U$ という形を仮定しよう.そのとき,それぞれのシュレディンガー方程式を書き下して比較することにより $U(\boldsymbol{r}, t)$ を決めることができる.その結果は

$$\psi'(\boldsymbol{r},t) = \psi(\boldsymbol{r},t) \exp\{\mathrm{i}\frac{e}{\hbar}\chi(\boldsymbol{r},t)\} \tag{7.6}$$

となる．すなわち，ゲージ変換により波動関数の位相が変化する．シュレディンガー方程式は変換後のベクトル・ポテンシャル，スカラー・ポテンシャル，波動関数を用いて変換前の式と全く同じ形で書かれる．

この位相が様々な形で結晶中の電子構造に顔を見せてくる．具体的な例はしばらくの間待つことにして，もうひとつの位相を見ることにしよう．

7.1.2 断熱変化とベリー位相

ハミルトニアン H が，ゆっくり変化するパラメター $\boldsymbol{\Lambda}(t) = (\lambda_1(t), \lambda_2(t), \lambda_3(t), \cdots)$ を含んでいる場合に状態がどのように変化するか考えよう[*1]．ここでは時刻 t は，パラメター空間 $\boldsymbol{\Lambda}$ 内の経路 C 上の点を表すパラメターとなっている．このような問題は摂動論の入口ですでに何度も見ている．

状態 $|\psi(t)\rangle$ はシュレディンガー方程式

$$i\hbar \frac{\partial}{\partial t} |\psi(t)\rangle = H(\boldsymbol{\Lambda}(t)) |\psi(t)\rangle \tag{7.7}$$

を満たす．ここで各時刻時刻におけるパラメターを $\boldsymbol{\Lambda} = \boldsymbol{\Lambda}(t)$ に明示的に固定し，そのときの定常的な固有状態 $|n(\boldsymbol{\Lambda})\rangle$ は

$$H(\boldsymbol{\Lambda}) |n(\boldsymbol{\Lambda})\rangle = E_n(\boldsymbol{\Lambda}) |n(\boldsymbol{\Lambda})\rangle \tag{7.8}$$

を満足すると仮定する．ここで各定常的な固有状態 $|n(\boldsymbol{\Lambda})\rangle$ は規格化されており，また以下で考えられるパラメター $\boldsymbol{\Lambda}(t)$ の変化の道筋 C の上では1価であるとする．断熱定理によれば，あるパラメターとそのときの固有状態から出発すれば各固有状態は孤立したままであり，かつパラメターの変化が十分にゆっくりであれば，シュレディンガー方程式の解もパラメターの時間変化にしたがってその時刻ごとの固有状態であり続ける．これは次のように表すことができる．

$$|\psi(t)\rangle = \exp\left\{-\frac{\mathrm{i}}{\hbar}\int_0^t \mathrm{d}t' E_n(\boldsymbol{\Lambda}(t'))\right\} \exp(\mathrm{i}\gamma_n(t)) |n(\boldsymbol{\Lambda}(t))\rangle \tag{7.9}$$

位相 $\gamma_n(t)$ を定めるには (7.9) 式を (7.7) 式に代入すればよく，それにより

[*1] M. V. Berry, Proc. Roy. Soc. London A**392**, 45 (1984).

7.1 ベリー位相とゲージ変換

$$\frac{\mathrm{d}\gamma_n(t)}{\mathrm{d}t} = \mathrm{i}\langle n(\mathbf{\Lambda}(t))|\nabla_\mathbf{\Lambda}\, n(\mathbf{\Lambda}(t))\rangle \cdot \frac{\mathrm{d}\mathbf{\Lambda}(t)}{\mathrm{d}t} \tag{7.10}$$

を得る．ここで $\nabla_\mathbf{\Lambda}$ は多次元パラメーター空間における微分であり，積の記号 '·' はその空間での内積を示す．

$\mathbf{\Lambda}(t)$ は時刻 t の周期関数で $\mathbf{\Lambda}(T) = \mathbf{\Lambda}(0)$ であるとする．このとき，パラメーター空間上の道筋 C を一周したとき位相の変化 $\gamma_n(C)$ は

$$\gamma_n(C) = \mathrm{i}\oint_C \langle n(\mathbf{\Lambda})|\nabla_\mathbf{\Lambda}\, n(\mathbf{\Lambda})\rangle \cdot \mathrm{d}\mathbf{\Lambda} \tag{7.11}$$

となる．$|n(\mathbf{\Lambda})\rangle$ の規格化により，$\langle n(\mathbf{\Lambda})|\nabla_\mathbf{\Lambda}\, n(\mathbf{\Lambda})\rangle$ は純虚数 (ベクトル) であり，したがって位相 $\gamma_n(C)$ が実数であることは保証されている．位相 $\gamma_n(C)$ を**ベリー位相** (Berry phase) という[*2]．

ここで現れた

$$\boldsymbol{A}(\mathbf{\Lambda}) = \mathrm{i}\langle n(\mathbf{\Lambda})|\nabla_\mathbf{\Lambda}\, n(\mathbf{\Lambda})\rangle \tag{7.12}$$

を**ベリー接続** (Berry connection) と呼ぶ．この意味は，以下のように状態 $|n(\mathbf{\Lambda})\rangle$ の位相を変換してみるとわかる．

$$|n(\mathbf{\Lambda})'\rangle = |n(\mathbf{\Lambda})\rangle \mathrm{e}^{\mathrm{i}\theta(\mathbf{\Lambda})} \tag{7.13}$$

これからすぐに

$$\boldsymbol{A}(\mathbf{\Lambda}) = \boldsymbol{A}(\mathbf{\Lambda})' + \nabla_\mathbf{\Lambda}\theta(\mathbf{\Lambda}) \tag{7.14}$$

が得られる．ただし $\boldsymbol{A}(\mathbf{\Lambda})' = \mathrm{i}\langle n(\mathbf{\Lambda})'|\nabla_\mathbf{\Lambda}\, n(\mathbf{\Lambda})'\rangle$，すなわち位相変換後のベリー接続である．これは電磁場でのゲージ変換と全く同型の変換であり，ベリー接続 $\boldsymbol{A}(\mathbf{\Lambda})$ は電磁場におけるベクトル・ポテンシャルと同じ働きをしている．ベリー位相は一般に固有状態の位相の選び方に依存するが，パラメーター空間内の経路 C が閉じているならば，$2n\pi$ (n は整数) の不定性を別にして，一意的に決められる．

式 (7.11) の線積分をストークスの定理により面積分に書き換えると

$$\gamma_n(C) = -\mathrm{Im}\iint_C \mathrm{d}\boldsymbol{S}_\mathbf{\Lambda} \cdot \nabla \times \langle n|\nabla\, n\rangle$$

[*2] 経路 C が閉じていない場合には，これを Zak 位相と呼ぶこともある．

$$= -\operatorname{Im} \iint_C \mathrm{d}\boldsymbol{S}_{\boldsymbol{\Lambda}} \cdot \langle \nabla\, n | \times | \nabla\, n \rangle \tag{7.15}$$

が得られる．積分はパラメター $\boldsymbol{\Lambda}$ 空間において閉路 C を端とする任意の曲面上 (面素ベクトル $\mathrm{d}\boldsymbol{S}_{\boldsymbol{\Lambda}}$) で行う．× はこの空間内のベクトル積を表す．(7.15) 式の中に現れた量

$$\boldsymbol{\Omega}(\boldsymbol{\Lambda}) = \nabla_{\boldsymbol{\Lambda}} \times \boldsymbol{A}(\boldsymbol{\Lambda}) = \mathrm{i}\langle \nabla_{\boldsymbol{\Lambda}}\, n(\boldsymbol{\Lambda}) | \times | \nabla_{\boldsymbol{\Lambda}}\, n(\boldsymbol{\Lambda}) \rangle \tag{7.16}$$

は**ベリー曲率** (Berry curvature) と呼ばれる．接続，曲率はいずれも微分幾何学の言葉である．ここでの議論は，発見的ではないかもしれないが，様々な量子現象の普遍性を見るのには大変に有用である．

7.2 バルクな電気分極

7.2.1 バルクな電気分極は一意的に定義されるか

1970 年代，第一原理計算が実際の固体で可能になるとすぐにいくつかの電気物性に関する論文が現れ，誘電体の性質が議論されるようになった．これに対して R. Martin は，電気分極を定義することの原理的な問題を指摘した[*3]．電気物性の困難は，非常に早くから指摘され，また試料の形状に依存した表面に現れる分極電荷による反電場という形で問題が現れることはよく知られたことである[*4]．

バルクな系で単位体積当たりのマクロな電気分極は

$$\boldsymbol{P} = \frac{(-e)}{V} \int \mathrm{d}\boldsymbol{r}\ \boldsymbol{r}\rho(\boldsymbol{r}) \tag{7.17}$$

で与えられるのであろうか．$\rho(\boldsymbol{r})$ は局所電荷である．双極子モーメント（電気分極）$(-e)\boldsymbol{r}\rho(\boldsymbol{r})$ が極めて局所的に定義されるような場合には大きな問題は生じないが，言い換えれば分極電荷の中性条件 $\int \mathrm{d}\boldsymbol{r}\ \rho(\boldsymbol{r}) = 0$ が広い領域の中

[*3] R. M. Martin, Phys. Rev. B**9**, 1998 (1974).
[*4] M. Born and K. Huang, *Dynamical Theory of Crystal Lattices*, Oxford Classic Texts in the Physical Sciences (1954)；永宮健夫，久保亮五編，固体物理学，岩波書店 (1966).

で初めて成り立つ場合には結晶のような周期系での一意的な定義は難しくなる．さらに実際の物質は有限の大きさであり，一般的には物質の端（表面）に分極電荷が現れ，それに伴う反電場が生じるため，試料の形状により測定される分極あるいは誘電率が異なることはよく知られている．

結晶系であるから，周期単位 (cell) をどのように切り出しても，多くの物理量は同じ値を与える．しかし電気分極の場合，周期単位 (cell) の選び方により，

$$\boldsymbol{P}_{\text{cell}} = \frac{(-e)}{V_{\text{cell}}} \int_{\text{cell}} d\boldsymbol{r}\ \boldsymbol{r}\rho(\boldsymbol{r}) \tag{7.18}$$

は異なる値を与える．この困難を避けるひとつの処方箋は，前章の摂動密度汎関数理論により，有限の波数 q での表現を求め，その極限として $q \to 0$ の表現を得て計算を行うというものである．これであれば波の進行方向と分極の方向を明示的に与えることができ，マクロに定義した物理量の表現とは異なることが理解できよう．以下で紹介するのは，それとは異なるもうひとつの方法であり，コーン・シャム・ポテンシャルの断熱的変化に伴う局所分極の変化を求め，それからマクロな分極を計算する方法である．

7.2.2 バルクな分極とベリー位相

コーン・シャム・ポテンシャル v_{KS} を断熱的に加えることを考えよう[*5]．ハミルトニアンは

$$H_{\text{KS}}(\lambda) = T + v_{\text{KS}}^{(\lambda)}(\boldsymbol{r}) \tag{7.19}$$

である．λ は 0（ポテンシャルが 0）から 1（ポテンシャルがフル）まで変化する．このときのマクロな分極の変化は

$$\Delta\boldsymbol{P} = \int_0^1 d\lambda \frac{\partial \boldsymbol{P}}{\partial \lambda} \tag{7.20}$$

で与えられ，マクロな電場はこの中に現れることはない．

周期系におけるブロッホ関数を

[*5] R. Resta, Ferroelectrics **136**, 51 (1992); R. D. King-Smith and D. Vanderbilt, Phys. Rev. B**47**, 1651 (1993); R. Resta, Rev. Mod. Phys. **66**, 899 (1994).

第 7 章　電子バンドのベリー位相と電気分極

$$\psi_{kn}(r) = \exp(i k \cdot r) u_{kn}(r) \tag{7.21}$$

と書こう．$u_{kn}(r)$ は基本単位格子内で定義され，そのほかでは結晶格子の周期性を保持している．(7.21) 式をコーン・シャム方程式に代入すれば

$$H_{k}^{(\lambda)} = \left\{ \frac{1}{2m}(p + \hbar k)^2 + v_{\mathrm{KS}}^{(\lambda)}(r) \right\} \tag{7.22}$$

$$H_{k}^{(\lambda)} u_{kn}(r) = \varepsilon^{(\lambda)}(k, n) u_{kn}(r) \tag{7.23}$$

であることが容易に示される．もちろん $u_{kn}(r)$ も λ に依存しているがここでは省略した．

このようなパラメター $\lambda(t)$ の変化を通じたポテンシャルの断熱変化による波動関数の変化は，摂動の 1 次の範囲で

$$\delta\psi_{kn} = \delta\lambda \sum_{m \neq n} \frac{\langle \psi_{km}|\partial v_{\mathrm{KS}}(\lambda)/\partial\lambda|\psi_{kn}\rangle}{\varepsilon^{(\lambda)}(k, n) - \varepsilon^{(\lambda)}(k, m)} \psi_{km} \tag{7.24}$$

となり，これに伴うバンド nk 由来の分極の変化は

$$\delta P_{kn}(\lambda) = \frac{(-e)}{V}(\langle\psi_n|r|\delta\psi_{kn}\rangle + \langle\delta\psi_n|r|\psi_{kn}\rangle) \tag{7.25}$$

$$= \frac{-e}{V} \sum_{m \neq n} \left(\langle\psi_{kn}|r|\psi_{km}\rangle \frac{\langle\psi_{km}|\partial v_{\mathrm{KS}}(\lambda)/\partial\lambda|\psi_{kn}\rangle}{\varepsilon^{(\lambda)}(k, n) - \varepsilon^{(\lambda)}(k, m)} \right) + \mathrm{c.c.} \tag{7.26}$$

となる．さらに一般的な関係

$$\langle\psi_i|r|\psi_j\rangle = \frac{-i\hbar}{m} \frac{\langle\psi_i|p|\psi_j\rangle}{\varepsilon_i - \varepsilon_j}$$

を用いると

$$\delta P_{kn}(\lambda) = \frac{ie\hbar}{mV} \sum_{m}^{\mathrm{unoccupied}} \left(\frac{\langle\psi_n|p|\psi_{km}\rangle\langle\psi_{km}|\partial v_{\mathrm{KS}}(\lambda)/\partial\lambda|\psi_{kn}\rangle}{(\varepsilon^{(\lambda)}(k, n) - \varepsilon^{(\lambda)}(k, m))^2} \right) + \mathrm{c.c.} \tag{7.27}$$

が得られる．ここで状態 n は占有状態 (occupied) でなくてはならないことを注意しておこう．

7.2 バルクな電気分極

ブロッホ関数 $\psi_{\bm{k}n}$ での表現を $u_{\bm{k}n}$ で書き換える.

$$\langle\psi_{\bm{k}n}|\bm{p}|\psi_{\bm{k}m}\rangle = \frac{m}{\hbar}\langle u_{\bm{k}n}|\frac{\partial H_{\bm{k}}^{(\lambda)}}{\partial \bm{k}}|u_{\bm{k}m}\rangle = \frac{m}{\hbar}\langle u_{\bm{k}n}|[\frac{\partial}{\partial \bm{k}},H_{\bm{k}}^{(\lambda)}]|u_{\bm{k}m}\rangle$$

$$\langle\psi_{\bm{k}m}|\frac{\partial v_{\mathrm{KS}}(\lambda)}{\partial \lambda}|\psi_{\bm{k}n}\rangle = \langle u_{\bm{k}m}|[\frac{\partial}{\partial \lambda},H_{\bm{k}}^{(\lambda)}]|u_{\bm{k}n}\rangle$$

が成り立つこと,およびさらに

$$\frac{\partial}{\partial \bm{k}}\langle u_{\bm{k}n}|u_{\bm{k}m}\rangle = \langle\frac{\partial u_{\bm{k}n}}{\partial \bm{k}}|u_{\bm{k}m}\rangle + \langle u_{\bm{k}n}|\frac{\partial u_{\bm{k}m}}{\partial \bm{k}}\rangle = 0$$

$$\frac{\partial}{\partial \lambda}\langle u_{\bm{k}n}|u_{\bm{k}m}\rangle = \langle\frac{\partial u_{\bm{k}n}}{\partial \lambda}|u_{\bm{k}m}\rangle + \langle u_{\bm{k}n}|\frac{\partial u_{\bm{k}m}}{\partial \lambda}\rangle = 0$$

を用いれば (7.27) 式は

$$\delta \bm{P}_{\bm{k}n}(\lambda) = \frac{\mathrm{i}e}{V}\left\{\langle\frac{\partial u_{\bm{k}n}}{\partial \bm{k}}|\frac{\partial u_{\bm{k}n}}{\partial \lambda}\rangle - \langle\frac{\partial u_{\bm{k}n}}{\partial \lambda}|\frac{\partial u_{\bm{k}n}}{\partial \bm{k}}\rangle\right\} \tag{7.28}$$

と書き換えられる.この結果を占有バンド n のすべて, $\bm{k}$ のすべて (ブリルアン域全体) で和をとり, (7.20) 式を用いれば

$$\Delta \bm{P} = \frac{\mathrm{i}e}{8\pi^3}\sum_n^{\mathrm{occupied}}\int_{\mathrm{BZ}}\mathrm{d}\bm{k}\int_0^1\mathrm{d}\lambda\left\{\langle\frac{\partial u_{\bm{k}n}}{\partial \bm{k}}|\frac{\partial u_{\bm{k}n}}{\partial \lambda}\rangle - \langle\frac{\partial u_{\bm{k}n}}{\partial \lambda}|\frac{\partial u_{\bm{k}n}}{\partial \bm{k}}\rangle\right\} \tag{7.29}$$

が得られる.これはベリー曲率の形をしている.さらに (7.29) 式を λ について部分積分すれば

$$\Delta \bm{P} = -\frac{\mathrm{i}e}{8\pi^3}\sum_n^{\mathrm{occupied}}\int_{\mathrm{BZ}}\mathrm{d}\bm{k}\frac{1}{2}\Big[\left\{\langle u_{\bm{k}n}|\frac{\partial u_{\bm{k}n}}{\partial \bm{k}}\rangle|_{\lambda=0}^1 - \langle\frac{\partial u_{\bm{k}n}}{\partial \bm{k}}|u_{\bm{k}n}\rangle|_{\lambda=0}^1\right.$$
$$\left. - \nabla_{\bm{k}}\int_0^1\mathrm{d}\lambda\left\{\langle u_{\bm{k}n}|\frac{\partial u_{\bm{k}n}}{\partial \lambda}\rangle - \langle\frac{\partial u_{\bm{k}n}}{\partial \lambda}|u_{\bm{k}n}\rangle\right\}\Big] \tag{7.30}$$

となる.我々の仮定では,例えば $\langle u_{\bm{k}n}|\frac{\partial u_{\bm{k}n}}{\partial \lambda}\rangle$ は λ について周期的 (パラメター空間で閉じた積分路 C 上を動く) だから (7.30) 式の最後の項 (λ についての積分) からは寄与はない.以上により,結論

第7章 電子バンドのベリー位相と電気分極

$$\Delta \boldsymbol{P} = \frac{e}{8\pi^3} \sum_{n}^{\text{occupied}} \text{Im} \int_{\text{BZ}} d\boldsymbol{k} \left\{ \langle u_{\boldsymbol{k}n} | \frac{\partial u_{\boldsymbol{k}n}}{\partial \boldsymbol{k}} \rangle_{\lambda=1} - \langle u_{\boldsymbol{k}n} | \frac{\partial u_{\boldsymbol{k}n}}{\partial \boldsymbol{k}} \rangle_{\lambda=0} \right\} \tag{7.31}$$

を得る (スピン縮退度を含めるなら, これの2倍).

結晶系の波動関数は

$$u_{\boldsymbol{k}n}(\boldsymbol{r})|_{\lambda=1} = e^{i\theta_{\boldsymbol{k}n}} u_{\boldsymbol{k}n}(\boldsymbol{r})|_{\lambda=0} \tag{7.32}$$

を満足しているはずなのでさらに分極は

$$\Delta \boldsymbol{P} = \frac{e}{8\pi^3} \sum_{n}^{\text{occupied}} \text{Im} \int_{\text{BZ}} d\boldsymbol{k} \theta_{\boldsymbol{k}n} \tag{7.33}$$

と書くこともできる. すなわち分極をベリー位相の形で書くことができた.

7.2.3 電気分極とワニエ表示

ここで, 次のように**ワニエ** (Wannier) **関数** $w_n(\boldsymbol{r})$ を導入する.

$$w_n(\boldsymbol{r} - \boldsymbol{R}) = \frac{1}{\sqrt{N}} \sum_{\boldsymbol{k}} e^{i\boldsymbol{k}\cdot(\boldsymbol{r}-\boldsymbol{R})} u_{\boldsymbol{k}n}(\boldsymbol{r}), \tag{7.34}$$

$$u_{\boldsymbol{k}n}(\boldsymbol{r}) = \frac{1}{\sqrt{N}} \sum_{\boldsymbol{R}} e^{-i\boldsymbol{k}\cdot(\boldsymbol{r}-\boldsymbol{R})} w_n(\boldsymbol{r} - \boldsymbol{R}). \tag{7.35}$$

ただし $\boldsymbol{r}$ は単位胞内の座標, $\boldsymbol{R}$ は単位胞に関する和, N はその単位胞の数である. ここで

$$\frac{1}{8\pi^3} \int_{\text{BZ}} d\boldsymbol{k} e^{-i\boldsymbol{k}\cdot(\boldsymbol{R}-\boldsymbol{R}')} = \frac{1}{V} \sum_{\boldsymbol{k}} e^{-i\boldsymbol{k}\cdot(\boldsymbol{R}-\boldsymbol{R}')}$$

$$= \frac{N}{V} \delta_{\boldsymbol{R},\boldsymbol{R}'} = \frac{1}{V_{\text{cell}}} \delta_{\boldsymbol{R},\boldsymbol{R}'}$$

に注意すれば

$$\Delta \boldsymbol{P} = \frac{-e}{V_{\text{cell}} N} \sum_{n} \sum_{\boldsymbol{R}} \int d\boldsymbol{r} \, (\boldsymbol{r} - \boldsymbol{R}) |w_n(\boldsymbol{r} - \boldsymbol{R})|^2 \Big|_{\lambda=0}^{1}$$

$$= \frac{-e}{V_{\text{cell}}} \sum_n \int_{\text{cell}} d\boldsymbol{r} \ \{\boldsymbol{r}|w_n(\boldsymbol{r})|^2|_{\lambda=1} - \{\boldsymbol{r}|w_n(\boldsymbol{r})|^2|_{\lambda=0} \quad (7.36)$$

となる．ここで $\lambda=1$ と $\lambda=0$ の状態としては，分極を生じる微小変形があるとき，およびないときの状態の波動関数をそれぞれ対応させればよい．

7.2.4 応用例：ペロブスカイト構造結晶の分極

チタン酸バリウム $BaTiO_3$ はペロブスカイト構造（立方晶）の代表的な強誘電体である．しかしこの結晶は常温（5 ~ 120°C では正方晶の構造を取り，c 軸方向に少し伸びて，Ti 原子は対称性の高い中心位置から少しずれる．このため，大きな比誘電率（2900）を持つ．しかし，単純に Ti 原子の中心位置からのずれに，この大きな比誘電率の原因を求めようとすると，Ti 原子の電荷が，100％イオン化したと仮定したときの電荷に比べても倍以上の大きなものになってしまう．これをどう説明したらよいかが，ここでの主題である．

前小節までの方法で，原子 m が微小な変位 $\delta \boldsymbol{u}_m$ だけ移動したとき，発生したバルクな分極を $\delta \boldsymbol{P}$ とし，適当なテンソル Z_m^* を用いて

$$\delta \boldsymbol{P} = \frac{e}{V_{\text{cell}}} \sum_{m \in \text{cell}} Z_m^* \delta \boldsymbol{u}_m \quad (7.37)$$

と書かれるとき，Z_m^* を**ボルン (Born) 有効電荷**と呼び，(3.72) 式と同じものである．定義から $\sum Z_m = 0$ である．ペロブスカイト構造を ABO_3 と書けば，A, B 原子は立方対称の位置にあるからボルンの有効電荷は対角型で等方的である．一方，酸素については対角型であり，それぞれ方向 1, 2 の変位に対応して Z_1^*, Z_2^* とする (**図7.1**)．

いくつかのペロブスカイト型（強）誘電体に関するワニエ関数を用いた計算結果を**表7.1**に示す．この結果は，3.6.3 項で説明した密度汎関数摂動論による結果ともよく一致している．$Z(A)^*$ および $Z_2(O)^*$ はイオン電荷にほぼ等しい．一方，$Z(B)^*$ および $Z_1(O)^*$ は異常に大きく，これがペロブスカイト型構造の誘電的性質の特徴となっている．B 原子が c 軸の正の方向に移動すると，八面体の上側にある酸素原子と距離が短くなり，B 原子は上側の O 原子とより強い共有結合を形成する．一方，B 原子が c 軸の負の方向に移動すると，今度は上側の酸素原子との共有結合が弱まり，代わりに下側の酸素原子との共有結合が

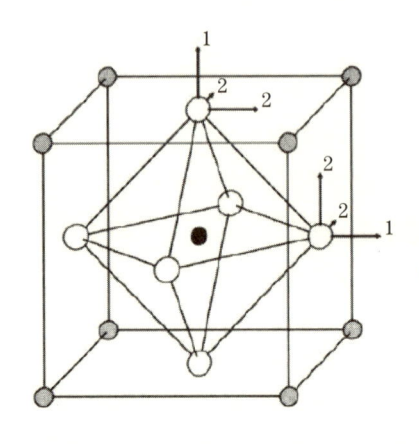

図7.1 立方晶ペロブスカイト構造 (ABO$_3$). それぞれの酸素原子の変位方向を,1および2の矢印で表した (W. Zhong, R. D. King-Smith and D. Vanderbilt, Phys. Rev. Lett. **72**, 3618 (1994)).

表7.1 いくつかのペロブスカイト型結晶 ABO$_3$ のボルン有効電荷 (W. Zhong, R. D. King-Smith and D. Vanderbilt, Phys. Rev. Lett. **72**, 3618 (1994)).

	$Z(A)^*$	$Z(B)^*$	$Z_1(O)^*$	$Z_2(O)^*$
BaTiO$_3$	2.75	7.16	-5.69	-2.11
SrTiO$_3$	2.54	7.12	-5.66	-2.00
PbZrO$_3$	3.92	5.85	-4.81	-2.48

強くなる.このようにしてB原子の微小な変位量に対して,B–O原子間の共有結合が大幅に変化し,その結果,電子分布が大きく変化する.これが双極子モーメントの大きな変化を生むのであり,単に一定値の電荷が移動して双極子モーメントが生じているのではないことがわかる.

　ボルン有効電荷を用いれば,これらの物質の自発分極の値も計算することができる.実際,ボルン有効電荷と原子変位の実験値を用いて計算した自発分極の値は,実験的に観測される値とよく一致している.

8
第一原理分子動力学法

　第一原理電子構造理論を物質設計に適用するとき電子構造と安定なイオン配置を同時に議論する方法が必要となる．従来の方法を用いて凝縮系の安定な原子配置を決定しようとすれば，電子数の大きな系では数値計算上の困難を伴う．密度汎関数理論による有効1電子ハミルトニアンにしろ多電子ハミルトニアンにしろ，ハミルトニアンの固有状態をあからさまに求めるという手続きを必要とするためである．以上の理由から，電子状態を考慮しながらイオンのダイナミックスを追いかけることは実際上ほとんど不可能であると考えられてきた．このような困難を克服するひとつの有力な方法が，本章で説明する第一原理分子動力学法である．第一原理分子動力学法によって物質のバルクあるいは表面や不純物の周りの安定構造，さらには化学反応に伴う構造変化などが議論されている．

8.1　第一原理分子動力学法の考え方

　密度汎関数理論ではイオンの位置は固定されている．有限温度でのイオンの熱的振動やより一般的なイオンの運動についても，イオンの運動エネルギーは電子のエネルギーに比較して十分小さく，電子状態ははるかにゆっくりしたイオンの運動に完全に追随していくことができるので，1電子固有エネルギーや波動関数はイオン配置の関数であるが，イオンの速度には依存しない．この仮定を断熱近似，あるいは**ボルン・オッペンハイマー** (Born–Oppenheimer) **近似**という．ボルン・オッペンハイマー近似のもとで，系の全エネルギーは密度汎関数理論のエネルギー汎関数に古典的なイオンの運動エネルギー（次式第1項）を加えて（質量 M_n, 位置 R_n）

第 8 章 第一原理分子動力学法

$$E_{\text{total}}^{\text{BO}} = \sum_n \frac{1}{2} M_n |\dot{\boldsymbol{R}}_n|^2 + E_{\text{DFT}}[\{\boldsymbol{R}_n\}, \{\psi_{j\sigma}\}] \tag{8.1}$$

と書かれる．第2項の密度汎関数理論による全エネルギーには，電子系の運動エネルギー，電子間相互作用エネルギー，イオン・電子相互作用，イオン・イオンの静電相互作用のすべてが含まれる．実際に系の安定構造や格子振動状態を知るためには，各イオン配置ごとに電子系のシュレディンガー方程式を解いて，最低エネルギーを与える原子配置を探さねばならない．これが，実際の安定構造や格子振動状態とそこでの物性を第一原理に基づいて求めることを困難にしていた．

カー (Car) とパリネロ (Parrinello) はこれに対して新しい枠組みを与えることに成功した[*1]．密度汎関数理論に基づいてイオン間相互作用を決めるという意味で，これを**第一原理分子動力学法** (または**カー・パリネロ法**) と呼んでいる．密度汎関数理論での全エネルギー E_{DFT} を動力学変数 $\boldsymbol{R}_n$ および $\psi_{j\sigma}$ に働くポテンシャルと考える．これにより第一原理分子動力学法では新しいラグランジュ関数として

$$\begin{aligned}
\mathcal{L} = & \sum_n \frac{1}{2} M_n |\dot{\boldsymbol{R}}_n|^2 + \sum_{j\sigma} f_{j\sigma} \int d\boldsymbol{r} \mu_{\text{e}} |\dot{\psi}_{j\sigma}(\boldsymbol{r})|^2 \\
& - E_{\text{DFT}}[\{\boldsymbol{R}_n\}, \{\psi_{j\sigma}\}, \{f_{j\sigma}\}] \\
& + \sum_{jk\sigma} \Lambda_{jk:\sigma} f_{j\sigma} f_{k\sigma} \int d\boldsymbol{r} \psi_{j\sigma}^*(\boldsymbol{r}) \psi_{k\sigma}(\boldsymbol{r})
\end{aligned} \tag{8.2}$$

を採用する．$\Lambda_{jk:\sigma}$ は波動関数の規格直交性を要求するためのラグランジュ未定定数である．$f_{j\sigma}$ は状態 $\psi_{j\sigma}(\boldsymbol{r})$ の占有数で 0 または 1（あるいは $0 \le f_{j\sigma} \le 1$）である．第2項は電子系の仮想的な運動エネルギーである．本当の電子系の運動エネルギーは断熱近似の範囲で E_{DFT} に含まれている．μ_{e} は電子の本当の質量ではなく仮想的な質量であり，(8.2) 式が与える電子波動関数 $\psi_{j\sigma}(\boldsymbol{r})$ のダイナミックスは仮想的なもので，数値計算上便宜的に導入されたものである．

[*1] R. Car and M. Parrionello, Phys. Rev. Lett. **55**, 2471 (1985); M. C. Payne, M. P. Teter, D. C. Allan, T. A. Arias and J. D. Joannopoulos, Rev. Mod. Phy. **64**, 1045 (1992); D. K. Remler and P. A. Madden, Mol. Phys. **70**, 921 (1990).

8.1 第一原理分子動力学法の考え方

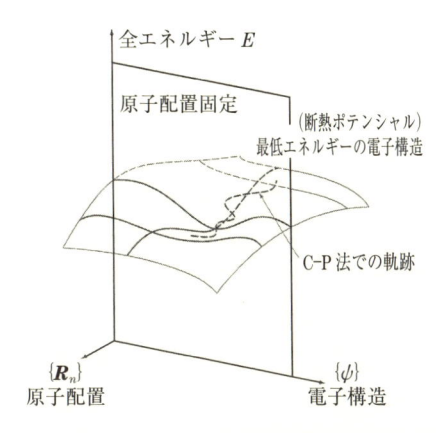

図 8.1 断熱ポテンシャル面とその近傍での系の仮想的な運動.

したがって μ_e は，電子がイオンに速やかに追随し断熱近似から著しくはずれることのないように選択する．実際，$\mu_e \simeq$ 数 $100\,m \sim 1500\,m$（m は電子の質量）と選ぶことで，ほとんど断熱ポテンシャル面に乗って変化していくようにすることができる．μ_e が軽いと電子系の断熱ポテンシャル面からのはずれが大きくなって安定しない（**図 8.1**）．数値計算上の時間ステップは約 0.05 fs（フェムト秒，1 fs (1×10^{-15} s) = 41.28 原子単位時間）程度が選ばれる．

(8.2) 式のラグランジュ関数から，電子については波動関数 $\psi_{j\sigma}(r)$ を古典的な一般化座標変数として取り扱い，イオンおよび電子の運動方程式を次のように導くことができる．

$$M_n \ddot{R}_n = -\nabla_{R_n} E_{\text{DFT}} \tag{8.3}$$

$$\mu_e \ddot{\psi}_{j\sigma}(r) = -\frac{\delta E_{\text{DFT}}}{\delta \psi_{j\sigma}^*(r)} + \sum_k \Lambda_{jk:\sigma} f_{k\sigma} \psi_{k\sigma}(r). \tag{8.4}$$

(8.3) 式はニュートン方程式である．イオンに働く力としてはイオン間の直接の力の他に，電子系がつくる有効ポテンシャルによるものを含む．一方，(8.4) 式は占有状態 j, k についてのものであり具体的に書けば

$$\mu_e \ddot{\psi}_{j\sigma}(r) = -\left[-\frac{\hbar^2}{2m}\nabla^2 + v_{\text{eff}}^\sigma(r)\right]\psi_{j\sigma}(r) + \sum_k \Lambda_{jk:\sigma} f_{k\sigma} \psi_{k\sigma}(r) \tag{8.5}$$

となる．$\psi_{j\sigma}^*$ についての運動方程式も同様に成立するために $\Lambda_{jk:\sigma}$ のエルミート性 $\Lambda_{jk:\sigma} = \Lambda_{kj:\sigma}^*$ が要求される．イオンの各配置に対して十分速く電子系

が追随して各時刻で定常状態 $\ddot{\psi}_{j\sigma}(r)=0$ となれば，(8.5) 式は通常のコーン・シャム方程式に一致し，ラグランジュ未定定数は $\Lambda_{jk:\sigma}=\varepsilon_{j\sigma}\delta_{jk}$ と決まる．

これは電子系波動関数については電子系の固有状態を求めること（行列の対角化）を必要としない反復法であり，シミュレイテッド・アニーリング (焼きなまし法) と呼ばれている．行列の対角化を必要としないので計算機の記憶容量は著しい節約となる．またいくつかの工夫をして収束を加速する必要があるが，計算時間を短縮することもできる．実際には断熱近似の枠を守る限り電子系の運動方程式を解く必要はない．現在ではほとんどの場合に (8.5) 式のような仮想時間についての 2 階微分方程式の代わりに 1 階微分方程式を用いて電子系を断熱ポテンシャル面にのせる方法が採用されている．

$$\mu'_e \dot{\psi}_{j\sigma} = -\frac{\delta E_{\mathrm{DFT}}}{\delta \psi^*_{j\sigma}} + \sum_k \Lambda_{jk:\sigma} f_{k\sigma} \psi_{k\sigma} \tag{8.6}$$

μ'_e は収束が加速されるよう適当に選択する．(8.6) 式で $\dot{\psi}_{j\sigma}=0$ という定常状態が得られれば，それはコーン・シャム方程式を満足している．このようにすれば時間ステップは古典分子動力学と同じくらいにとることができる．実際上は，時間ステップは 1～2 fs (約 120 原子単位) 程度に選んでいる．(8.6) 式を計算する際に収束を加速する方法としては，**最急降下法** (steepest descent method)，**共役勾配法** (conjugate gradient method) などがある．静的な安定原子配置のみを問題にするならば，原子系にも同様の 1 次微分式の取り扱いをすればよい．

8.2　原子に働く力：ヘルマン・ファインマン力と変分力

一般に原子 R_n に働く力は

$$F_n = -\nabla_{R_n} \{ E_{\mathrm{DFT}} + \sum_{jk\sigma} \Lambda_{jk:\sigma} f_{j\sigma} f_{k\sigma} \int d r \psi^*_{j\sigma} \psi_{k\sigma} \} \tag{8.7}$$

である．E_{DFT} をイオン・イオンの静電相互作用 $E_{\mathrm{DFT}}^{\mathrm{ion-ion}}$ と価電子に関係する部分 $E_{\mathrm{DFT}}^{\mathrm{electron}}$ に分けて

$$E_{\mathrm{DFT}} = E_{\mathrm{DFT}}^{\mathrm{ion-ion}} + E_{\mathrm{DFT}}^{\mathrm{electron}}$$

8.2 原子に働く力：ヘルマン・ファインマン力と変分力

と書く. (8.7) 式の力は

$$\begin{aligned}\boldsymbol{F}_n &= -\nabla_{\boldsymbol{R}_n} E_{\text{DFT}}^{\text{ion-ion}} - \nabla_{\boldsymbol{R}_n}(E_{\text{DFT}}^{\text{electron}} - \sum_{jk\sigma} \Lambda_{jk:\sigma} f_{j\sigma} f_{k\sigma} \int \mathrm{d}\boldsymbol{r} \psi_{j\sigma}^* \psi_{k\sigma}) \\ &= \boldsymbol{F}_n^{\text{ion}} + \boldsymbol{F}_n^{\text{electron}}\end{aligned} \quad (8.8)$$

となる. 第 1 項

$$\boldsymbol{F}_n^{\text{ion}} = -\nabla_{\boldsymbol{R}_n} E_{\text{DFT}}^{\text{ion-ion}} \quad (8.9)$$

はイオン・イオン相互作用による力である. $E_{\text{DFT}}^{\text{electron}}$ は

$$E_{\text{DFT}}^{\text{electron}} = E_{\text{DFT}}^{\text{e-e}}[\{\boldsymbol{R}_n\}, n] + \sum_{\boldsymbol{R}_n} \int \mathrm{d}\boldsymbol{r} n(\boldsymbol{r}) V_{\text{ion}}^n(\boldsymbol{r} - \boldsymbol{R}_n) \quad (8.10)$$

と書くことができる. (8.10) 式の第 1 項は電子の運動エネルギーと電子・電子相互作用エネルギーの和であり, $\{\boldsymbol{R}_n\}$ には陽に依存せず電子分布を通じて間接的に依存している. (8.10) 式の第 2 項はイオン芯のつくるポテンシャルと電子との相互作用である. したがって $\boldsymbol{F}_n^{\text{electron}}$ は

$$\begin{aligned}\boldsymbol{F}_n^{\text{electron}} &= -\nabla_{\boldsymbol{R}_n}(E_{\text{DFT}}^{\text{electron}} - \sum_{jk\sigma} \Lambda_{jk:\sigma} f_{j\sigma} f_{k\sigma} \int \mathrm{d}\boldsymbol{r} \psi_{j\sigma}^* \psi_{k\sigma}) \\ &= \boldsymbol{F}_n^{\text{electron}(1)} + \boldsymbol{F}_n^{\text{electron}(2)} \\ \boldsymbol{F}_n^{\text{electron}(1)} &= -\int \mathrm{d}\boldsymbol{r} n(\boldsymbol{r}) \nabla_{\boldsymbol{R}_n} V_{\text{ion}}^n(\boldsymbol{r} - \boldsymbol{R}_n) \\ \boldsymbol{F}_n^{\text{electron}(2)} &= -\int \mathrm{d}\boldsymbol{r} V_{\text{ion}}^n(\boldsymbol{r} - \boldsymbol{R}_n) \nabla_{\boldsymbol{R}_n} n(\boldsymbol{r}) \\ &\quad + \sum_{j\sigma} \int \mathrm{d}\boldsymbol{r} \Big\{ \frac{\delta E_{\text{DFT}}^{\text{e-e}}}{\delta \psi_{j\sigma}} \nabla_{\boldsymbol{R}_n} \psi_{j\sigma} + \frac{\delta E_{\text{DFT}}^{\text{e-e}}}{\delta \psi_{j\sigma}^*} \nabla_{\boldsymbol{R}_n} \psi_{j\sigma}^* \Big\} \\ &\quad - \sum_{jk\sigma} \Lambda_{jk:\sigma} f_{j\sigma} f_{k\sigma} \int \mathrm{d}\boldsymbol{r} \{(\nabla_{\boldsymbol{R}_n} \psi_{j\sigma}^*)\psi_{k\sigma} + \psi_{j\sigma}^*(\nabla_{\boldsymbol{R}_n} \psi_{k\sigma})\}]\end{aligned} \quad (8.11)$$

となる. (8.8), (8.11) 式よりイオン $\boldsymbol{R}_n$ に働く力 $\boldsymbol{F}_n$ は

$$F_n = (F_n^{\text{ion}} + F_n^{\text{electron}(1)}) + F_n^{\text{electron}(2)} = F_n^{\text{HF}} + F_n^{\text{electron}(2)} \tag{8.12}$$

である．F_n^{ion} はイオン相互に直接働く力，$F_n^{\text{electron}(1)}$ は，電子密度 $n(r)$ が変形せずにその中をイオンが動きその結果イオンに働く力である．$F_n^{\text{HF}} = F_n^{\text{ion}} + F_n^{\text{electron}(1)}$ をヘルマン・ファインマン (Hellmann–Feynman) 力という．

$$F_n^{\text{HF}} = -\nabla_{R_n} E_{\text{DFT}}^{\text{ion-ion}} - \int dr n(r) \nabla_{R_n} V_{\text{ion}}^n (r - R_n) \ . \tag{8.13}$$

(8.12) 式の $F_n^{\text{electron}(2)}$ を変分力 またはプーレイ (Pulay) 力という[*2]．これを (8.10) 式を考慮して書きなおすと

$$\begin{aligned}F_n^{\text{electron}(2)} = &-\sum_{j\sigma} f_{j\sigma} \int dr \{(\nabla_{R_n}\psi_{j\sigma}^*)H_{\text{DFT}}^\sigma \psi_{j\sigma} + \psi_{j\sigma}^* H_{\text{DFT}}^\sigma (\nabla_{R_n}\psi_{j\sigma})\} \\ &+\sum_{jk\sigma} \Lambda_{jk:\sigma} f_{j\sigma} f_{k\sigma} \int dr \{(\nabla_{R_n}\psi_{j\sigma}^*)\psi_{k\sigma} + \psi_{j\sigma}^*(\nabla_{R_n}\psi_{k\sigma})\}\end{aligned}\tag{8.14}$$

となる．$H_{\text{DFT}}^\sigma = -\frac{\hbar^2}{2m}\nabla^2 + V_{\text{eff}}^\sigma(r)$ は密度汎関数理論における 1 電子ハミルトニアンである．(8.14) 式のように $F_n^{\text{electron}(2)}$ を書き換えると，占有状態の波動関数 $\psi_{j\sigma}(r)$ が正しくコーン・シャム方程式と規格直交条件とを満足しているならば (8.14) 式の右辺はゼロになることがわかる．近似的な電子波動関数 ($\{R_n\}$ の関数) を用いながら分子動力学を行う場合には変分力を考慮することが重要である．上の式で $\Lambda_{jk:\sigma} = \varepsilon_{j\sigma}\delta_{jk}$ とすることにより，全電荷一定の下で電子系が変形することによりイオン系に働く力 $F_n^{\text{electron}(2)}$ が計算される．

基底関数として平面波を用いる方法における重要な点は，波動関数をイオンの座標と独立な変数として取り扱うために，近似的な波動関数の場合でも変分力が現れないことであり，F_n^{HF} がイオン R_n に働く正味の力となる．このような立場に立つためには，波動関数が原子座標に依存しない基底で展開されている必要があり，第一原理分子動力学法は，擬ポテンシャル法を用いて電子波動関数を平面波で展開することができる場合に多く適用されている．擬ポテンシャルとしては多くの場合に第 3 章で説明した第一原理擬ポテンシャルが用いられる．遷移金属元素や第 2 周期元素を含む場合にはノルム保存型擬ポテンシャ

[*2] P. Pulay, Mol. Phys. **17**, 197 (1969).

ルは深くなりたくさんの平面波が必要となる．これに対処するためによりやわらかいノルム保存型擬ポテンシャルやウルトラソフト擬ポテンシャルを用いる．一方で擬ポテンシャルを用いない全電子計算への適用[*3]も行われている．

8.3 平衡分布と温度制御

(古典的) 分子動力学は実際には少数原子系でニュートン方程式を解くのであるから，エネルギー E，体積 V，粒子数 N を一定としたミクロ・カノニカル集団が取り扱うことができる．一方では，仮想変数を導入することにより，温度 T，体積 V，粒子数 N，または温度 T，圧力 P，粒子数 N を一定とするカノニカル集団にマップする方法がある．まずこれについて説明し，そのあとで，密度汎関数理論との組み合わせて電子系を含めた分子動力学計算を行う方法 (第一原理分子動力学法) を説明しよう．本節の最後に，より一般的に圧力一定という条件下で体積 (格子定数) を最適化する方法について述べる．

8.3.1 仮想変数の導入：カノニカル集団

ラグランジュ関数

$$\mathcal{L} = \sum_I \frac{1}{2} M_I s^2 \dot{q}_I^2 - \phi(\{q\}) + \frac{1}{2} Q \dot{s}^2 - g k_B T \ln s \tag{8.15}$$

で発展する "仮想系" を考えよう (拡張系の方法)[*4]．Q は変数 s に対する "質量" で，s は熱浴 (温度 T) の作用をする変数であることが後でわかる．そのときに定数 g を決める．運動方程式はラグランジュの運動方程式により

$$M_I \frac{d}{dt}(s^2 \dot{q}_I) = -\nabla_I \phi(\{q\}) \tag{8.16}$$

$$Q \ddot{s} = \sum_I (M_I s^2 \dot{q}_I^2 - g k_B T)/s \tag{8.17}$$

[*3] J. M. Solar and A. R. Williams, Phys. Rev. B**40**, 1560 (1989)；R. Yu, D. Singh and H. Krakauer, Phys. Rev. B**43**, 6411 (1991)；O. K. Andersen, O. Jepsen and G. Krier, in Proceedings of Miniworkshop on *Methods of Electronic Structure Calculations* and Working Group on *Diosordered Alloys*, World Scientific (1994).

[*4] S. Nose, Mol. Phys. **52**, 255 (1984)；J. Chem. Phys. **81**, 511 (1984).

となる $(\bm{p}_I = Ms^2\dot{\bm{q}}_I, p_s = Q\dot{s})$. この系の保存量は

$$\begin{aligned}\mathcal{H}(\{\bm{p}\}\{\bm{q}\},s,p_s) &= \sum \bm{p}_I \cdot \dot{\bm{q}}_I + p_s \dot{s} - \mathcal{L} \\ &= \sum_I \frac{\bm{p}_I^2}{2M_I s^2} + \phi(\{\bm{q}\}) + \frac{p_s^2}{2Q} + gk_\mathrm{B} T \ln s\ ,\end{aligned} \quad (8.18)$$

$$\frac{\mathrm{d}}{\mathrm{d}t}\mathcal{H}(\{\bm{p}\}\{\bm{q}\},s,p_s) = 0 \qquad (8.19)$$

となる．また系の分配関数は

$$Z = \int \mathrm{d}p_s \int \mathrm{d}s \int \prod \mathrm{d}\bm{p} \int \prod \mathrm{d}\bm{q} \, \delta(\mathcal{H}(\{\bm{p}\},\{\bm{q}\},s,p_s) - E)$$

である.

座標変換

$$\mathrm{d}t' = \frac{\mathrm{d}t}{s}, \quad s' = s, \quad p'_s = \frac{1}{s}p_s, \quad \dot{s} = \frac{\mathrm{d}s}{\mathrm{d}t} = \frac{1}{s}\frac{\mathrm{d}s}{\mathrm{d}t'} = \frac{\dot{s}'}{s'}$$

$$\bm{q}'_I = \bm{q}_I, \quad \bm{p}'_I = \frac{\bm{p}_I}{s}, \quad \dot{\bm{q}}_I = \frac{1}{s}\dot{\bm{q}}'_I, \quad (\dot{\bm{q}}_I = \frac{\mathrm{d}\bm{q}_I}{\mathrm{d}t}, \quad \dot{\bm{q}}'_I = \frac{\mathrm{d}\bm{q}'_I}{\mathrm{d}t'}) \quad (8.20)$$

を行うと，(8.17) 式の運動方程式は

$$\begin{aligned} M_I \frac{\mathrm{d}}{\mathrm{d}t'}(s\dot{\bm{q}}'_I) &= -s\nabla_I \phi(\{\bm{q}'\}) \\ Q\frac{\mathrm{d}}{\mathrm{d}t'}(\frac{\dot{s}'}{s'}) &= \sum_I M_I \dot{\bm{q}}'^2_I - gk_\mathrm{B}T \end{aligned} \qquad (8.21)$$

となる．保存量は

$$\mathcal{H}(\{\bm{p}'\}\{\bm{q}'\},s,p_s) = H_0(\{\bm{p}'\},\{\bm{q}'\}) + \frac{p_s^2}{2Q} + gk_\mathrm{B}T\ln s\ , \quad (8.22)$$

$$\frac{\mathrm{d}}{\mathrm{d}t'}\mathcal{H}(\{\bm{p}'\}\{\bm{q}'\},s,p_s) = 0$$

ただし

$$H_0(\{\bm{p}'\},\{\bm{q}'\}) = \sum_I \frac{\bm{p}'_I}{2M_I} + \phi(\{\bm{q}'\}) \qquad (8.23)$$

8.3 平衡分布と温度制御

である．分配関数についても同じように計算すれば

$$Z = \int dp_s \int ds \int \prod dp' \int \prod dq' s^{3N} \delta(H_0 + \frac{p_s^2}{2Q} + gk_\mathrm{B}T \ln s - E)$$

$$= \frac{1}{gk_\mathrm{B}T} \int dp_s \int \prod dp' \int \prod dq' \int ds s^{3N+1} \delta\left(s - \mathrm{e}^{-\{H_0 + \frac{p_s^2}{2Q} - E\}/gk_\mathrm{B}T}\right)$$

$$= \frac{1}{gk_\mathrm{B}T} \mathrm{e}^{\frac{3N+1}{g}E/k_\mathrm{B}T} \int dp_s \mathrm{e}^{-\frac{3N+1}{g}\frac{p_s^2}{2Qk_\mathrm{B}T}} \int \prod dp' \int \prod dq' \mathrm{e}^{-\frac{3N+1}{g}H_0/k_\mathrm{B}T}$$

となる．したがって

$$g = 3N + 1 \tag{8.24}$$

と選べば，$E_0 = H_0(\{p'\}\{q'\})$ を満たす位相空間内の点 $\{p'\}\{q'\}$ は確率 $\exp(-E_0/k_\mathrm{B}T)$ でサンプリングされる．つまり

$$\lim_{\tau \to \infty} \frac{1}{\tau} \int_0^\tau dt A(\frac{p}{s}, q) = \langle A(p', q') \rangle \tag{8.25}$$

となる．分配関数は

$$Z = \mathrm{const} \times \int \prod dp' \int \prod dq' \mathrm{e}^{-H_0(p', q')/k_\mathrm{B}T} \tag{8.26}$$

でありカノニカル集団が得られる．ここでは仮想変数 t について等時間間隔の分子動力学を行うのだから，実時間 t' については等時間間隔のサンプリングになっていないことに注意しなくてはならない．

仮想変数 t についての等時間間隔の分子動力学を実変数 t' についての等時間間隔分子動力学にすることができるかどうか検討してみよう．(p, q, s, p_s) は $\mathcal{H}(p, q, s, p_s) = E$ を満たす配置を一様に訪れるという仮定を行うと

$$\lim_{\tau' \to \infty} \frac{1}{\tau'} \int_0^{\tau'} dt' A(p', q') = \lim_{\tau \to \infty} \frac{1}{\tau} \int_0^\tau dt A\left(\frac{p}{s}, q\right) \frac{1}{s} \Big/ \lim_{\tau \to \infty} \frac{1}{\tau} \int_0^\tau \frac{dt}{s}$$

$$\propto \int dp_s \int ds \int \prod dp \int \prod dq \delta(\mathcal{H}(p, q, p_s, s) - E) \frac{1}{s} A\left(\frac{p}{s}, q\right)$$

$$= \int dp_s \int ds \int \prod dp' \int \prod dq' s^{3N} A(p', q') \delta(s - \mathrm{e}^{-\{H_0 + \frac{p_s^2}{2Q} - E\}/gk_\mathrm{B}T})$$

162　第 8 章　第一原理分子動力学法

$$\propto \int \prod d\boldsymbol{p}' \int \prod d\boldsymbol{q}' A(\boldsymbol{p}', \boldsymbol{q}') e^{-\frac{3N}{g} H_0(\boldsymbol{p}', \boldsymbol{q}')/k_B T} = \langle A(\boldsymbol{p}', \boldsymbol{q}') \rangle \tag{8.27}$$

となる．したがって

$$g = 3N \tag{8.28}$$

として実時間 t' を等時間間隔に分子動力学を行い時間平均をとった結果は，位相空間 $\{\boldsymbol{p}', \boldsymbol{q}'\}$ 内の確率 $\exp(-H_0/k_B T)$ でのサンプリングとなっている．

運動方程式 (8.21) を $\dot{s}'/s' = d\ln s'/dt' \equiv \zeta = \dot{\eta}$, $\eta = \ln s$, $g = 3N$ とおいて書きなおすと

$$\begin{aligned} M_I \ddot{\boldsymbol{q}}'_I &= -\nabla_I \phi(\{\boldsymbol{q}'\}) - M_I \dot{\eta} \dot{\boldsymbol{q}}'_I \\ Q\ddot{\eta} &= \sum_I M_I \dot{\boldsymbol{q}}'^2_I - 3N k_B T \end{aligned} \tag{8.29}$$

である．ここで・は実時間 t' での微分である．第 1 式では通常の運動方程式に加えて速度に比例する項が存在し，全粒子の運動エネルギーが熱エネルギー $(3N/2)k_B T$ より大きいまたは小さい場合に $\dot{\eta}$ 項が増加（摩擦の増加，減速）または減少（摩擦の減少，加速）に働く．これによって系と熱浴との間の平衡が実現される．

8.3.2　第一原理分子動力学における温度制御

前項における拡張系の方法を，次のように第一原理分子動力学法に取り入れることができる．

$$\begin{aligned} \mathcal{L} &= \sum_{i\sigma} \mu_e \int d\boldsymbol{r} |\dot{\psi}_{i\sigma}(\boldsymbol{r}, t)|^2 + \frac{1}{2} \sum_I M_I s^2 \dot{\boldsymbol{R}}^2_I - E_{\text{DFT}}[\{\psi\}, \{\boldsymbol{R}\}] \\ &+ \sum_{ij\sigma} \Lambda_{ij:\sigma} f_{i\sigma} f_{j\sigma} \int d\boldsymbol{r} \psi^*_{i\sigma}(\boldsymbol{r}, t) \psi_{j\sigma}(\boldsymbol{r}, t) + \frac{1}{2} Q \dot{s}^2 - g k_B T \ln s \ . \end{aligned} \tag{8.30}$$

$\boldsymbol{R}_I$, ψ_i, s に共役な運動量を仮想時間 t で書くと $\boldsymbol{P}_I = M_I s^2 \dot{\boldsymbol{R}}_I$, $p_{\psi_{i\sigma}} = \frac{1}{2} \mu_e \dot{\psi}^*_{i\sigma}$, $p_s = Q\dot{s}$ である．運動方程式は

$$M_I \frac{d}{dt}(s^2 \dot{\boldsymbol{R}}_I) = -\nabla_I E_{\text{DFT}} \tag{8.31}$$

8.3 平衡分布と温度制御

$$\mu_e \ddot{\psi}_{i\sigma}(\boldsymbol{r}) = -\frac{\delta E_{\mathrm{DFT}}}{\delta \psi_{i\sigma}^*(\boldsymbol{r})} + \sum_k \Lambda_{ik:\sigma} f_{k\sigma} \psi_{k\sigma}(\boldsymbol{r}) \tag{8.32}$$

$$Q\frac{\mathrm{d}\dot{s}}{\mathrm{d}t} = \left(\sum_I M_I s^2 \dot{\boldsymbol{R}}_I^2 - g k_{\mathrm{B}} T\right)\frac{1}{s} \tag{8.33}$$

であり,保存量は

$$E_T = \sum \boldsymbol{P}_I \cdot \dot{\boldsymbol{R}}_I + p_s \dot{s} + \sum_{j\sigma} \int \mathrm{d}\boldsymbol{r}(p_{\psi_{j\sigma}} \dot{\psi}_{j\sigma} + p_{\psi_{j\sigma}^*} \dot{\psi}_{j\sigma}^*) - \mathcal{L}$$
$$+ k_{\mathrm{B}} T \sum_{i\sigma} \{f_{i\sigma} \ln f_{i\sigma} + (1 - f_{i\sigma}) \ln(1 - f_{i\sigma})\} \tag{8.34}$$

$$\frac{\mathrm{d}}{\mathrm{d}t} E_T = 0 \tag{8.35}$$

となっている。軌道占有数 $f_{i\sigma}$ のエントロピーまで含めて保存量を形成することに注意しなくてはならない。ここでは軌道占有数はフェルミ・ディラック分布にしたがうとしてそれに対応するエントロピー項を保存量に含めた。付録 B.5 で説明するように,電子の軌道占有数 $f_{i\sigma}$ のボカシ (非整数占有数) を収束のためのテクニックと考え,例えばガウス分布や誤差関数を仮定することもある[*5]。その場合には保存量の中のエントロピー項は対応するものでなければならない。

(8.31), (8.32), (8.33) 式に対して再び変数変換

$$\begin{aligned}
\mathrm{d}t' &= \mathrm{d}t/s, \\
s' &= s, \quad p_s' = \frac{p_s}{s} = \frac{Q}{s}\frac{\mathrm{d}s}{\mathrm{d}t} = \frac{Q}{s^2}\frac{\mathrm{d}s}{\mathrm{d}t'}, \\
\psi' &= \psi, \quad p_\psi' = \frac{p_\psi}{s} = \frac{1}{s}\frac{1}{2}\mu\frac{\mathrm{d}\psi^*}{\mathrm{d}t} = \frac{1}{s^2}\frac{1}{2}\mu\frac{\mathrm{d}\psi^*}{\mathrm{d}t'}, \\
\boldsymbol{R}_I' &= \boldsymbol{R}_I, \quad \boldsymbol{P}_I' = \frac{\boldsymbol{P}_I}{s} = M_I s \frac{\mathrm{d}\boldsymbol{R}_I}{\mathrm{d}t} = M_I \frac{\mathrm{d}\boldsymbol{R}_I}{\mathrm{d}t'},
\end{aligned} \tag{8.36}$$

を行うと,これにより運動方程式は次のように変換される。ここでは時間に関する微分・は,実時間 t' に関するものである。

$$M_I \ddot{\boldsymbol{R}}_I' = -\nabla_{\boldsymbol{R}_I'} E_{\mathrm{DFT}} - M_I \left(\frac{\dot{s}}{s}\right) \dot{\boldsymbol{R}}_I , \tag{8.37}$$

[*5] G. Kresse and J. Furthmüller, Comp. Mat. Sci. **6**, 15 (1996).

$$\frac{\mu_\mathrm{e}}{2s^2}\ddot{\psi}_{i\sigma}(\boldsymbol{r}) + \frac{\dot{s}}{2s^3}\mu_\mathrm{e}\dot{\psi}_{i\sigma}(\boldsymbol{r}) = -\frac{\delta E_\mathrm{DFT}}{\delta \psi_{i\sigma}^*(\boldsymbol{r})} + \sum_{k\sigma}\Lambda_{ik}f_{k\sigma}\psi_{k\sigma}(\boldsymbol{r}),\quad (8.38)$$

$$Q\frac{\mathrm{d}}{\mathrm{d}t'}\left(\frac{\dot{s}}{s}\right) = \sum_I M_I \dot{\boldsymbol{R}}_I'^{2} - gk_\mathrm{B}T. \tag{8.39}$$

最終的に $\dot{\psi}_i = \ddot{\psi}_i = 0$ と断熱ポテンシャル面にのった形で計算が実行されるならば, 電子波動関数による部分は上のように書き換えず用いてもよい. あるいは電子系については1階微分方程式の形式 (8.6) 式にして断熱ポテンシャル上に速やかに引き戻せばよい.

電子系の仮想ダイナミックス (2階微分方程式) を実行する場合には, 熱浴との直接の接触は原子系でのみ行われているために原子の運動エネルギーが電子の仮想的運動に移ってしまう. このため長時間のダイナミックスを追いかける場合には, 適当に電子系の運動エネルギーを取り除くことが必要となる. その結果原子系も徐々に冷やされていくことになるのでそれを補正してやらなくてはならない. もうひとつの方法は, 原子系と電子系それぞれに別々の熱浴を接触させる **2重熱浴** (double thermostat) の方法といわれるものである[*6].

8.3.3 圧力および対称性の制御

拡張系の方法は, 体積 V を変化させて圧力 P 一定の系を得, あるいはより一般的に安定な対称性制御へ応用することができる[*7]. (8.30) 式のラグランジュ関数で与えられた系に対して体積の最適化を試みよう. この場合には, 体積を1に規格化し系の体積 V をあからさまに書くことにする. 原子座標 $\boldsymbol{R}$ や波数ベクトルについても規格化しなくてはならない.

$$\begin{aligned}\boldsymbol{R}_I &= V^{1/3}\hat{\boldsymbol{R}}_I \quad &\text{(原子座標)}\\ \boldsymbol{r} &= V^{1/3}\hat{\boldsymbol{r}} \quad &\text{(電子座標)}\\ \boldsymbol{k} &= V^{-1/3}\hat{\boldsymbol{k}} \quad &\text{(波数ベクトル)}\end{aligned} \tag{8.40}$$

[*6] S. Nose, Mol. Phys. **57**, 187 (1986); P. E. Blöchl and M. Parrinello, Phys. Rev. B**45**, 9413 (1992).

[*7] M. Parrinello and A. Rahman, Phys. Rev. Lett. **45**, 1196 (1980); F. Buda, R. Car and M. Parrinello, Phys. Rev. B**41**, 1680 (1990); G. Galli, R. M. Martin, R. Car and M. Parrinello, Phys. Rev. B**42**, 7470 (1990).

8.3 平衡分布と温度制御

また電子の波動関数も規格化され

$$\psi_{i\sigma}(\bm{r}) = V^{-1/2}\phi_{i\sigma}(\hat{\bm{r}}), \qquad n(\bm{r}) = V^{-1}\rho(\hat{\bm{r}}) \tag{8.41}$$

などとなる．これからすぐにわかることは，電子系の運動エネルギーは $V^{-2/3}$ に，電子間相互作用は $V^{-1/3}$ に，イオン・イオン間相互作用は $V^{-1/3}$ にスケールされることである．電子・イオン相互作用はイオン芯の取り扱い方によるので，一般的に言うことはできない．これらのことを念頭において次のような拡張されたラグランジュ関数を考えればよい．

$$\begin{aligned}\mathcal{L} = & \sum_{i\sigma} \mu_e \int d\bm{r} |\dot{\psi}_{i\sigma}(\bm{r},t)|^2 + \sum_I \frac{M_I}{2} s^2 \dot{\bm{R}}_I^2 \\ & - E_{\text{DFT}}[\{\psi\}, \{\bm{R}\}] + \sum_{ij\sigma} \lambda_{ij:\sigma} f_{i\sigma} f_{j\sigma} \int d\bm{r}\, \psi_{i\sigma}^*(\bm{r},t)\psi_{j\sigma}(\bm{r},t) \\ & + \frac{1}{2} Q_s \dot{s}^2 + \frac{1}{2} Q_V \dot{V}^2 - g k_B T \ln s - P_{\text{ex}} V\end{aligned} \tag{8.42}$$

これから運動方程式を作ると

$$\begin{aligned}&\frac{d}{dt}(M_I s^2 V^{2/3} \dot{\hat{\bm{R}}}_I) = -\frac{\partial E_{\text{DFT}}}{\partial \hat{\bm{R}}_I} = -V^{1/3}\frac{\partial E_{\text{DFT}}}{\partial \bm{R}_I} \\ &\frac{d}{dt}\left(\mu_e \dot{\phi}_{i\sigma}(\hat{\bm{r}})\right) = -\frac{\delta E_{\text{DFT}}}{\delta \phi_{i\sigma}^*} + \sum_k \lambda_{ik:\sigma} f_{k\sigma}\phi_{k\sigma}(\hat{\bm{r}}) \\ &Q_s \frac{d\dot{s}}{dt} = \frac{1}{s}\left(\sum_I M_I s^2 V^{2/3} \dot{\hat{\bm{R}}}_I^2 - g k_B T\right) \\ &Q_V \frac{d\dot{V}}{dt} = \frac{1}{3V}\sum_I (M_I s^2 V^{2/3}\dot{\hat{\bm{R}}}_I^2 - \bm{R}_I \cdot \nabla_{\bm{R}_I} E_{\text{DFT}}^{\text{ion-ion}}) - \left(\frac{\partial E_{\text{DFT}}^{\text{electron}}}{\partial V}\right) - P_{\text{ex}}\end{aligned} \tag{8.43}$$

このような手法によって電子系を含めて，体積一定の系から圧力一定の系に移ることができる．同様の手続きによって，さらに一般的に系の対称性，例えば x, y, z 方向の結晶軸の長さやあるいは結晶軸のなす角を変数とすることも可能である．

8.4 オーダー N 法

8.4.1 種々のオーダー N 法

一般に電子系の固有状態を求める際に，シュレディンガー方程式の対角化を行えば電子数 N に対して，演算回数やメモリーの大きさが N^3 に比例して増大する．平面波基底を用いた第一原理分子動力学法では，付録 B.1 に説明するように，波動関数を運動量空間で求め，これを**高速フーリエ変換** (First Fourier Transform (FFT)) により実空間に変換し，そこで電荷分布を求めて，それを運動量空間にフーリエ逆変換で戻すということを繰り返し，全体の計算を行う．高速フーリエ変換の計算では演算回数が $M_o N_p \log_2 N_p \propto N^2 \log_2 N$ (M_o は占有軌道の数，N_p は平面波基底の数) に比例する．実空間と逆格子空間を行き来するということは，効率のよい方で計算するということである．これで N^3 より演算回数は軽減されるが，N を大きくするとなお急激に計算負荷が増大するのは避けられない．

以上のことは第一原理分子動力学法を用いて大きな系あるいは長時間の過程を取り扱うときには，より深刻な問題となる．したがって，必要な基底関数の数を減らすこと，対角化の操作を軽くすること，などが重要な課題である．さらに，第一原理分子動力学法では演算回数やメモリーの大きさが原子数 N に比例する計算法が必要である．このような計算法を「**オーダー N 法**」という．オーダー N 法は以下のように分類することができる[*8]．

(1) **フェルミ演算子展開法** (Fermi operator expansion) [*9]：この方法では密度行列をハミルトニアンで展開する．これを基底状態で計算すればハミルトニアンの n 乗という形はエネルギー E^n ×フェルミ分布関数という形となり，フェルミ関数をいかに効率よく計算するかという問題に替わる．例えばフェルミ関数をよく知られた多項式 (例えばチェビシェフ多項式 $T_n(x)$) で次のように展開する．

[*8] S. Goedecker, Rev. Mod. Phys. **71**, 1085 (1999).
[*9] S. Goedecker and L. Colombo, Phys. Rev. Lett. **73**, 122 (1994); S. Goedecker and M. Teter, Phys. Rev. B**51**, 9455 (1995).

$$H^n \cdot \frac{1}{1+\mathrm{e}^{-(H-\mu)/k_\mathrm{B}T}} \to \int \mathrm{d}E \cdot E^n \sum_m c_m T_m(E). \qquad (8.44)$$

(2) **分割統治法** (divide–and–conquer method)[*10]：大きな系を小さな部分系に分け，最初に部分系の固有状態を正確に求める．その後，個々の部分系の状態をつないで全体に広がった状態を構成し，全体を調整する．部分系を物理的に独立性の高いものに選んでおけば，より精度の高い結果となる．

(3) **極小化法** (minimization method)：密度行列を用いる方法と，波動関数を用いる方法がある．

密度行列を用いる方法[*11]では，密度行列が満足するべき "idempotency"（冪等）$\rho(\rho-1) = 1$ を手がかりとする．ρ の代わりに仮の密度行列 $\tilde{\rho}$ を用いて $\tilde{\rho} = 0, 1$ に停留値を持つ $3\tilde{\rho}^2 - 2\tilde{\rho}^3$ に置き換え，自由エネルギーを

$$\Omega = \mathrm{Tr}\rho(H-\mu) = \mathrm{Tr}(3\tilde{\rho}^2 - 2\tilde{\rho}^3)(H-\mu) \qquad (8.45)$$

とする．これを極小化するように $\tilde{\rho}$ を決める．

波動関数を用いて自由エネルギーを最適化する方法[*12]では，N_el を全電子数として，逆行列の計算を必要としない自由エネルギーとして次式を採用する．

$$\Omega = 2\sum_{ij}^{N_\mathrm{el}/2} A_{ij}H_{ij} + \frac{1}{2}\int \mathrm{d}\boldsymbol{r}\,\mathrm{d}\boldsymbol{r}' \frac{n(\boldsymbol{r})n(\boldsymbol{r}')}{|\boldsymbol{r}-\boldsymbol{r}'|} + E_\mathrm{xc}[n] + \mu\Delta N_\mathrm{el} \qquad (8.46)$$

$$n(\boldsymbol{r}) = 2\sum_{ij}^{N_\mathrm{el}/2} A_{ij}\psi_i^*(\boldsymbol{r})\psi_j(\boldsymbol{r}),\quad \Delta N_\mathrm{el} = N_\mathrm{el} - 2\sum_{ij}^{N_\mathrm{el}/2} A_{ij}S_{ij}.$$

S_{ij} は重なり積分 $S_{ij} = \langle \psi_i | \psi_j \rangle$ である．この方法では行列 $\{A_{ij}\}$ の選択が本質的であり，$\{A_{ij}\}$ の転置を

$$A^\mathrm{t} = 2I - S \qquad (8.47)$$

[*10] W. Yang, Phys. Rev. Lett. **66**, 1438 (1991)；T. Ozaki, Phys. Rev. B**74**, 245102 (2006).
[*11] X.-P. Li, R. W. Nunes and D. Vanderbilt, Phys. Rev. B**47**, 10891 (1993).
[*12] F. Mauri, G. Galli and R. Car, Phys. Rev. B**47**, 9973 (1993)；F. Mauri and G. Galli, Phys. Rev. B**50**, 4316 (1994).

と選ぶ．これは $S^{-1} = \{1 - (1-S)\}^{-1} \simeq 1 + (1-S) + (1-S)^2 \cdots$ の近似式と理解することができる．(8.46) 式の Ω を極小化するように ψ_i を決める．

(4) 純粋に数理的なクリロフ部分空間法：計算の負荷がオーダー N である数理的手法であり，次の 8.4.2 項で説明する．

8.4.2 クリロフ部分空間法

N 次正方行列 A と N 次元ベクトル $|i\rangle$ によって生成される

$$\mathcal{K}_n(A, |i\rangle) = \mathrm{span}\,\{|i\rangle, A|i\rangle, A^2|i\rangle, \ldots, A^{n-1}|i\rangle\}. \tag{8.48}$$

を n 次**クリロフ** (Krylov) **部分空間**といい，線形写像 A の r 累乗が $|i\rangle$ の像としてつくる線型部分空間である．クリロフ部分空間の中で線型方程式の最適解を構成する（探索する）方法の総称を，クリロフ部分空間法という[*13]．

A がエルミートであるとき，適当に初期状態 $|i\rangle$ を選び，クリロフ部分空間 $\mathcal{K}_n(A, |i\rangle)$ を構成しよう．**グラム・シュミット** (Gram–Schmidt) **直交化法**はクリロフ部分空間を生成するひとつの方法であり，(8.49) 式のような 3 項間漸化式となる．

$$b_m |K_{m+1}^{(i)}\rangle = (A - a_m)|K_m^{(i)}\rangle - b_{m-1}^* |K_{m-1}^{(i)}\rangle, \quad b_{-1} = 0, \tag{8.49}$$

$$\mathcal{K}_n(A, |i\rangle) = \mathrm{span}\,\{|K_0^{(i)}\rangle = |i\rangle, |K_1^{(i)}\rangle, |K_2^{(i)}\rangle, \ldots, |K_{n-1}^{(i)}\rangle\}. \tag{8.50}$$

この操作を**ランチョス** (Lanczos) **プロセス**という．線形演算子 (行列)A を $\sigma \mathbf{1}$ だけ一様にシフトしてもクリロフ部分空間は不変である．

$$\mathcal{K}_n(A, |i\rangle) = \mathcal{K}_n(\sigma \mathbf{1} + A, |i\rangle). \tag{8.51}$$

クリロフ部分空間対角化法

A としてハミルトニアン演算子 H を採用 ($A \equiv H$) すれば，ランチョス・プロセスは最初に与えられたハミルトニアンを 3 重対角化する操作であり，3 重対角行列の大きさ n が十分大きければ，生成されたクリロフ部分空間は $|i\rangle$ が関係する状態を十分再現するに足るだけのベクトル成分を含んでいると期待さ

[*13] 藤野清治, 張紹良, 反復法の数理, 朝倉書店 (1996); H. A. van der Vorst, *Iterative Krylov Methods for Large Linear Systems*, Cambridge Univ. Press (2003).

れる. n が元の空間の大きさ N に等しければ，すべての状態成分が含まれていると期待できる．このようにランチョス・プロセスでエルミート行列を 3 重対角化する方法をランチョス法という[*14]．

物理的に興味のある状態 (局在軌道) $|i\rangle$ から出発し，ランチョス・プロセスを経てハミルトニアンを対角化し ($H^{\mathcal{K}^{(i)}}$ と書く)，対応した基底 $\{|w_\alpha^{(i)}\rangle\}$ を得る．

$$H^{\mathcal{K}^{(i)}}|w_\alpha^{(i)}\rangle = \varepsilon_\alpha |w_\alpha^{(i)}\rangle \tag{8.52}$$

ただし，そのときの次数 n は適当に選んだ小さな数である．これから密度行列は

$$\rho^{\mathcal{K}^{(i)}} = \sum |w_\alpha\rangle\langle w_\alpha| \tag{8.53}$$

となる．これがクリロフ部分空間直接対角化法である[*15]．出発の状態が上手に選択されていれば有効な手法であり，計算負荷はオーダー N となる．

グリーン関数 $G(E) = (E-H)^{-1}$ を計算するオーダー N 手法として知られる**連分数展開法** (recursion method)[*16] もこの枠内の方法である．また，多電子系や強く相互作用するスピン系の基底状態を数値的に求める場合にもランチョス法が用いられる．

Conjugate Orthogonal Conjugate Gradient (COCG) 法

固有状態を求める問題 $H|\alpha\rangle = \varepsilon_\alpha |\alpha\rangle$ は，グリーン関数 $G_{ij} = \langle i|(E-H)^{-1}|j\rangle$ を求めることと同等である．グリーン関数は線形連立方程式

$$(E-H)|x^{(j)}\rangle = |j\rangle \tag{8.54}$$

を解いて，$G_{ij}(E) = \langle i|x^{(j)}\rangle$ と求められる．

ここでは $A = E - H$ としてより一般的に

[*14] C. Lanczos, J. Res. Nat. Bur. Stand. (US) **45**, 255 (1950); **49**, 33 (1952). ランチョス法では，状態は $H^n|i\rangle$ ($n = 1, 2, \cdots$) によって生成されるため，H の最大固有値に対応する固有ベクトルの近くに留まり，すべての固有ベクトルを再現するには工夫がいる．

[*15] R. Takayama, T. Hoshi and T. Fujiwara, J. Phys. Soc. Jpn. **73**, 1519 (2004).

[*16] R. Haydock, in *Solid State Physics*, Edited by H. Ehrenreich, F. Seitz and D. Turnbull, Academic Press **35**, 225 (1980).

$$Ax = b \tag{8.55}$$

を解くことを考えよう[*17]. ベクトルの内積は

$$(u, v) = u^{\mathrm{T}} v = \sum_i u_i^* v_i$$

と定義する.

(8.55) 式の近似解 x_n を作り, 初期近似解 x_0 から生成されるクリロフ部分空間 $\mathcal{K}_{n+1}(A, x_0)$ が以下のような条件を満足する.

$$x_n = x_0 + z_n, \quad z_n \in \mathcal{K}_n(H, r_0). \tag{8.56}$$

このとき残差 $r_n = b - Ax_n$ は直交条件

$$r_n \in \mathcal{K}_{n+1}(H, r_0) \tag{8.57}$$

を満足する.

残差ベクトル r_n を一意的に決定するため, **共役勾配法** (Conjugate Gradient (CG) 法) ではさらに条件

$$r_n \perp \mathcal{K}_n(H, r_0) \tag{8.58}$$

を課す. 初期条件

$$x_0 = p_{-1} = 0, \ r_0 = b, \ \alpha_{-1} = \beta_{-1} = 0 \tag{8.59}$$

のもとで, 以下の式により逐次的に n 次の近似解 x_n および残差 p_n を定めていく.

$$p_n = r_n + \beta_{n-1} p_{n-1} \tag{8.60}$$

$$\alpha_n = \frac{(r_n, r_n)}{(p_n A p_n)} \tag{8.61}$$

[*17] R. Takayama, T. Hoshi, T. Sogabe, S.-L. Zhang and T. Fujiwara, Phys. Rev. B**73**, 165108 (2006); T. Fujiwara and T. Hoshi, S. Yamamoto, T. Sogabe and S.-L. Zhang, J. Phys. Condens. Matter **22**, 074206 (2010).

$$x_{n+1} = x_n + \alpha_n p_n \tag{8.62}$$

$$r_{n+1} = r_n - \alpha_n A p_n \tag{8.63}$$

$$\beta_n = \frac{(r_{n+1}, r_{n+1})}{(r_n, r_n)}. \tag{8.64}$$

この結果，ベクトル $\{r_n\}$ および $\{p_n\}$ は

$$(r_i, r_j) = 0 \quad (i \neq j) \quad 直交性 \tag{8.65}$$

$$(p_i, A p_j) = 0 \quad (i \neq j) \quad 共役性 \tag{8.66}$$

を満足する．残差ベクトル $\{r_0, r_1, r_2, \cdots\}$ は A の次元を超えたところで 0 となる．

以上だけだとエネルギースペクトルを知るためには，エネルギー E を変えながら上の計算を繰り返さなくてはならない．しかしクリロフ部分空間の普遍性 (8.51) 式が成立している．これによりエネルギー $E+\sigma$ について (8.59)〜(8.64) 式を繰り返す必要はない．ここでは概略のみ述べるが ($E+\sigma$ については添え字 σ を付け)，その結果，最も重要な定理ともいうべき collinear residual (残差共線性) の定理[*18]．

$$\mathbf{r}_n^\sigma = \frac{1}{\pi_n^\sigma} \mathbf{r}_n. \tag{8.67}$$

が成立する．ただし係数に現れる π_n^σ は

$$\pi_{n+1}^\sigma = \left(1 + \frac{\beta_{n-1}\alpha_n}{\alpha_{n-1}} + \alpha_n \sigma\right) \pi_n^\sigma - \frac{\beta_{n-1}\alpha_n}{\alpha_{n-1}} \pi_{n-1}^\sigma. \tag{8.68}$$

と決める．$\{x_n^\sigma\}$，および $\{p_n^\sigma\}$ についてはスカラー量をかけるだけの漸化式の計算となる．こうしてある一点の E での計算以上のものはほとんど無視し得て，計算付加は非常に軽くなる．

以上の方法は固有値問題 $Hx = Ex$ について述べたが，一般化固有値問題 $Hx = ESx$ についても同じように行うことができる．ここでは参考文献を挙げるに止めよう[*19]．

[*18] A. Frommer, Computing **70**, 87 (2003).
[*19] H. Teng, T. Fujiwara, T. Hoshi, S. Sogabe, S.-L. Zhang and S. Yamamoto, Phys. Rev. B**83**, 165103 (2011); T. Hoshi, S. Yamamoto, T. Fujiwara, S. Sogabe and S.-L. Zhang, J. Phys. Condens. Matter **24**, 165502 (2012).

8.5 第一原理分子動力学法による具体的な計算例

第一原理分子動力学に基づく物質の研究は広い分野で行われている．それらは，(1) バルクな固体結晶の基底状態の原子配置，(2) 表面・界面や不純物その他の欠陥の周りの格子歪と電子構造，(3) 材料の機械的な性質，(4) 固体の高圧下の構造および構造相転移[*20]，(5) 物質の相図，(6) 様々な液体の構造と熱力学的性質，(7) 物質表面での原子・分子の吸着・解離[*21]，(8) 化学反応や触媒反応の反応経路，(9) 1重項励起状態[*22]，など極めて多岐に渡る．

8.5.1 液　　体

半導体，金属の液体については多くの研究がある．例えば，高温液体シリコン Si，炭素 C，SiO_2，アルカリ金属，銅 Cu である．

温度変化に伴う体積変化については注意を要する．基底平面波数を一定にして異なる温度の状態を考えると，体積変化により考える逆格子の上限値（平面波基底の運動エネルギーの上限値）が変化する．また基底平面波の運動エネルギー上限値を一定とすると体積変化に伴い基底の数が変化する．これについては基底平面波の運動エネルギーが上限値に近いものについては取り込み因子を掛けてそれを滑らかに 1 から 0 へ変化させるなどの工夫が必要になる．また液体状態の計算の多くは，ブリルアン域内の k 点としては Γ 点のみを考慮している．液体状態では大きな単位胞（大体 100 原子程度）を使用するので，結晶の場合のブリルアン域が折り返されていることになり，その中でたくさんの k 点を考えていることになる．

上に挙げた計算例ではいずれも 2 体相関関数，速度自己相関関数，結合角分布，原子拡散定数，電子状態密度，あるいは電子密度のスナップショットなどが

[*20] Y. Tateyama, T. Ogitsu, K. Kusakabe and S. Tsuneyuki, Phys. Rev. B**54**, 14994 (1996).
[*21] A. De Vita, I. Stich, M. J. Gillan, M. C. Payne and L. J. Clarke, Phys. Rev. Lett. **71**, 1276 (1993); I. Stich, A. De Vita, M. C. Payne, M. J. Gillan and L. J. Clarke, Phys. Rev. B**49**, 8076 (1994).
[*22] I. Frank, J. Hutter, D. Marx and M. Parrinello, J. Chem. Phys. **108**, 4060 (1998).

8.5 第一原理分子動力学法による具体的な計算例

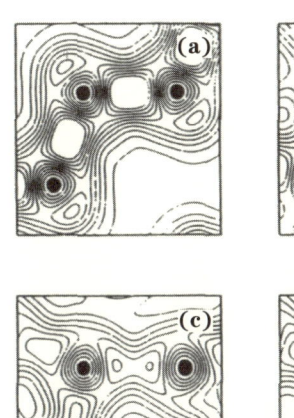

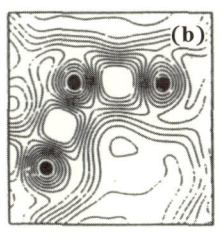

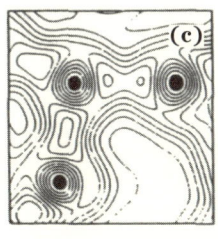

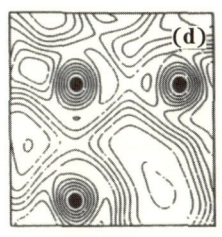

図 8.2 液体シリコンの電子密度．黒丸は Si イオン．初期状態 (a) は結晶の (110) 面，(b)〜(d) は時間間隔 0.02 ps のスナップショット．2 つの Si イオンの間に結合ボンドに対応する電荷密度の高い状態が生成しあるいは消滅する様子が見られる．一方，原子速度相関スペクトルでは結合ボンドの振動のエネルギーに対応する構造が $\hbar\omega \sim 40$ meV 辺りに見られる (I. Stich, R. Car and M. Parrinello, Phys. Rev. Lett. **63**, 2240 (1989))．

調べられている．シリコン Si，炭素 C などは固体状態では典型的な共有結合物質で絶縁体である．液体状態の 2 体分布関数は金属の特徴であるより広い最近接原子ピークを示す．最近接原子数については液体 Si では約 6.4 であるが，液体 C ではむしろ減少し温度 5000 K で 2.9 程度となる．これは液体 C の中では鎖状の炭素が増えているためである．電子密度のスナップショットでは 0.05 ps あるいはそれより短い時間内に原子間の結合が作られたり壊れたりする様が見られる．Si, C とも液体状態では電子状態密度にはバンドギャップはなく金属として振る舞う．**図 8.2** に液体シリコンの電子密度のスナップショットを示す[*23]．

[*23] 液体 Si；I. Stich, R. Car and M. Parrinello, Phys. Rev. Lett. **63**, 2240 (1989)；液体 C；G. Galli, R. M. Martin, R. Car and M. Parrinello, Phys. Rev. B**42**, 7470 (1990)；液体 SiO_2； J. Sarnthein, A. Pasquarello and R. Car, Phys. Rev. Lett. **74**, 4682 (1995).

液体アルカリ金属は，臨界点近傍で金属・絶縁体転移を示す．アルカリ金属は原子当たり電子数 1 であるから，金属・絶縁体転移があれば電子相関によるもので，すでに第 3 章で議論したように密度汎関数理論の枠内では取り扱うことはできない．したがって金属状態での 2 体分布関数，拡散定数などを議論するわけであるが，いずれもこれらについては実験結果と良く一致する[*24]．

液体 Cu についてはウルトラソフト擬ポテンシャルを用いたものである．2 体分布関数，拡散定数などが議論され実験値と良く一致している[*25]．

水（H_2O）および水和状態，氷については古くから古典分子動力学あるいは CI–HF 法により多くの計算が行われている．最近の第一原理分子動力学計算も多数の研究がある[*26]．水素結合やファン・デル・ワールス結合のような弱い相互作用ではその結合エネルギーの大半が電子相関の寄与による．これらの場合には局所近似（LDA）は良い結果を与えず，GGA あるいはさらに新しい関数形の提案などがなされている．

8.5.2 状態方程式

凝縮系の**状態方程式**（温度 T をパラメーターとして系の圧力 P と密度 ρ の関係式）を第一原理的に導くことは原理的にもまた応用上も重要である．これにより液相と固相の境界など系の 1 次相転移とその熱力学的性質を知ることができる．有限温度の系では原子の位置の自由度による**配置エントロピー** (configuration enthropy) を正しく見積もるという難しい問題が残っている．シミュレーションではどんなに計算時間をかけても相空間の自由度を十分つくして正しくエントロピーを見積もることは難しい．さらに量子系では時間ステップが十分長くと

[*24] B. J. C. Cabral and J. L. Martins, Phys. Rev. B**51**, 872 (1995); F. Shimojo, Y. Zempo, K. Hoshino and M. Watabe, Phys. Rev. B**52**, 9320 (1995).

[*25] A. Pasquarello, K. Laasonen, R. Car, C. Lee and D. Vanderbilt, Phys. Rev. Lett. **69**, 1982 (1992).

[*26] 思いつくいくつかの研究を挙げる．
K. Laasonen, M. Spik and M. Parrinello, J. Chem. Phys. **99**, 9080 (1993) や M. Spik, J. Hutter and M. Parrinello, J. Chem. Phys. **105**, 1142 (1996).
Na の水和状態について；L. M. Ramaniah, M. Bernasconi and M. Parrinello, J. Chem. Phys. **109**, 6839 (1998).
氷について；C. Lee, D. Vanderbilt, K. Laasonen, R. Car and M. Parrinello, Phys. Rev. Lett. **69**, 462 (1992).

れず実際上短い時間しかシミュレーションができない．また，温度を変えながら固液境界での熱力学的量を求めると，短い時間で大きな温度変化を与えなくてはならず必ず履歴（ヒステリシス）が現れて良い計算結果は得られない．これに対しては参照系（添字 0 で表す）を用いて例えばギップス・ボゴリュウボフの不等式

$$F \leq F_0 + \langle H - H_0 \rangle_0 \tag{8.69}$$

により自由エネルギーの上限を計算する．

ハミルトニアンが H である体系の自由エネルギー F は，ハミルトニアンが H_0 である参照系の自由エネルギー F_0 がわかっていれば，

$$F = F_0 + \Delta F, \quad \Delta F = \int_0^1 d\lambda \left\langle \frac{\partial H(\lambda)}{\partial \lambda} \right\rangle_\lambda = \int_0^1 d\lambda \langle H - H_0 \rangle_\lambda \tag{8.70}$$

により求められる*27．添字 λ はハミルトニアン $H(\lambda) = \lambda H + (1-\lambda)H_0$ の体系での期待値を表す．したがって適当な参照系があれば，シミュレーションの時間を長くして配置エントロピーを見積もるということはしなくてよい．経験的に作られた Si の 3 体力を用いた古典系を参照系として用いることにより得られた Si の状態方程式および固液相転移点近傍の結果を図 8.3 に示しておこう．参照系の自由エネルギーは古典分子動力学によって知られている．電子系のエネルギーは H 系，H_0 系ともイオン配置を与えてその後は同じように第一原理擬ポテンシャル法で計算する．原子間力に古典系と量子系の違いが入っていて，その寄与を (8.70) 式により計算する．計算により求めた融点は実験値より約 300 K 低いが電子系のエネルギーの精度と考え合わせれば満足すべき結果である．比熱，融解熱に関してもほぼ満足すべき結果が得られている．

8.5.3 触媒反応

触媒反応は応用上重要であり，凝縮系物理学の立場からは新しい研究対象である．触媒反応のシミュレーションを時間をかけて闇雲に実行しても実行可能な時間内に電子計算機の中でそれに対応する反応が起きるわけではない．有効

---

*27 $\frac{\partial F}{\partial \lambda} = -\frac{\beta^{-1}}{Z} \cdot \frac{\partial Z}{\partial \lambda} = \langle \frac{\partial H}{\partial \lambda} \rangle_\lambda$ により (8.70) 式が求められる．

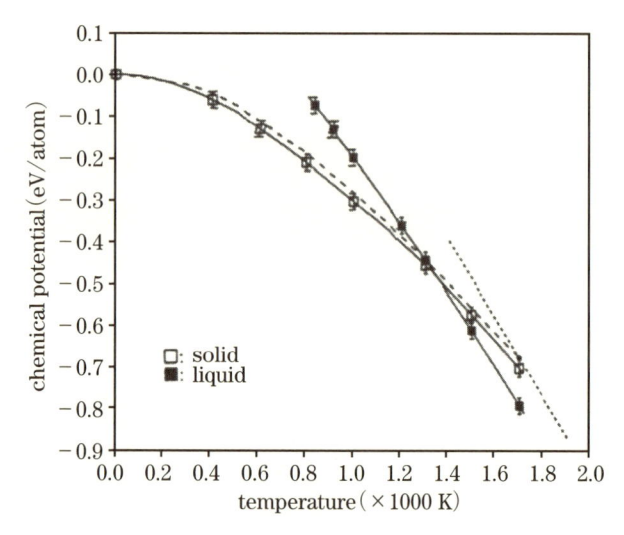

図 8.3 固体および液体シリコンの自由エネルギー．実線は計算値，点線は実験値を表す (O. Sugino and R. Car, Phys. Rev. Lett. **74**, 1823 (1995)).

な計算時間内に意味のある結果を得るためには，現実に起きていると考えられる反応経路に系を拘束しながらシミュレーションを実行する必要がある[*28]．

$TiCl_4$ を触媒としたエチレン ($-CH_2CH_2-$) 重合反応のシミュレーションを紹介しよう[*29]．この反応は広く工業的に用いられている重要な反応のひとつである．ハミルトニアンとしては

$$\tilde{H}_{\xi_0} = H - \lambda_{\xi_0}\{\xi(\{\boldsymbol{R}\}) - \xi_0\} \tag{8.71}$$

を採用する．λ_{ξ_0} は反応座標 $\xi(\{\boldsymbol{R}\})$ を ξ_0 に固定するために導入したラグランジュ未定定数である．自由エネルギーは (8.70) 式あるいはもっと具体的に書

[*28] 反応座標を拘束した系でシミュレーションを実行し，拘束条件なしの系にマップする，という方法がある．この場合の拘束条件下の統計集団を blue moon ensemble (「滅多にないことも青い月の光の下では起きる」という意味) という．E. A. Carter, G. Ciccotti, J. T. Hynes and R. Kappal, Chem. Phys. Lett. **156**, 471 (1989).

[*29] M. Boero, M. Parrinello and K. Terakura, J. Am. Chem. Soc. **120**, 2746 (1998).

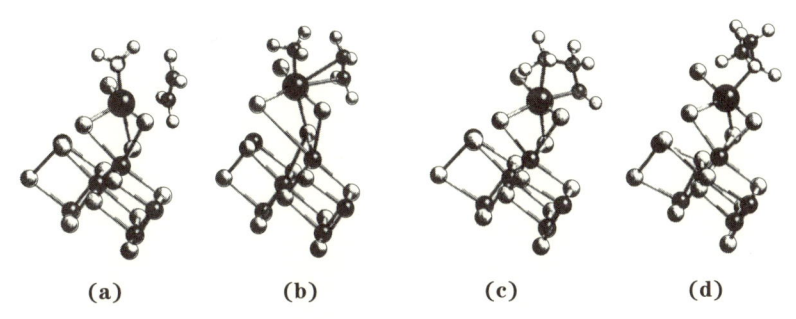

図 8.4 MgCl$_4$ 上の TiCl$_4$ を触媒としたエチレン重合．Ti 位置（大きな黒い球：–Ti–CH$_3$ が形成）に (a) C$_2$H$_4$ が右上から近付き，(b) パイ錯体を形成，(c) 遷移状態を経て C$_2$H$_4$ が Ti に接触したところに挿入され，(d) 生成された C–C 鎖が伸びる．これに再び C$_2$H$_4$ を挿入する反応が繰り返される (M. Boero, M. Parrinello and K. Terakura, J. Am. Chem. Soc. **120**, 2746 (1998))．

いて

$$\Delta F = \int_A^B d\xi_0 \left\langle \frac{\partial \tilde{H}_{\xi_0}}{\partial \xi_0} \right\rangle = \int_A^B d\xi_0 \lambda_{\xi_0} \tag{8.72}$$

によって計算される．ξ_0 は反応経路に沿って適当に動かす．最初，エチレン分子は Ti 位置に近付き π 電子の移動により Ti パイ錯体を形成する．その後適当な遷移状態を経て，重合が起こる模様が図 8.4 に示される．TiCl$_4$ 触媒による活性化障壁は約 6 kcal/mol と見積もられ，測定値とほぼ一致する結果が得られている．

8.5.4 生体物質，炭素系材料におけるファン・デル・ワールス相互作用の取り扱い：DFT+vdW

密度汎関数理論による物質の理解が深まるに伴い，生体物質を含む広範な物質群への適用が試みられている．特にウィルス，DNA やタンパク質などの生体分子，あるいは炭素系ナノ材料 (フラーレンやカーボン・ナノチューブ，グラファイトなど) などの物質では，ファン・デル・ワールス (van der Waals) 相互作用などの弱い原子間相互作用が，3 次元的構造を決める際に重要な働きをなしている．これらの力は電子相関 (分極) がその基にありコーン・シャム・ポ

テンシャルの中には含めることでは十分ではない.

密度汎関数法の全エネルギーにファン・デル・ワールス相互作用項

$$E_{\text{vdW}}(R) = -\sum_{ij} f_d(R_{ij}) \frac{C_6^{ij}}{R_{ij}^6} \tag{8.73}$$

を付加する DFT+vdW が広く用いられている.ここで i,j はそれぞれの原子,$f_d(R)$ は2原子間距離 R に関する短距離部分を除くための因子である.係数 C_6 は,個々の原子の電気双極子モーメントの大きさと有効価電子数から決めることができ,希ガス原子対,グラファイト,DNA 等に使われ良い結果を示している[30].さらに非経験的に,交換ホールが作る電気双極子モーメント(の2乗平均)から係数 C_6 を決めることができるというモデルに基づいて,取り扱う試みもある[31].

---

[30] Q. Wu and W. Yang, J. Chem. Phys. **116**, 515 (2002); F. Ortman, F. Bechstedt and W. G. Schmidt, Phys. Rev. B**73**, 205101 (2006); M. Hasegawa and K. Nishinaga, Phys. Rev. B**70**, 205431 (2004).

[31] A. D. Becke and E. R. Johnson, J. Chem. Phys. **122**, 154104 (2005).

9
密度汎関数理論を超えて

高温超伝導体の発見以降，密度汎関数理論の問題点が詳しく議論され多くの新しい試みもなされて著しい進歩が見られている．

9.1 交換相関ポテンシャルの不連続性と自己相互作用

9.1.1 交換相関ポテンシャルの不連続性

交換相関エネルギーの局所近似を用いると，一般的に半導体や絶縁体のエネルギー・ギャップは常に50%程度に過小評価される．密度汎関数理論は，基本的に基底状態のみを取り扱った理論であり，一方，光学的に測定されるバンド・ギャップは励起状態に関する物理量である．密度汎関数理論でいう**エネルギー・ギャップ**(バンド・ギャップ) は，(光学ギャップではなく) 系に電子を (無限遠点から)1個つけ加えたときの全エネルギーの変化量をいう．この問題を考えてみよう．

半導体・絶縁体のエネルギー・ギャップ E_G は

$$E_G = \{E(M+1) - E(M)\} - \{E(M) - E(M-1)\} \tag{9.1}$$

すなわち M 電子系の最高占有状態から電子を1つ取り去り，その電子を後に残った正孔との相互作用がないぐらい遠くに離して最低非占有状態に付け加えるときに要するエネルギーである．これを書き直すと

$$\begin{aligned} E_G &= \{E(M+1) - E(M)\} - \{E(M) - E(M-1)\} \\ &= \left.\frac{\delta E}{\delta n}\right|_{N=M+0} - \left.\frac{\delta E}{\delta n}\right|_{N=M-0} \\ &= \varepsilon_{M+1}(M+0) - \varepsilon_M(M-0) \end{aligned}$$

$$= \{\varepsilon_{M+1}(M) - \varepsilon_M(M)\}_{\text{KS}} + \left.\frac{\delta E_{\text{xc}}}{\delta n}\right|_{N=M-0}^{N=M+0} \tag{9.2}$$

である．右辺最後の式の第 1 項は M 電子系のコーン・シャム方程式の解から得られるバンド・ギャップ

$$\varepsilon_{\text{G}} = \{\varepsilon_{M+1}(M) - \varepsilon_M(M)\}_{\text{KS}}$$

である．第 2 項は交換相関ポテンシャル $\delta E_{\text{xc}}/\delta n$ に跳びがある場合の寄与で，その場合には ε_{G} は E_{G} とは異なる．もし交換相関ポテンシャル $\delta E_{\text{xc}}/\delta n$ に値の跳びがあれば，コーン・シャム方程式のバンド・ギャップはそれを取り落していることになる．1 次元系について数値的に調べた結果によると，モット型絶縁体あるいは電荷密度波が基底状態となるパラメター領域では交換相関ポテンシャルの不連続性は大きな値となり無視できないが，一方半導体の領域ではその不連続性の値はほとんど無視し得る程度のものであってバンド・ギャップの誤差は局所密度近似によるものであると考えられる[*1]．

9.1.2 自己相互作用補正の方法

もう一度，局所密度近似の最も深刻な欠陥とは何なのか考えてみよう．ハートリー・フォック近似では，規格直交化された軌道について同一軌道間の静電相互作用と交換相互作用は，当然のことながら打ち消し合ってゼロになるようになっている．しかし局所密度近似ではそれは一般に満たされずゼロでない値が残っている．1 つの固有状態の中で電子間相互作用の寄与を数えているので，これを自分自身との相互作用という意味で自己相互作用と呼んでいる．このため，例えば孤立原子で原子核から遠くはなれたところでのポテンシャルが $-1/r$ とならなくてはいけないところが，指数関数的にゼロとなる．一般に自己相互作用のない密度汎関数の取り扱いは今のところ定式化されていないが，より簡便な方法として，局所密度近似によるポテンシャルから自己相互作用を引き去るという**自己相互作用補正** (Self-Interaction Correction (SIC)) の方法がある[*2]．

自己相互作用エネルギーを見積もると

$$\delta_{\alpha\sigma} \equiv U[n_{\alpha\sigma}] + E_{\text{xc}}[n_{\alpha\sigma}, 0] \simeq 0.16 \int \text{d}\boldsymbol{r} n_{\alpha\sigma}^{4/3}(\boldsymbol{r})$$

[*1] K. Schönhammer and O. Gunnarson, J. Phys. C**20**, 367 (1987).
[*2] J. P. Perdew and A. Zunger, Phys. Rev. B**23**, 5048 (1981).

9.1 交換相関ポテンシャルの不連続性と自己相互作用

$$= \begin{cases} \leq 0.47Z & (\text{局在した状態に対して、} n = Z^3 e^{-2Zr}/\pi) \\ \sim O(\Omega^{-1/3}) & (\text{拡がった状態に対して、} n \sim \Omega^{-1}) \end{cases} \quad (9.3)$$

である．拡がった状態については全系の体積 $\Omega \to \infty$ の極限で自己相互作用エネルギーは0になるが，自己相互作用補正は波動関数の局在した少数系では0でなく残ってしまうことがわかる．

自己相互作用補正は (9.3) 式からわかるように1電子軌道の選び方に依存するから，軌道関数のユニタリ変換に対し不変ではないし，また1電子ポテンシャルは軌道ごとに異なるので軌道エネルギー $\varepsilon_{\alpha\beta\sigma}$ の対角化可能性も保証されない．したがって $\varepsilon_{\alpha\beta\sigma}$ はラグランジュの未定定数としての意味しかなく，1電子軌道エネルギーとしてヤナックの定理のような物理的意味を持たない．ただし孤立した原子では $\varepsilon_{\alpha\beta\sigma}$ の非対角要素は十分小さな値になることが確かめられている．

自己相互作用補正を含める場合，それを含む全エネルギーを最小にするように最適な規格直交軌道を定めなくてはならないことが示された．ハバード・モデルについてそのように最適軌道を選択しLDAに対する自己相互作用補正の効果を調べると，クーロン相互作用の強さの広い領域にわたりバンド・ギャップや磁気双極子モーメントがLDAの結果を大きく改良し正確な解に近づいていることがわかる．また最高占有状態および最低非占有状態については自己相互作用補正によって

$$\begin{aligned} \varepsilon_N(N)^{\text{SIC}} &\simeq E(N) - E(N-1), \\ \varepsilon_{N+1}(N)^{\text{SIC}} &\simeq E(N+1) - E(N) \end{aligned} \quad (9.4)$$

の関係がほぼ回復されることが数値的に確かめられる[*3]．

自己相互作用補正を考慮した場合，交換相関ホールは

$$n_{\text{xc}}(\boldsymbol{r}, \boldsymbol{r}+\boldsymbol{R}) = n_{\text{xc}}^{\text{LDA}}(\boldsymbol{R}; n_\uparrow(\boldsymbol{r}), n_\downarrow(\boldsymbol{r})) \\ - \frac{1}{n(\boldsymbol{r})} \sum_{\alpha\sigma} [n_{\alpha\sigma}(\boldsymbol{r}) n_{\text{xc}}^{\text{LDA}}(\boldsymbol{R}; n_{\alpha\sigma}(\boldsymbol{r}), 0)$$

[*3] Y. Ishii and K. Terakura, Phys. Rev. B**42**, 10924 (1990).

表9.1 絶縁体・半導体における LDA および SIC 補正によるバンド・ギャップ ε_G (eV) (J. P. Perdew and A. Zunger, Phys. Rev. B**23**, 5048 (1981)).

	Ne	Ar	Kr	LiCl *	Si **	GaAs **
ε_G (実験値)	21.4	14.2	11.6	9.4–9.9	1.17	1.51
ε_G (LDA)	11.2	8.3	6.8	5.81	0.51	0.25
Δ_{SIC}	9.9	5.8	4.9	4.4	0.76	0.80
ε_G (LDA)+ Δ_{SIC}	21.1	14.1	11.7	10.1	1.27	1.05

*) R. A. Heaton, J. G. Harrison and C. C. Lin, Phys. Rev. B**28**, 5992 (1983).
) Y. Hatsugai and T. Fujiwara, Phys. Rev. B37**, 1280 (1988).

$$+ n_{\alpha\sigma}(\boldsymbol{r})n_{\alpha\sigma}(\boldsymbol{r}+R)] \tag{9.5}$$

と表され，第3項の非局所効果のおかげで交換相関ホールのはるかに正確な表現が得られる．自己相互作用補正の結果を**表9.1**および9.1.3項に示す．これらの結果からは，自己相互作用補正は簡便で有効な方法のように見える．自己相互作用補正が占有状態のエネルギーを押し下げ，非占有状態に関しては自己相互作用の補正が働かないために結果的にバンド・ギャップを拡げ全エネルギーを下げるためである．また，局在化の条件のために波動関数の空間的拡がりも狭くなるので，磁性状態での飽和磁気モーメントが増加する．

9.1.3 d電子系，f電子系に対する自己相互作用補正

実際の系に自己相互作用補正を適用するには，局在した基底関数を用いた実空間における有効な計算法が必要である．ワニエ関数を用いる方法は前述の例のように，その構成がほとんど自明である場合を除いてあまり有効ではない．Svane と Gunnarsson[*4]は遷移金属酸化物 VO ～ CuO にこの方法を適用し VO は非磁性金属，MnO ～ CuO は反強磁性絶縁体が基底状態になることを示した．またバンド・ギャップや磁気モーメントに関しても局所密度近似の結果と比較して大きく改良された結果を得ている（**表9.2**）．さらに La_2CuO_4 についても同様の計算が実行され，反強磁性絶縁体状態のバンド・ギャップについて良い結果が得られている[*5]．これらの反強磁性絶縁体に関しては，遷移金属または Cu の d 軌道に対してのみ自己相互作用補正を行う結果が，全エネルギーの値

[*4] A. Svane and O. Gunnarsson, Phys. Rev. Lett. **65**, 1148 (1990).
[*5] A. Svane, Phys. Rev. Lett. **68**, 1900 (1992).

9.1 交換相関ポテンシャルの不連続性と自己相互作用

表9.2 LSD, SIC-LSD, LSDA+U および実験による酸化物遷移金属のバンド・ギャップ (ε_G) と磁気モーメント (m).

	ε_G (eV)					$m(\mu_\mathrm{B})$				
	LSD	SIC-LSD *	SIC-LSD **	LSDA+U ***	実験	LSD	SIC-LSD *	SIC-LSD **	LSDA+U ***	実験
VO	0.0	0.0			0.0	0.0	0.0			0.0
CrO	0.0	1.01				2.99	3.49			
MnO	0.8	3.98	6.5	3.5	3.6 ∼ 3.8	4.39	4.49	4.7	4.61	4.79
FeO	0.0	3.07	6.1	3.2		3.42	3.54	3.7	3.62	3.32
CoO	0.0	2.81	5.3	3.2	2.4	2.33	2.53	2.7	2.63	3.35
NiO	0.2	2.54	5.6	3.1	4.3, 4.0	1.04	1.53	1.7	1.59	1.77
CuO	0.0	1.43		1.9	1.37	0.0	0.65		0.74	0.65

 *) A. Svane and O. Gunnarsson, Phys. Rev. Lett. **65**, 1148 (1990).
) M. Arai and T. Fujiwara, Phys. Rev. B51**, 1477 (1995).
 ***) V. I. Anisimov, J. Zaanen and O.K. Andersen, Phys. Rev. B**44**, 943 (1991).

から判断して最適解であるとしている.

しかし, 注意深い計算ではこれらの結果は自己相互作用補正を入れる以前の局所密度近似でのポテンシャルの形あるいはポテンシャルの非球対称成分の取り扱いに微妙に影響されていることが示されている. これは自己相互作用補正を加えたときの波動関数の形の合否を判定するほどの精度がエネルギーの絶対値にないことによる. むしろ絶縁体となるものに対して, エネルギー的判定を行うことなくすべての軌道に自己相互作用補正を加え局在化した最適解を用いると, 占有状態の成分については電子分光実験の結果と良い一致を示す結果が得られる. 一方でバンド・ギャップは実験値より大きくなってしまう[*6]. 自己相互作用補正を加えた電子間相互作用に対して遮蔽効果が十分でなく, 自己相互作用補正がむしろ大きくなりすぎているためのように見える. さらに自己相互作用補正という形で局所密度近似に対する拡張を行うと, 問題の所在を不明確にしてしまうという欠点があることには注意しなくてはならない.

 f電子系である希土類金属およびその化合物については, d電子系とは異なった興味深い物性がある. セリウムCeは圧力あるいは温度変化のもとで, fccからfccへの構造相転移が存在する. 低温・常圧下では α 相が基底状態であるが,

---

[*6] M. Arai and T. Fujiwara, Phys. Rev. B**51**, 1477 (1995).

室温では γ 相が安定である. 室温 γ 相では, 8 kbar の圧力の下で 14.8% の体積収縮を伴い α 相へ転移する. γ 相 Ce では f 電子は局在してスピンおよび軌道磁気モーメントの寄与 $J = 5/2\mu_B$ に対応するキュリー・ワイス型磁化率を示すが, α 相ではパウリ常磁性で f 電子は伝導電子として振る舞う. セリウム・プニクタイドと呼ばれる一連のセリウム化合物 (CeN, CeP, CeAs, CeSb, CeBi など) も特異な物性を示す. これらの物質は低温では NaCl 型結晶構造をとり, 圧力下で多様な構造相転移を示す. これも Ce と同様な f 電子の電子構造変化 (局在・非局在転移) に伴うものと考えられる.

セリウムおよびセリウム化合物では, セリウムの f 電子にのみ自己相互作用補正を取り込み, 他は拡がった軌道であると仮定して取り扱われている[*7]. このとき格子定数の関数として系の全エネルギーが変化し, LSDA の解と LSDA–SIC の解の間で最低エネルギー状態が入れ替わる. すなわち α 相と γ 相はそれぞれ, LSDA の非局在の解と LSDA–SIC の局在の解が最低エネルギー状態になっているものに対応している. ただし計算では体積収縮は 24% と, 実験値よりはるかに大きくなっている. f 電子系では局在した後の f 状態は深い準位に変わるので, 全エネルギー見積に関して d 電子系で見られた困難はない.

9.2 軌道依存汎関数を用いる方法

9.2.1 最適化された有効ポテンシャルの方法

9.1.1 項で示したように, 絶縁体では本来, 1 電子ポテンシャルに跳びがなくてはならない. しかしコーン・シャム・ポテンシャルにそれは見られない. 自己相互作用補正 (SIC) の方法では, 交換相関ポテンシャルは, 個々の軌道に依存した. そもそも全エネルギーが電子密度の汎関数である必要性は必ずしもない, という考えから交換相関エネルギー汎関数を $E_{\rm xc}[\{\psi_{i\sigma}\}]$ と書いたらどうなるか, ということが検討された. これが**最適化された有効ポテンシャルの方法** (Optimized Effective Potential method (OEP 法)) である[*8]. 交換相関ポテ

[*7] A. Svane, Phys. Rev. Lett. **72**, 1248 (1994); A. Svane, Phys. Rev. B**53**, 4275 (1996); A. Svane, Z. Szotek, W. M. Temmerman and H. Winter, Solid State Commun. **102**, 473 (1997).

9.2 軌道依存汎関数を用いる方法

ンシャルを計算すると次のようになる.

$$v_{\text{xc}\sigma}^{\text{OEP}}(\boldsymbol{r}) = \frac{\delta E_{\text{xc}}^{\text{OEP}}[\{\psi_{i\sigma}\}]}{\delta \rho_\sigma(\boldsymbol{r})}$$

$$= \sum_{\alpha=\uparrow,\downarrow} \sum_{\beta=\uparrow,\downarrow} \sum_i^{\text{occupied}} \int d\boldsymbol{r}' \int d\boldsymbol{r}'' \times$$

$$\left\{ \frac{\delta E_{\text{xc}}^{\text{OEP}}[\{\psi_{i\sigma}\}]}{\delta \psi_{i\alpha}(\boldsymbol{r}')} \cdot \frac{\delta \psi_{i\alpha}(\boldsymbol{r}')}{\delta v_\beta^{\text{KS}}(\boldsymbol{r}'')} + c.c. \right\} \frac{\delta v_\beta^{\text{KS}}(\boldsymbol{r}'')}{\delta \rho_\sigma(\boldsymbol{r})} \quad (9.6)$$

$E_{\text{xc}}^{\text{OEP}}[\{\psi_{i\sigma}\}]$ は与えられるべきものであり, $v_\beta^{\text{KS}}(\boldsymbol{r})$ は $\{\psi_{i\alpha}\}$ を決めるコーン・シャム・ポテンシャルである. ここに出てきた量は既知のものばかりである. 例えば, 摂動論 (3.61) の結果により

$$\frac{\delta \psi_{i\alpha}(\boldsymbol{r}')}{\delta v_\beta^{\text{KS}}(\boldsymbol{r})} = \delta_{\alpha,\beta} \sum_{k(\neq i)}^{\text{all}} \frac{\psi_{k\sigma}(\boldsymbol{r}')\psi_{k\sigma}^*(\boldsymbol{r})}{\varepsilon_{i\sigma} - \varepsilon_{k\sigma}} \cdot \psi_{i\sigma}(\boldsymbol{r}) \quad (9.7)$$

であるし, さらにそれを用いれば密度応答関数の部分も計算される.

$$\chi_{\alpha\beta}^{\text{KS}}(\boldsymbol{r},\boldsymbol{r}') = \frac{\delta \rho_\alpha(\boldsymbol{r}')}{\delta v_\beta^{\text{KS}}(\boldsymbol{r})} = \sum_i^{\text{occupied}} \frac{\delta \psi_{i\alpha}(\boldsymbol{r}')}{\delta v_\beta^{\text{KS}}(\boldsymbol{r})} \psi_{i\alpha}^*(\boldsymbol{r}') + c.c. \quad (9.8)$$

(9.6) 式では, $v_{\text{xc}\sigma}^{\text{OEP}}(\boldsymbol{r})$ はすべての占有状態に関する依存性を持ったポテンシャル項の平均となる. 交換相関エネルギー $E_{\text{xc}}^{\text{OEP}}[\{\psi_{i\sigma}\}]$ は例えば, 厳密な交換エネルギーおよび RPA による相関エネルギーの和と仮定する[*9].

以上が OEP 法の概略であり, 極めて一般的な枠組みとなる. 具体的な結果は LDA に比べ, 半導体のバンドギャップや遷移金属の磁気モーメントの大きさは改善される. しかし計算の負荷が重く, 計算例は多くはない.

[*8] J. B. Krieger, Y. Li and G. J. Iafrate, Phys. Rev. A**45**, 102 (1992); Y. Li, J. B. Krieger and G. J. Iafrate, Phys. Rev. A**47**, 165 (1993); T. Grabo, T. Kreibich, S. Kurth and E. K. U. Gross, in *Strong coulomb, correlations in electronic structure calculation*, p. 203, Edited by V. I. Anishimov Gordon and Breach (2000).

[*9] T. Kotani, J. Phys. Condens. Matter **10**, 9241 (1998).

9.2.2 LSDA+U 法

局所密度近似は一様電子ガスを出発とする平均場近似であるため,電子あるいはスピン密度揺らぎの効果が取り入れられていない.これに対して電子軌道が局在化した規格直交基底で表されているなら,密度汎関数に電子およびスピン密度による電子間クーロン反発および交換相互作用からの寄与をあからさまに書き,その代わりそれらの平均を差し引いておくことにより,スピン密度の揺らぎの効果を取り入れることができる[*10].これを LDA+U 法あるいは LSDA+U 法という.

スピン σ を持った電子の密度 $n_\sigma(\boldsymbol{r})$ および電子密度行列 $n_{mm'}^\sigma$

$$n_{mm'}^\sigma = -\frac{1}{\pi}\int^{E_\mathrm{F}} dE\ \mathrm{Im}\ G_{ilm;ilm'}^\sigma(E) = \sum_{n\boldsymbol{k}}\langle\phi_m^\sigma|\psi_{n\boldsymbol{k}}\rangle\langle\psi_{n\boldsymbol{k}}|\phi_{m'}^\sigma\rangle \tag{9.9}$$

に対して次のようなエネルギー汎関数を導入することによりハミルトニアンの軌道に対するユニタリ不変性を保存した議論を行うことができる.

$$E^{\mathrm{LSDA}+U}[\{n_\sigma\},\{n_{mm'}^\sigma\}] = E^{\mathrm{LSDA}}[\{n_\sigma\}] + E^U[\{n_{mm'}^\sigma\}] - E_\mathrm{dc}[\{n_{mm'}^\sigma\}]. \tag{9.10}$$

$E^U[\{n_{mm'}^\sigma\}]$ および $E_\mathrm{dc}[\{n_{mm'}^\sigma\}]$ はハートリー・フォック型の電子・電子相互作用およびそれの平均である.この平均部分が LSDA のハミルトニアン中には考慮されているとしてそれを引き去り,新たに E^U を加えた.

$$\begin{aligned}
E^U[\{n_{mm'}^\sigma\}] &= \frac{1}{2}\sum_{\{m\}\sigma}\Big\{\langle mm''|V_\mathrm{e\text{-}e}|m'm'''\rangle n_{mm'}^\sigma n_{m''m'''}^{-\sigma} \\
&\quad + \big(\langle mm''|V_\mathrm{e\text{-}e}|m'm'''\rangle - \langle mm''|V_\mathrm{e\text{-}e}|m'''m'\rangle\big)n_{mm'}^\sigma n_{m''m'''}^\sigma\Big\}, \\
E_\mathrm{dc}[\{n_{mm'}^\sigma\}] &= \frac{1}{2}Un(n-1) - \frac{1}{2}J\Big[n_\uparrow(n_\uparrow-1) + n_\downarrow(n_\downarrow-1)\Big].
\end{aligned} \tag{9.11}$$

これに対して変分によりコーン・シャム・ポテンシャルを導くと

[*10] V. I. Anisimov, J. Zaanen and O. K. Andersen, Phys. Rev. B**44**, 943 (1991); V. I. Anisimov, I. V. Solovyev, M. A. Korotin, M. T. Czyzyk and G. A. Sawatzky, Phys. Rev. B**48**, 16929 (1993); A. I. Lichtenstein, V. I. Anisimov and J. Zaanen, Phys. Rev. B**52**, R5467 (1995).

$$V_{mm'}^{\sigma} = V_{\text{LSDA}}^{\sigma}\delta_{mm'} + \sum_{m''m'''}\Big\{\langle mm''|V_{\text{e-e}}|m'm'''\rangle n_{m''m'''}^{-\sigma}$$
$$+\Big(\langle mm''|V_{\text{e-e}}|m'm'''\rangle - \langle mm''|V_{\text{e-e}}|m'''m'\rangle\Big)n_{m''m'''}^{\sigma}\Big\}$$
$$+\{-U(n-\frac{1}{2})+J(n_\sigma-\frac{1}{2})\}\delta_{mm'} \tag{9.12}$$

を得る.電子・電子相互作用 $\langle mm''|V_{\text{e-e}}|m'm'''\rangle$ および U, J は遮蔽効果を考慮した有効スレーター積分 F^0, F^2, F^4

$$F^k(l,l) = e^2\int \mathrm{d}r_1 r_1^2 \int \mathrm{d}r_2 r_2^2 \frac{r_<^k}{r_>^{k+1}} R_l(r_1)^2 R_l(r_2)^2,$$
$$r_> = \text{Max}(r_1,r_2), \quad r_< = \text{Min}(r_1,r_2)$$

で次のように書き表すことができる.

d–d 相互作用
$$U = F^0(\text{d},\text{d})\,, \tag{9.13}$$
$$J = \frac{1}{14}(F^2(\text{d},\text{d}) + F^4(\text{d},\text{d})) \tag{9.14}$$

f–f 相互作用
$$U = F^0(\text{f},\text{f})\,, \tag{9.15}$$
$$J = \frac{2}{45}F^2(\text{f},\text{f}) + \frac{1}{33}F^4(\text{f},\text{f}) + \frac{50}{1287}F^6(\text{f},\text{f})\,. \tag{9.16}$$

上の式では,多重占有軌道に関してはクーロン反発によるエネルギーの損および交換相互作用によるエネルギーの得が取り込まれている.さらに,上で定義した LSDA+U の定式化は軌道のユニタリ変換に関して不変であり,また d 電子軌道の占有がちょうど半分であるときには全エネルギーは LSDA でのそれに一致する.(9.12) 式を書き換えると,占有状態と非占有状態の間に軌道 m に依存する,$(U-J/2)(1/2-n_{mm}^{\sigma})$ の不連続なポテンシャルの跳び,すなわち自己相互作用補正が $n_{mm}^{\sigma}=0, 1$ の間に存在する.

スレーター積分 F^k あるいはクーロン相互作用 U および交換相互作用 J は後で述べる方法により密度汎関数理論の枠内で求めることができる.そのため,バンド・ギャップの値には遮蔽効果が十分取り込まれ実験と良い一致を示す.表

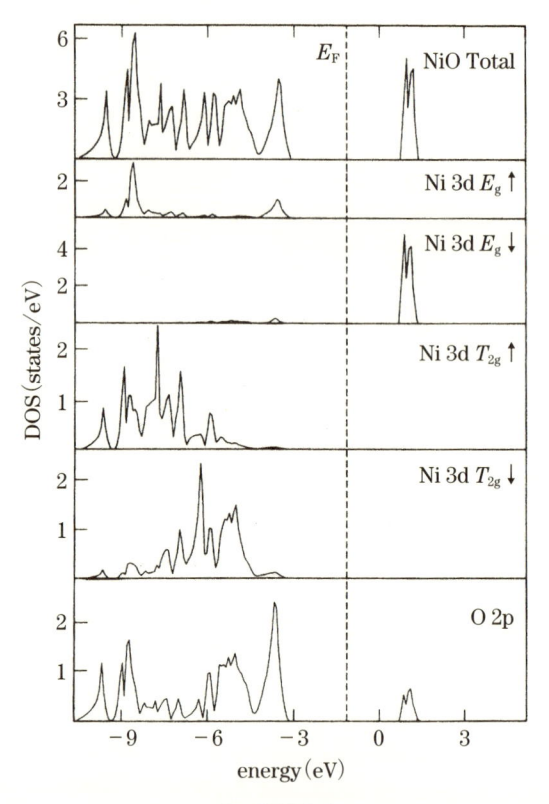

図 9.1 LSDA+U による NiO の電子状態密度 (V. I. Anisimov, J. Zaanen and O. K. Andersen, Phys. Rev. B**44**, 943 (1991)).

9.2 に LSDA+U によって求められた遷移金属酸化物のバンド・ギャップおよび磁気モーメントを示した．**図 9.1** に反強磁性 NiO の電子状態密度を示す．この図で見ることができるように絶縁体相での結果は満足のいくものであり，問題はむしろ金属・絶縁体転移近傍の金属側にある．LSDA+U では動的相関（多体相関による電荷とスピンの動的揺らぎ）が無視されているからである．

9.3 ヘディンの方程式と GW 近似

9.3.1 ヘディンの方程式

密度汎関数理論は基底状態の取り扱いであって，励起状態については何も述べていない．しかし実際には，実験による励起スペクトルとコーン・シャム方程式から付随的に得られる高いエネルギー状態のスペクトルは類似している．より一般的な立場から 1 電子励起スペクトルを取り扱う試みのひとつである GW 近似について説明しよう[*11]．

相互作用している N 電子系の 1 粒子グリーン関数

$$G(\boldsymbol{r}t, \boldsymbol{r}'t') = -i\langle N|T[\psi(\boldsymbol{r},t)\psi^\dagger(\boldsymbol{r}',t')]|N\rangle \tag{9.17}$$

$$G(\boldsymbol{r},\boldsymbol{r}';\omega) = \int_C \frac{A(\boldsymbol{r},\boldsymbol{r}';\omega')}{\omega - \omega'} d\omega' \tag{9.18}$$

を考える．ここでスペクトル関数は

$$\int_{-\infty}^{\infty} A(\boldsymbol{r},\boldsymbol{r}';\omega) d\omega = \delta(\boldsymbol{r}-\boldsymbol{r}') \tag{9.19}$$

を満足する．積分路 C は複素 ω 平面上の実軸に沿っていて（図 9.2），$\omega' < \varepsilon_F$ では実軸のわずか上を，$\omega' > \varepsilon_F$ で実軸のわずか下を通る．一般に，グリーン関数 G は $\omega < \varepsilon_F$ のとき ω 下半平面で正則，$\omega > \varepsilon_F$ のとき ω 上半平面で正則となる．これは (9.18) 式で $\omega' \to \omega' - i(\omega' - \varepsilon_F)\delta$ と置き換えて（$\delta > 0$），ω' の積分を実軸上で行うことに等価である．

[*11] L. Hedin, Phys. Rev. **139**, A796 (1965); M. S. Hybertsen and S. G. Louie, Phys. Rev. B**34**, 5390 (1986); R. W. Godby, M. Schlüter and L. S. Sham, Phys. Rev. B**37**, 10157 (1988); F. Aryasetiawan, Phys. Rev. B**46**, 13051 (1992); R. Del Sole, L. Reining and R. W. Godby, Phys. Rev. B**49**, 8024 (1994); F. Aryasetiawan and O. Gunnarsson, Phys. Rev. Lett. **74**, 3221 (1995); F. Aryasetiawan, L. Hedin and K. Karlsson, Phys. Rev. Lett. **77**, 2268 (1996); 最近の成果に関するレビューとしては，F. Aryasetiawan and O. Gunnartsson, Rep. Prog. Phys. **61**, 237 (1998); F. Aryasetiawan, in *Strong coulomb correlations in electronic structure calculations*, Edited by V. I. Anishimov, Gordon and Breach (2000) p.1.

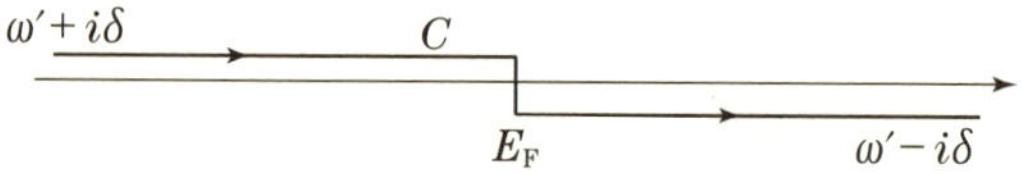

図9.2 グリーン関数 $G(\omega)$ の積分路 C.

グリーン関数 $G(\boldsymbol{r},\boldsymbol{r}';\omega)$ の運動方程式は，$h(\boldsymbol{r})$ をハミルトニアン中の 1 電子オペレーターとすると

$$\{\omega - h(\boldsymbol{r}) - v_H(\boldsymbol{r})\}G(\boldsymbol{r},\boldsymbol{r}';\omega) - \int d\boldsymbol{r}''\Sigma(\boldsymbol{r},\boldsymbol{r}'';\omega)G(\boldsymbol{r}'',\boldsymbol{r}';\omega) = \delta(\boldsymbol{r},\boldsymbol{r}') \tag{9.20}$$

と書くことができる．$v_H(\boldsymbol{r})$ はハートリー・ポテンシャルである．スペクトル関数を求めるには，**準粒子** (quasi-particle) **状態** $\varphi_{\boldsymbol{k}}(\boldsymbol{r})$ の波動方程式

$$\{E_{\boldsymbol{k}} - h(\boldsymbol{r}) - v_H(\boldsymbol{r})\}\varphi_{\boldsymbol{k}}(\boldsymbol{r}) - \int d\boldsymbol{r}'\Sigma(\boldsymbol{r},\boldsymbol{r}';E_{\boldsymbol{k}})\varphi_{\boldsymbol{k}}(\boldsymbol{r}') = 0 \tag{9.21}$$

を解けばよい．自己エネルギー $\Sigma(\boldsymbol{r},\boldsymbol{r}';\omega)$ の虚数部分が無視できる場合にはスペクトル関数は

$$A(\boldsymbol{r},\boldsymbol{r}';\omega) = \varphi_{\boldsymbol{k}}(\boldsymbol{r})\varphi_{\boldsymbol{k}}^*(\boldsymbol{r}')\delta(\omega - E_{\boldsymbol{k}})$$

であり，グリーン関数は

$$G(\boldsymbol{r},\boldsymbol{r}';\omega) = \sum_{\boldsymbol{k}} \frac{\varphi_{\boldsymbol{k}}(\boldsymbol{r})\varphi_{\boldsymbol{k}}^*(\boldsymbol{r}')}{\omega - E_{\boldsymbol{k}} - i0_+ \mathrm{sgn}(\varepsilon_F - E_{\boldsymbol{k}})} \tag{9.22}$$

となる．

自己エネルギー $\Sigma(\boldsymbol{r},\boldsymbol{r}';\omega)$ は次のように，動的遮蔽効果を取り入れて求められる．遮蔽されたクーロン相互作用 $W(1,2)$ は

$$W(1,2) = v(1,2) + \int d(3,4)v(1,3)P(3,4)W(4,2) = \int d(3)v(1,3)\varepsilon^{-1}(3,2) \tag{9.23}$$

である．ここには動的効果も含まれ，また数字は空間座標，スピン座標，時間をまとめ $(1) \equiv (\boldsymbol{r},\sigma,t)$ としている．積分 $\int d(1)$ は $\sum_{\sigma_1} \int d\boldsymbol{r}_1 \int dt_1$ を省略して書いた．既約な分極プロパゲーター $P(1,2)$ は

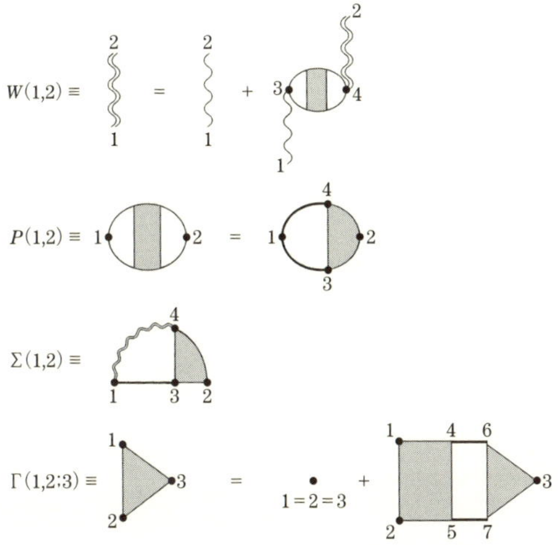

9.3 ヘディンの方程式と GW 近似

図 9.3 多電子相関のファインマン図形による表現. 各々 (9.23), (9.24), (9.25), (9.26) 式に対応する.

$$P(1,2) = -i \int d(3,4) G(1,3) G(4,1^+) \Gamma(3,4;2) \tag{9.24}$$

であり $1^+ = (\boldsymbol{r}_1, \sigma_1, t_1 + \delta)$. 自己エネルギーは

$$\Sigma(1,2) = i \int d(3,4) G(1,3) \Gamma(3,2;4) W(4,1^+) \tag{9.25}$$

と計算される. (9.24) 式に含まれる $\Gamma(1,2;3)$ は, **バーテックス (vertex) 関数**といい, 自己エネルギーを用いて

$$\Gamma(1,2;3) = \delta(1,2)\delta(1,3) + \int d(4,5,6,7) \frac{\delta \Sigma(1,2)}{\delta G(4,5)} G(4,6) G(7,5) \Gamma(6,7;3) \tag{9.26}$$

と定義される. (9.23), (9.24), (9.25), (9.26) 式をファインマン図形で書くと**図 9.3** となる. これらを用いるとグリーン関数の満たすべき**ダイソン (Dyson) 方程式**は

$$G = G_0 + G_0 \Sigma G \tag{9.27}$$

と書かれる．(9.23), (9.24), (9.25), (9.26), (9.27) 式を連立して解かねばならない．この連立方程式を**ヘディン** (Hedin) **の式**という．バーテックス関数および自己エネルギーを遂次的に書き下すならば，

$$\begin{cases} \Gamma_{(1)} = 1 \\ \Sigma_{(1)} = iGW \end{cases} \Rightarrow \begin{cases} \Gamma_{(2)} = 1 + iGWG \\ \Sigma_{(2)} = iGW + (iGW)(iGW) \end{cases}$$
$$\Rightarrow \quad \Sigma = iGW + (iGW)(iGW) + (iGW)(iGW)(iGW) + \cdots \tag{9.28}$$

である．

9.3.2 GW近似

ここで最も低次の近似を採用し，かつグリーン関数と遮蔽クーロン相互作用にハートリー・フォック近似のそれらを用いるものを，**GW近似**と呼ぶ．G,W はグリーン関数と遮蔽されたクーロン相互作用を意味し，文字通り自己エネルギーの近似の形を示す．

$$\Sigma = iG_0^{\mathrm{HF}} W^{\mathrm{HF}}. \tag{9.29}$$

一般に自己エネルギーを実部と虚部に分けて $\Sigma = \mathrm{Re}\Sigma + i\mathrm{Im}\Sigma$ と書くと，

$$\Sigma(\boldsymbol{k}, \omega) = \varepsilon_{\mathrm{HF}}^{\mathrm{x}} + \frac{1}{\pi} \int_C \frac{|\mathrm{Im}\Sigma(\boldsymbol{k}, \omega')|}{\omega - \omega'} d\omega' \tag{9.30}$$

となる．$\varepsilon_{\mathrm{HF}}^{\mathrm{x}}$ はハートリー・フォック近似での交換エネルギーである．フェルミ・エネルギー近傍では

$$|\mathrm{Im}\Sigma(\boldsymbol{k}, \omega)| \sim (\omega - \varepsilon_{\mathrm{F}})^2 \tag{9.31}$$

であり，さらに ε_{F} から離れると $\mathrm{Im}\Sigma$ はゼロになる．これらのことから大ざっぱに言えば

$$\begin{aligned} \omega &< \varepsilon_{\mathrm{F}} \;:\; \mathrm{Re}\Sigma - \varepsilon_{\mathrm{HF}}^{\mathrm{x}} < 0 \\ \omega &> \varepsilon_{\mathrm{F}} \;:\; \mathrm{Re}\Sigma - \varepsilon_{\mathrm{HF}}^{\mathrm{x}} > 0 \end{aligned} \tag{9.32}$$

であることがわかる．(9.31) 式ような簡単な取り扱いでも，自己エネルギー Σ はバンド・ギャップを境にして，その下ではバンドを押し下げ，上では押し

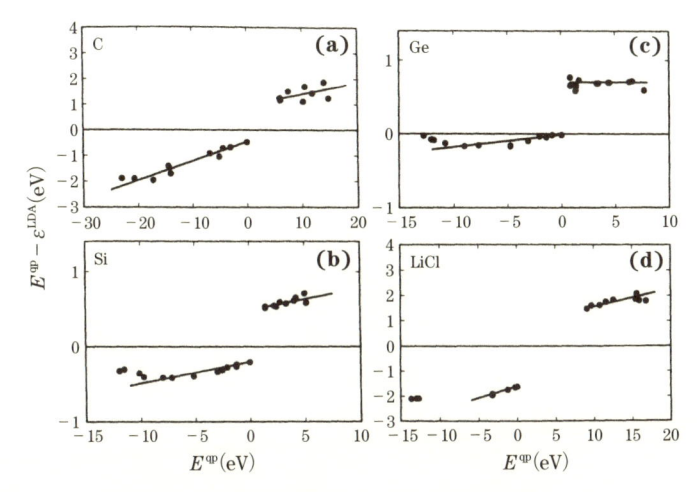

図 9.4 (a) C, (b) Si, (c) Ge, (d) LiCl の, GW 近似による自己エネルギーのエネルギー依存性 (M. S. Hybertsen and S. Louie, Phys. Rev. B**34**, 5390 (1986)).

上げる．またギャップ・エネルギーは密度汎関数理論に比べて著しく改善されるが，このとき波動関数はほとんど変化しないことも好ましい．例として自己エネルギーのエネルギー依存性を図 9.4 に示す．また GW 近似によるバンド・ギャップの改善の様子を図 9.5 に示す．GW 近似が良い結果を与えるのは，そもそも LDA の結果が良い結果を与えている場合が多い．しかし絶縁体であるべきなのに LDA の結果が金属になってしまう遷移金属酸化物のいくつか（例えば $LaNiO_3$, $LaFeO_3$）や，LSDA 計算ではかろうじてバンド・ギャップが開き反強磁性絶縁体となるが価電子帯のトップの波動関数の由来が正しく得られない NiO などでは良い結果を与えない．

先に説明した LSDA+U は GW 近似の静的極限として得ることができる．GW 近似の延長についても，近年様々なものが試みられている．例えば，LDA+U から出発して GW 近似を行う U+GWA[*12]，GW 近似にバーテックス補正を

[*12] S. Kobayashi, Y. Nohara, S. Yamamoto and T. Fujiwara, Phys. Rev. B**78**, 155112 (2008); Y. Nohara, S. Yamamoto and T. Fujiwara, Phys. Rev. B**79**, 195110 (2009).

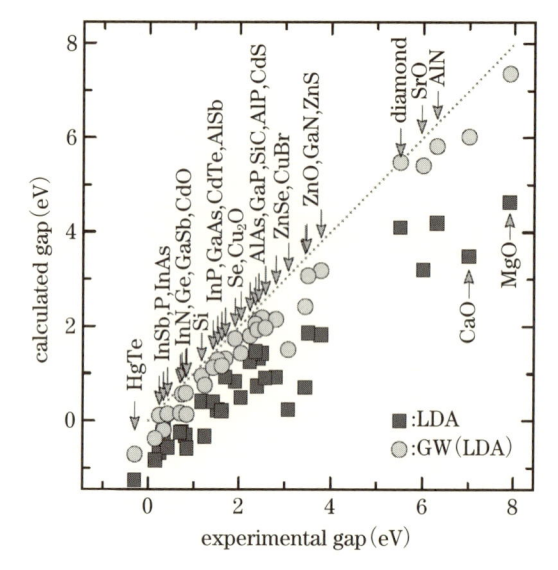

194　第9章　密度汎関数理論を超えて

図9.5　種々の半導体，絶縁体のバンド・ギャップ．横軸に実験値，縦軸にLDA (□) またはGW近似 (○) の結果を示したもの．両者が一致すれば45度の直線 (点線) にのる．GW近似の結果には全体的に実験値との大きな改善が見られる (M. van Schilfgaarde, T. Kotani and S. Faleev, Phys. Rev. Lett. **96**, 226402 (2006)).

取り入れる近似であるGWΓ法[*13]，電子–電子相互作用，正孔–正孔相互作用を与える格子ダイアグラムを取り入れたGW+T近似[*14]電子–正孔相互作用 (励起子効果) を取り入れるためにGW近似を行ったあとベーテ・サルピーター (Bethe–Salpeter) 方程式を解くGW–BSE法[*15]，等である．

[*13] A. J. Morris et al., Phys. Rev. B**76**, 155106 (2007).
[*14] M. Springer, F. Aryasetiawan and K. Karlsson, Phys. Rev. B**80**, 2389 (1998).
[*15] J. C. Grossman, M. Rohlfing, L. Mitas, S. G. Louie and M. L. Cohen, Phys. Rev. Lett. **86**, 472 (2001).

9.4 クーロン相互作用 U

遷移金属酸化物，希土類金属化合物など，電子相関が大きい物質における光電子分光スペクトルの解析などに関してはコーン・シャム方程式では取り扱うことができない．実験で見いだされるスペクトルは多電子のものであり多重項構造と終状態相互作用（励起子効果）が現れる一方，コーン・シャム方程式が与えるスペクトルは平均場近似に基づく基底状態の1電子スペクトルだからである．しかし，密度汎関数理論そのものは基底状態の電子密度関数が与えられれば正しく，ハバード模型やアンダーソン模型などモデル・ハミルトニアンのパラメーターも，密度汎関数理論により初めて求められる[*16]．また，電子相関の強い物質系の場合にも格子定数や弾性的性質については実験とよく一致する結果を与えることは注目されるべきである．

9.4.1 遮蔽されたクーロン相互作用

Constraint-LDA の方法

クーロン相互作用パラメーター U は，基底状態 d^n に対する励起状態 d^{n+1} および d^{n-1} のエネルギーから

$$U = E_{\text{LDA}}(n_{\text{d}}+1) + E_{\text{LDA}}(n_{\text{d}}-1) - 2E_{\text{LDA}}(n_{\text{d}}) \simeq \frac{\partial^2 E_{\text{LDA}}}{\partial n_{\text{d}}^2} \quad (9.33)$$

と求められる[*17]．ただし，単純に全系の電子数を1個加えたり除いたりすると，s, p 軌道とd 軌道の間で電子が流れ込んだり流れ出たりするから，そうならないように s, p 軌道とd 軌道の間の電子の移動を禁じておく必要がある．すなわ

[*16] A. K. McMahan, R. M. Martin and S. Satpathy, Phys. Rev. B**38**, 6650 (1988); M. S. Hybertsen, M. Schlüter and N. E. Christensen, Phys. Rev. B**39**, 9028 (1989); O. Gunnarsson, J. W. Allen, O. Jepsen, T. Fujiwara, O. K. Andersen, C. G. Olsen, M. B. Maple, J.-S. Kang, L. Z. Liu, J.-H. Park, R. O. Anserson, W. P. Ellis, R. Liu, J. T. Markert, Y. Dalichaouch, Z.-X. Shen, P. A. P. Lindberg, B. O. Wells, D. S. Dessau, A. Borg, I. Lindau and W. E. Spicer, Phys. Rev. B**41**, 4811 (1990).

[*17] C. Herring, in *Magnetism*, Edited by Rado and H. Suhl, Academic Press (1966), Vol.IV.

ち，局在軌道 (d) と他の軌道との混じりをゼロとした上で，各原子領域（ウィグナー・ザイツ胞）内の電子数について $\int_{WS} n_{\rm sp}(\bm{r}){\rm d}\bm{r} = $ 一定 という束縛条件の下でエネルギーの極値を求める．具体的には

$$E_{\rm LDA}[n] - \lambda \int_{WS} n_{\rm sp}(\bm{r}){\rm d}\bm{r} \tag{9.34}$$

において，λ を変化させることによって $\int n_{\rm sp}{\rm d}\bm{r}$ を一定に保ち，全エネルギーを求める．そのエネルギーの $n_{\rm d}$ 依存性から電子間相互作用 U が計算される．このようにして密度汎関数理論の枠内で，クーロン相互作用パラメター U の値が決められる[18]．これを Constraint–LDA の方法と呼んでいる．

RPA 遮蔽クーロン相互作用

電子が感じるクーロン相互作用の大きさは，その電子がどのような励起エネルギーを伴うものであるか，あるいは言い換えると，どの程度の時間の現象であるかに依存している．例えば非常に短い時間の現象（大きな励起エネルギーを伴う）であるならば，電子間クーロン相互作用を遮蔽する時間はないため，生のクーロン相互作用が現れてくる．一方，長い時間の現象であるなら電子励起に伴う正孔を遮蔽するに十分な時間があり，(金属であれば) 伝導電子が遮蔽のための再配置を行うことができるので，現れてくるクーロン相互作用は遮蔽されて小さな値になっているはずである．原子の波動関数を使ってクーロン U の大きさを計算すれば，3d 遷移金属ではおおむね 15 eV 程度の値となるが，一方で LDA+U の計算で反強磁性絶縁体の計算をするときには約 7 eV 程度に決める．また金属状態の 3d 遷移金属単体結晶では，数 eV 程度の大きさが妥当とされている．

$\bm{k}, n$ を波数ベクトルおよびバンド・インデックスとして分極関数 $P(\bm{r}, \bm{r}'; \omega)$ は，RPA の下で次のように定義される．

$$P(\bm{r}, \bm{r}'; \omega) = \sum_{\bm{k}n}^{\rm occupied} \sum_{\bm{k}'n'}^{\rm unoccupied} \psi_{\bm{k}n}(\bm{r})\psi_{\bm{k}n}(\bm{r}')^* \psi_{\bm{k}'n'}(\bm{r}')\psi_{\bm{k}'n'}(\bm{r})^*$$

---

[18] O. Gunnarsson, O. K. Andersen, O. Jepsen and J. Zaanen, Phys. Rev. B**39**, 1789 (1989); I. V. Solovyev and P. H. Dederichs, Phys. Rev. B**49**, 6736 (1994).

$$\times \left[\frac{1}{\omega - E_{\mathbf{k}'n'} + E_{\mathbf{k}n} + i\delta} - \frac{1}{\omega + E_{\mathbf{k}'n'} - E_{\mathbf{k}n} - i\delta} \right] . \tag{9.35}$$

分極関数 P を d–d 遷移に対応する部分 P_d とそれ以外 P_r に分ける．d–d 電子間の直接の分極以外のすべての分極過程を遮蔽効果として含んでいる意味で r (rest) の添え字を付けた．我々の理論の枠組みの中に現れるクーロン相互作用の強さ U は，d 電子同士の間に働くクーロン相互作用であり，d 電子とそれ以外の電子との間に働く分極は遮蔽効果として働くべきものである．そのように考えれば以下のように計算を進めることができる．

$$\begin{aligned} W &= \{1 - vP\}^{-1}v = \{1 - vP_\mathrm{d} - vP_\mathrm{r}\}^{-1}v \\ &= \{1 - (1 - vP_\mathrm{r})^{-1}vP_\mathrm{d}\}^{-1}(1 - vP_\mathrm{r})^{-1}v = \{1 - W_\mathrm{r}P_\mathrm{d}\}^{-1}W_\mathrm{r} \end{aligned} \tag{9.36}$$
$$W_\mathrm{r} = (1 - vP_\mathrm{r})^{-1}v. \tag{9.37}$$

ここで定義した W_r が我々のこれまで書いてきた U である．遮蔽された d–d 間クーロン相互作用は W_r によるものであり，したがって，局在した d 電子軌道 (原子軌道，マフィンティン軌道，ワニエ軌道など) を $\phi_i(\mathbf{r})$ 等と書いて，

$$U_{ii',jj'}(\omega) = \int d\mathbf{r} \int d\mathbf{r}' \phi_i^*(\mathbf{r})\phi_{i'}(\mathbf{r})W_\mathrm{r}(\mathbf{r},\mathbf{r}';\omega)\phi_j^*(\mathbf{r}')\phi_{j'}(\mathbf{r}') \tag{9.38}$$

となる．計算は複雑であるが実行可能である[*19]．図9.6には常磁性状態の Ni における，エネルギーに依存した遮蔽されたクーロン相互作用 $\langle\phi_\mathrm{d}\phi_\mathrm{d}|W_\mathrm{r}|\phi_\mathrm{d}\phi_\mathrm{d}\rangle$ を示す．低エネルギーに対応しては W_r は小さく，大きなエネルギーに対しては伝導電子による遮蔽はなくなって裸のクーロン相互作用になる様子が見られる．その他，様々な計算が進められている[*20]．

[*19] F. Aryasetiawan, M. Imada, A. Georges, G. Kotliar, S. Biermann and A. I. Lichtenstein, Phys. Rev. B**70**, 195104 (2004).

[*20] 3d 遷移金属化合物および Ce，Gd 等の U について F. Aryasetiawan, K. Karlsson, O. Jepsen and U. Schönberger, Phys. Rev. B**74**, 125106 (2006)；3d 遷移金属単体の U について T. Miyake and F. Aryasetiawan, Phys. Rev. B**77**, 085122 (2008)；LaTO_3 (T=Transition Metal elements) に関する計算は Y. Nohara, S. Yamamoto and T. Fujiwara, Phys. Rev. B**79**, 195110 (2009)；具体的な計算手法，特に Product Basis について，M. Springer and F. Aryasetiavan, Phys. Rev. B**57**, 4364 (1998).

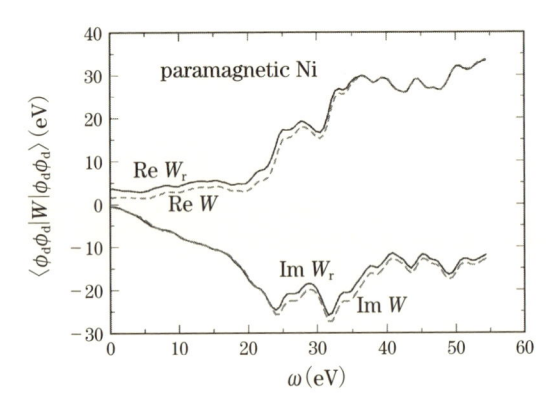

図9.6 常磁性状態の Ni における，エネルギーに依存した遮蔽されたクーロン相互作用 $\langle \phi_d \phi_d | W | \phi_d \phi_d \rangle$ (F. Aryasetiawan, M. Imada, A. Georges, G. Kotliar, S. Biermann and A. I. Lichtenstein, Phys. Rev. B**70**, 195104 (2004)).

9.5 量子モンテカルロ法

 密度汎関数理論とその枠組を拡大する試みの発展と並行して，最近は様々なモンテカルロ計算によるアプローチが提案され実行されている．密度汎関数理論によっては電子相関を満足のいく形で評価するのが難しい系については，直接に多電子波動関数を用いて様々な物理量を求めようという考えである．しかし，この方法は計算時間が系の大きさに対して急激に増大するので，多くの困難な課題を含んでいる．

 変分モンテカルロ法はその中でも直接的な方法であり，あるいは次に述べるグリーン関数モンテカルロ法の試行関数として変分モンテカルロ法によって求めた基底状態多電子波動関数を用いることも多い．これらの方法では規格化された N 電子変分波動関数 $\Psi(\boldsymbol{R})$ について全エネルギーを求める際に，$3N$ 次元積分をモンテカルロ法によって計算する．$\boldsymbol{R}$ は N 個の電子の座標をまとめて書いた $3N$ 次元位置ベクトルである．通常，$3N$ 次元空間における測度を

$$P(\boldsymbol{R}) = |\Psi(\boldsymbol{R})|^2 \tag{9.39}$$

として，メトロポリス・アルゴリズムが用いられる．実際の計算時間は，系の

全エネルギーの絶対値により収束性が支配され、系を構成する元素の原子番号 Z について $Z^{5.5}$ にしたがって増加すると報告されている。最近は、第一原理擬ポテンシャルを用い価電子のみを取り扱うことにより、現実的に興味のある物質系において計算が実行されている。

量子モンテカルロ法では通常、多電子波動関数を

$$\Psi(\boldsymbol{R}) = \Psi_J(\boldsymbol{R}) d^\uparrow(\boldsymbol{R}) d^\downarrow(\boldsymbol{R}) \tag{9.40}$$

と選ぶ。$d^\sigma(\boldsymbol{R})$ はスピン σ 成分に対するスレーター行列式であり、例えば局所密度汎関数理論(バンド計算)で求めたものを用いる。ジャストロ因子

$$\Psi_J(\boldsymbol{R}) = \exp\left[\sum_{\sigma i} \chi_\sigma(\boldsymbol{r}_i) - \sum_{\sigma \sigma' i < j} u_{\sigma \sigma'}(\boldsymbol{r}_{ij})\right] \tag{9.41}$$

によって電子間の相関を考慮する。$\boldsymbol{r}_i$ は電子の座標で $\boldsymbol{r}_{ij} = \boldsymbol{r}_i - \boldsymbol{r}_j$ である。(9.41) 式の $u_{ij} = u_{\sigma\sigma'}(\boldsymbol{r}_{ij})$ は 2 電子が互いに遠ざけ合う相関の自由度を与え、かつ非物理的な特異性を排除するカスプ条件を満たすように決められる。スレーター行列式に $\exp[-u_{ij}]$ をつけ加えるだけでは 1 電子密度が小さくなるのでそれをおぎなう自由度として χ が導入されている。χ と u が変分パラメーターを含んだ適当な関数である。固体に関する計算結果を**表9.3** にまとめておこう。これらの計算結果はたいへん良いように見える。しかし実際のところはまだまだ大きなエラー・バーがついた計算で、今後も計算の効率化などに様々な工夫が必要である。また重い元素で第一原理擬ポテンシャルの用いられないものについてはさらに新しい計算方法を開発する必要がある。

グリーン関数モンテカルロ法は ^{4}He あるいは簡単な分子や電子ガスあるいは最近では固体水素などに適用されてきた。ここでは多電子波動関数を多粒子の密度関数と見なし、その時間発展を虚時間の方向に追いかけることによって、問題を多粒子の拡散の問題に置き換える。今、時刻 $\tau = 0$ での波動関数を $\Psi_\mathrm{T}(\boldsymbol{R})$ とする。これが最初に仮定する試行関数であり、$\boldsymbol{R}$ は全粒子の座標すなわち粒子数を N として $3N$ 次元空間の座標である。虚時間 ($\tau = it$) のシュレディンガー方程式

$$\frac{\partial \Phi(\boldsymbol{R}, \tau)}{\partial \tau} = D \nabla^2 \Phi(\boldsymbol{R}, \tau) + [E_\mathrm{T} - V(\boldsymbol{R})] \Phi(\boldsymbol{R}, \tau) \tag{9.42}$$

表9.3 変分モンテカルロ法による格子間隔 a (Å) と体積剛性率 B(GPa) (S. Fahy, X. W. Wang and S. G. Louie, Phys. Rev. B**42**, 3503 (1990)).

	diamond	Si
a (実験値)	3.567	5.43
a (LDA)	3.516 *	5.40 **
a (変分 MC)	3.54	5.40
B (実験値)	443	98.8
B (LDA)	503 *	94 **
B (変分 MC)	420	108

*) J. L. Martin and A. Zunger, Phys. Rev. Lett. **56**, 1400 (1986).
) M. S. Hybertsen and S. G. Louie, Phys. Rev. B50**, 5777 (1994).

を用いて粒子の確率密度関数 $f(\boldsymbol{R},\tau) = \Phi(\boldsymbol{R},\tau)\Psi_\mathrm{T}(\boldsymbol{R})$ の時間発展を，虚時間の方向に追いかける $(D = \hbar^2/(2m))$．ここで ∇ は $3N$ 次元座標 $\boldsymbol{R}$ に関する微分である．(9.42) 式ではエネルギー原点は適当な値 E_T だけずらしてある．これから確率密度関数 $f(\boldsymbol{R},\tau)$ のしたがう方程式は，外場のある場合の拡散方程式

$$\frac{\partial f}{\partial \tau} = D\nabla^2 f + [E_\mathrm{T} - E_\mathrm{L}(\boldsymbol{R})]f - D\nabla \cdot [f\boldsymbol{F}_\mathrm{Q}(\boldsymbol{R})] \tag{9.43}$$

となる．ここで局所エネルギー密度 $E_\mathrm{L}(\boldsymbol{R})$ および力 $\boldsymbol{F}_\mathrm{Q}(\boldsymbol{R})$ は

$$E_\mathrm{L}(\boldsymbol{R}) = \frac{H\Psi_\mathrm{T}(\boldsymbol{R})}{\Psi_\mathrm{T}(\boldsymbol{R})}, \quad \boldsymbol{F}_\mathrm{Q}(\boldsymbol{R}) = \nabla \ln |\Psi_\mathrm{T}(\boldsymbol{R})| \tag{9.44}$$

で与えられる．もし試行関数 $\Psi_\mathrm{T}(\boldsymbol{R}) = \Phi(\boldsymbol{R},\tau=0)$ が正しい基底状態 $\Phi_0(\boldsymbol{R})$（エネルギー E_0）を含んでいれば，十分時間がたった後では

$$\Phi(\boldsymbol{R},\tau) \to \exp[-(E_0 - E_\mathrm{T})\tau]\Phi_0(\boldsymbol{R}) \tag{9.45}$$

と振る舞う．したがって十分長い（虚）時間の後には基底状態のエネルギーと多電子波動関数のみが残り，そこでの振る舞いから基底状態のエネルギー E_0 を求めることができる．

一般には $f(\boldsymbol{R},\tau)$ は時間が進むと場所によって負になるところが出てくるので，そこではこれを多粒子の分布関数と見なして拡散問題と考え直すということは許されない．しかしもし出発の多電子波動関数として十分良いものを持つ

てくることができれば，その節 (ふし) は時間に対して動かずまた $f(\boldsymbol{R}, \tau) \geq 0$ でありその絶対値のみが変化すると期待される．そのような立場から，$f < 0$ となったらその標本点はとらず，かつ f の節は固定して計算を実行する近似がしばしば行われる (**固定節線近似** (fixed-node approximation))．現実的系に対して量子モンテカルロ法を用いた取り扱いも増えてきた[*21]．

9.6 LDA+DMFT 法

9.6.1 動的平均場近似 (DMFT 法)

　これまで電子間相互作用が強いため密度汎関数理論に新たに付け加えるべき効果を議論し，自己相互作用補正 (SIC)，OEP 法，LDA+U 法，GWA などを紹介してきた．しかしそれらはいずれも空間的な電子スピンの揺らぎは考慮しても，量子論的な揺らぎの効果を十分には取り入れることはできていなかった．電子間相互作用の強い系では，電子間クーロン相互作用 U が小さなときの金属相から，U が大きくなるにつれて電子の有効質量の増大および電子の運動のコヒーレンスの消滅を伴った"悪い金属"状態から絶縁相への転移が見られる．これらが NiO，V_2O_3 などを典型的な例とする遷移金属酸化物について見られる金属絶縁体転移である[*22]．

　簡単のため，各原子には軌道の縮退はなく，ただしスピンの自由度はあるので，1つの原子位置に電子が2個占めることができるような系を考えてみよう．各レベルのエネルギー準位が ε，同一原子内での電子間のクーロン相互作用は U であるとする．まず電子の原子間跳び移りがないとしよう．各原子に電子が1個あるならば，エネルギーは ε である．さらに電子を1個増やすときは，2個目の電子は $\varepsilon + U$ のエネルギーが必要となる．すなわち，全系のエネルギー・スペクトルは ε および $\varepsilon + U$ にそれぞれ (広がりのない) 鋭いピークが立つこ

[*21] S. Fahy, X. W. Wang and S. G. Louie, Phys. Rev. B**42**, 3503 (1990); X. P. Li, D. M. Ceperley and R. M. Martin, Phys. Rev. B**44**, 10929 (1991); G. Ortiz, D. M. Ceperley and R. M. Martin, Phys. Rev. Lett. **71**, 2777 (1993); G. Rajagopal et al., Phys. Rev. B**51**, 10591 (1995); R. Q. Hood et al., Phys. Rev. Lett. **78**, 3350 (1997).

[*22] M. Imada, A. Fujimori and Y. Tokura, Rev. Mod. Phys. **70**, 1039 (1998).

とになる.さらに電子の原子間跳び移りがあれば,ε および $\varepsilon + U$ の周りにそれに応じた幅 W が付くことになる.この単純な描像では,$U < W$ では2つの(各々 ε および $\varepsilon + U$ の)バンドは重なり金属状態となる.一方,$U > W$ では2つのバンドは間にギャップを挟み,したがってそれぞれの原子当たり電子が1個の場合には,絶縁体状態となる.これが,これから問題にする電子相関に由来する金属–絶縁体転移である.2つの分離したバンドを(それぞれ,上部あるいは下部)**ハバード** (Hubbard) **バンド**という.

動的平均場理論 (Dynamical Mean Field Theory (DMFT))[*23]では,強い電子間クーロン相互作用が働いているときの格子系の問題を,"相互作用を繰り込んだ有効媒質中におかれた孤立不純物"の問題に射影する.系の次元が無限大である極限では,原子内クーロン相互作用に比べ原子間クーロン相互作用の効果は無視でき,DMFT は厳密な取り扱いとなる.DMFT は厳密対格化やモンテ

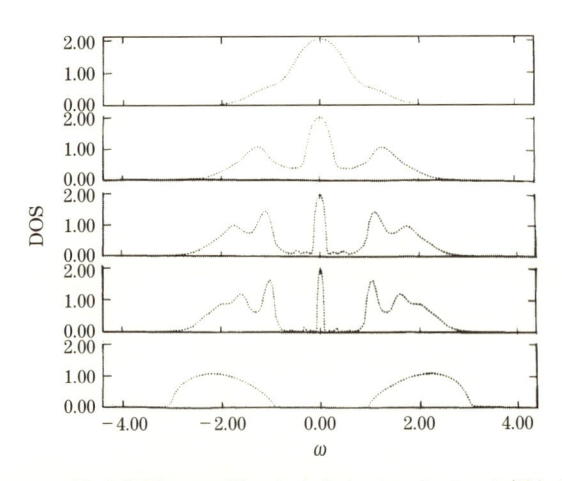

図9.7 クーロン相互作用 U の様々な大きさ (D をバンド幅として上から $U/D = 1, 2, 2.7, 3, 4$) に応じた温度 0 の状態でのスペクトルの変化 (X. Y. Zhang and M. Rosenberg, G. Kotliar, Phys. Rev. Lett. **70**, 1666 (1993)).

[*23] A. Georges, G. Kotliar, W. Krauth and M. Rozenberg, Rev. Mod. Phys. **68**, 13 (1996); A. Georges and G. Kotliar, Phys. Rev. B**45**, 6479 (1992); W. Metzner and D. Vollhardt, Phys. Rev. Lett. **62**, 324 (1989).

カルロ法による直接的な方法の他，Iterative Perturbation Theory (IPT)[*24]，Non-Crossing Approximation (NCA)[*25]などによって解かれる．

図9.7 に，温度を 0 として，バンド幅を U として U/D による状態密度の変化を示す．U/D が小さい場合には良い金属である．U/D の増加に伴い，2つの (上部および下部) ハバード・バンドのピーク (インコヒーレント・ピーク) が見えてくる．さらに U/D が大きくなると，フェルミ・エネルギーの周りに動的な特徴である共鳴ピーク (コヒーレント・ピーク) が鋭くなり，やがてバンドギャップを挟んで上部および下部ハバード・バンドのみとなり，絶縁体に転移する．IPT，NCA などの近似的方法はそれぞれいろいろな極限で正しくない結果を与えることがある．厳密対角化やモンテカルロ法では正確に問題を取り扱うことができる．

9.6.2　DMFT 法と LDA との統合

最近では LDA と DMFT の統合の試みが行われている (LDA+DMFT 法)．この統合の仕方にはいくつかの定式化があるが，Kotliar らは以下の汎関数を導入した[*26]．

$$\begin{aligned}
&\Gamma_{\text{LDA+DMFT}}(\rho, V_{\text{KS}}, \Sigma, G) \\
&= -T\sum_{i\omega_n} \text{Tr}\log[i\omega_n + \mu - \{H^{\text{LDA}} + \Sigma(i\omega_n)\}] - \sum_{i\omega_n} \text{Tr}[\Sigma(i\omega_n)G(i\omega_n)] \\
&\quad - \int d\boldsymbol{r} V_{\text{KS}}(\boldsymbol{r})\rho(\boldsymbol{r}) + \int d\boldsymbol{r} V_{\text{ext}}(\boldsymbol{r})\rho(\boldsymbol{r}) + \frac{1}{2}\int d\boldsymbol{r}d\boldsymbol{r}' \frac{\rho(\boldsymbol{r})\rho(\boldsymbol{r}')}{|\boldsymbol{r}-\boldsymbol{r}'|} + E_{xc}^{\text{LDA}} \\
&\quad + \sum_{\boldsymbol{R}} [\Phi[G] - \Phi_{\text{dc}}]. \tag{9.46}
\end{aligned}$$

右辺第 1 行目で局所グリーン関数 $G_{\text{loc}}(i\omega_n)$ が，第 2 行目が LDA のポテンシャル部分の汎関数が定義される．第 3 行目は局所相互作用 (原子内クーロン相互作用) $\Phi[G]$ および，相互作用エネルギーとして LDA で数えた部分をこちらで

[*24] H. Kajueter and G. Kotliar, Phys. Rev. Lett. **77**, 131 (1996).
[*25] Y. Kuramoto, Zeit. Phys. B Cond. Matt. **53**, 37 (1983).
[*26] G. Kotliar and S. Y. Savrasov, in *New Theoretical Approaches to Strongly Correlated Systems*, Edited by A. M. Tsvelik, Kluwer Academic Press (2001), p.259.

差し引いておく補正項 $\Phi_{\rm dc}$ である．

$$G(\boldsymbol{k}, i\omega_n) = [(i\omega_n + \mu)O^{\rm LDA} - H_{\rm dc}^{\rm LDA}(\boldsymbol{k}) - \Sigma(i\omega_n)]^{-1}, \quad (9.47)$$

$$G_{\rm loc}(i\omega_n) = \sum_{\boldsymbol{k}} G(\boldsymbol{k}, i\omega_n). \quad (9.48)$$

バルクな系のハミルトニアン $H_{\rm dc}^{\rm LDA}$ としては LDA のそれ $H^{\rm LDA}$ から原子内クーロン相互作用の平均場近似での項 $\Delta h_{dc}^\sigma = U(n_d - \frac{1}{2}) - J(n_\sigma - \frac{1}{2})$ を引いたものを用い，

$$H_{\rm dc}^{\rm LDA} = H^{\rm LDA} - \{U(n_d - \frac{1}{2}) - J(n_\sigma - \frac{1}{2})\} \quad (9.49)$$

とする．$H_{\rm dc}^{\rm LDA}(\boldsymbol{k})$ はその $\boldsymbol{k}$ 表示である．μ は化学ポテンシャル，$\omega_n = (2n+1)\pi/\beta$ は松原振動数(β は温度の逆数) である．$G(\boldsymbol{k}, i\omega_n)$, $G_{\rm loc}(i\omega_n)$, $O^{\rm LDA}(\boldsymbol{k})$, $H_{\rm dc}^{\rm LDA}(\boldsymbol{k})$, $\Sigma(i\omega_n)$ などはすべて軌道とスピンについての添字を持った行列である．自己エネルギー $\Sigma(i\omega_n)$ は DMFT のもとでは局所的(位置に関して対角) であると仮定されるので，$\boldsymbol{k}$ 依存性はない．

孤立不純物問題ではハイブリダイゼイション関数 $\Delta(i\omega_n)$ により不純物の局在準位と伝導電子の間の混成が表され，これは自己無撞着な式

$$(i\omega_n + \mu)O^{\rm LDA} - \Delta(i\omega_n) - \Sigma(i\omega_n) = G_{\rm loc}^{-1}(i\omega_n) \quad (9.50)$$

により定義される．また $\Delta(i\omega_n)$ を用いれば，有効媒質の局所グリーン関数 $G_0(i\omega_n)$ は

$$G_0(i\omega_n) = [(i\omega_n + \tilde{\mu})O^{\rm LDA} - \Delta(i\omega_n)]^{-1} \quad (9.51)$$

と定義される．$\tilde{\mu}$ は有効媒質の化学ポテンシャルである．ここでいう有効媒質とは，不純物位置でのクーロン相互作用をハイブリダイゼイション関数の形で繰り込んだ一様系である．有効媒質の化学ポテンシャルは (9.50) 式には関係のない量であることに注意しておこう．G と G_0 の間には (9.50), (9.51) の両式から $\Delta(i\omega_n)$ を消去すれば，

$$G_0(i\omega_n) = \left[G^{-1}(i\omega_n) + \Sigma(i\omega_n) + (\tilde{\mu} - \mu)O^{\rm LDA}\right]^{-1} \quad (9.52)$$

が成立する．こうして自己エネルギー $\Sigma(i\omega_n)$ が求められれば，G あるいは G_0

が求められる.ハイブリダイゼイション関数 Δ, あるいは自己エネルギー Σ をどのように計算するかは,例えば厳密対角化やモンテカルロ法のような正確な方法を用いるか,IPT や NCA のような近似的方法を採用するかによる.

最後に具体的な計算例のいくつかを紹介しておこう.

(1) $La_{1-x}Sr_xTiO_3$ の Ti d バンドについて,Nekrasov らはモンテカルロ法により議論し実験結果と比較している.

I. A. Nekrasov, K. Held, N. Blumer A. I. Poteryaev, V. I. Anisimov and D. Vollhardt, Euro. Phys. B**18**, 55 (2000).

(2) Lichtenstein 等は,鉄およびニッケルの有限温度の磁性を議論し,フェルミ・エネルギーより約 6 eV 下にあるサテライト・ピーク,占有バンド幅,交換分裂,キュリー温度などについて議論し,良い結果を得ている.

A. I. Lichtenstein, M. I. Katsnelson and G. Kotliar, Phys. Rev. Lett. **87**, 067205 (2001).

(3) Held らは Ce の α–γ 転移を議論している.

K. Held, A. K. McMahan and R. T. Scalettar, Phy. Rev. Lett. **87**, 276404 (2001).

(4) Savrasov らは遷移金属酸化物の格子振動について議論した.

S. Y. Savrasov and G. Kotliar, Phy. Rev. Lett. **90**, 056401 (2003).

(5) Pavarini らは遷移金属酸化物における波動関数,金属–絶縁体転移について NMTO 法を用いて有効ハミルトニアンを構成し,それに基づいて LDA + DMFT 法により議論した.

E. Pavarini, S. Biermann, A. Poteryaev, A. I. A. Georges and O. K. Andersen, Phys. Rev. Lett. **92**, 176403 (2004); E. Pavarini, A. Yamasaki, J. Nuss and O. K. Andersen, New Journal of Physics **7**, 188 (2005).

(6) Poteryaev らは,V_2O_3 の金属絶縁体転移について,NMTO 法で有効ハミルトニアンを構成し,どの軌道が金属絶縁体転移を担っているかを LDA+DMFT 法により議論した.さらにエネルギー・スペクトルの実験値と計算値を比較し良い一致を示した.

A. I. Poteryaev, J. M. Tomczak, S. Biermann, A. Georges, A. I. Lichtenstein, A. N. Rubtsov, T. Saha-Dasgupta and O. K. Andersen, Phys. Rev. B**76**, 085127 (2007).

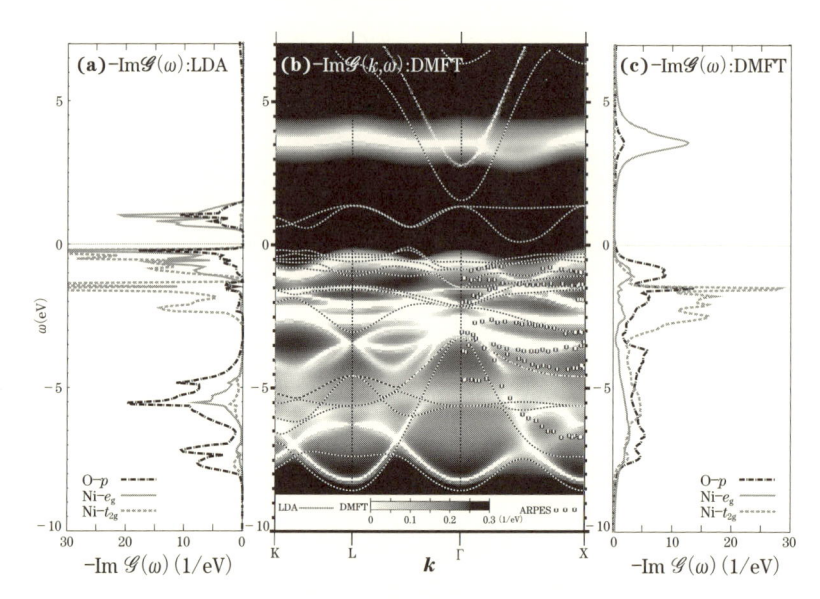

図 9.8 常磁性 NiO のスペクトル．左：LDA による状態密度，右：LDA+DMFT による状態密度，中央：LDA+DMFT による k–ω スペクトル．実験結果は小さい丸で記入してある (O. Miura and T. Fujiwara, Phys. Rev. B**77**, 195124 (2008))．

(7) 最近の LDA + DMFT の総合報告として以下がある．

G. Kotliar, S. Y. Savrasov, K. Haule, V. S. Oudovenko, O. Parcollet and C. A. Marianetti, Rev. Mod. Phys. **78**, 865 (2006).

最後に，摂動論 IPT を用いて NiO に関して議論した結果を**図 9.8** に示しておこう[*27]．価電子バンドのトップが，LDA の結果 (左) では Ni の d 状態であるが，LDA+DMFT(右) では酸素の p 状態になっていて，実験結果とも良く一致している．k–ω スペクトルも，実験とよく一致していることが見て取れよう．

量子モンテカルロ法および LDA + DMFT についてのさらなる議論は，当物質・材料テキストシリーズ所収予定の「多体電子構造論」(仮題；有田亮太郎) に委ねたい．

[*27] M. Oki and T. Fujiwara, Phys. Rev. B**77**, 195124 (2008).

付録 **A**

第一原理電子構造計算における数値計算の諸問題

　電子構造計算は，計算物理のエッセンスを集めている．電子系のエネルギーは1原子当たり数千 eV になることも多いが，一方凝集エネルギーは原子当たり多くても数 eV さらに固体の構造相転移を議論するためには単位胞当たり数 meV のエネルギーを問題にしなくてはならない．このような意味で計算をいざ実行しようというときには計算技法や計算精度に関する知識がなくてはならない．したがって異分野からこの分野に参入することや，仲間がいない環境で1人で仕事をするには，何が分野のスタンダードかわからないという意味で大変難しい分野であるということもできる．また最近では既存のプログラムを使用して，プログラムの中やその背景にある物理と数学を学ばず単なる計算作業者になってしまう人も少なからず見受ける．標準的な教科書には書いてない，電子構造計算を行う上での常識中の常識について少し述べておくことにしよう．

A.1　シュレディンガー方程式の数値解法

A.1.1　動径波動関数の座標変数に関する対数メッシュ

　電子構造計算では，動径シュレディンガー方程式 (4.18) を解くことが出発点である．一般に，常微分方程式

$$\frac{\mathrm{d}f(x)}{\mathrm{d}x} = g(x, f)$$

を解く方法はルンゲ・クッタ (Runge–Kutta) 法，予測子–修正子法などいろいろあるが，いずれの場合にも変数 x については，h を有限の小さな量として，$x_{n+1} = x_n + h$ と離散化する．

　原子核近傍ではポテンシャルが発散する．原子の周りの電子の動径波動関数について言えば，原子核近傍では波動関数が動径座標 r に関して激しく変化す

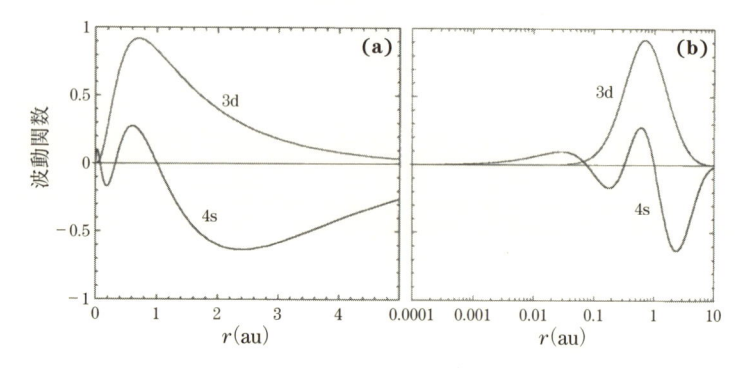

図 A.1 鉄原子の 3d および 4s 波動関数の動径方向成分. 何故, r を対数メッシュで切るかが理解できるであろう. (a) は linear mesh, (b) は log mesh.

るが, 原子核から遠く離れればポテンシャルや波動関数は動径座標の変化に関してゆっくりとしか変化しない. したがって動径座標 r を等間隔で離散化するのは効率の良いことではなく, 普通は座標変換

$$r = r_0 \exp\{x\} \tag{A.1}$$

を行い, x に関して等間隔な離散変数 $x_n = h(n-1)$, $(n = 1, 2, \cdots)$ をとる (図 A.1).

A.1.2 シュレディンガー方程式の解法

動径シュレディンガー方程式の数値的な解法を考察しよう.

$$\left[\frac{1}{r^2}\frac{d}{dr}\left(r^2\frac{d}{dr}\right) + k_0^2 - U(r) - \frac{l(l+1)}{r^2}\right]R_l = 0$$

$w = rR_i(r)$ という従属変数の変換および変換 $k_0^2 = \varepsilon$ によって方程式は

$$\frac{d^2}{dr^2}w(r) = \left[U(r) + \frac{l(l+1)}{r^2} - \varepsilon\right]w(r)$$

となる. 動径シュレディンガー方程式は動径座標 r について 2 階の常微分方程式であるから通常の微分方程式の数値解法の手法にしたがって, 連立 1 階微分方程式として解くことにする.

$$P = w, \qquad Q = \frac{dw}{dr} - \frac{(l+1)w}{r} \tag{A.2}$$

とすると,これらは微分方程式

$$\begin{aligned}\frac{dP}{dr} &= Q + \frac{(l+1)P}{r}, \\ \frac{dQ}{dr} &= (U-\varepsilon)P - \frac{(l+1)Q}{r}\end{aligned} \tag{A.3}$$

に従う.ここでは非相対論に基づくシュレディンガー方程式で説明したが,ディラック方程式[*1]あるいはそれにパウリ近似を施した scalar-relativistic 方程式についても同じである[*2].電子構造計算には標準的には scalar-relativistic 方程式を用い,スピン軌道相互作用は摂動論で取り入れるのが普通である.

A.1.3 孤立原子のシュレディンガー方程式の数値積分

孤立した原子のシュレディンガー方程式の動径成分 $R(r)$ を数値的に求めるときにもいくつかのテクニックがある.エネルギーに対して波動関数の変化が激しいからであり,以下のような数値計算手順により動径波動関数を得る.

(1) もっとも外側の振幅の絶対値が極大になる点より少し外側の点を r_t として,内側領域 $0 < r \le r_t$ と外側領域 $r_t \le r < \infty$ に分けて積分をする.

(2) 固有エネルギー ε として適当な値を仮定する.

(3) 内側領域 $0 < r \le r_t$ の動径波動関数 $R_l^{in}(r)$,外側領域 $r_t \le r < \infty$ の動径波動関数 R_l^{out} を以下のように求める.

  (3-a) $0 < r < r_t$:$r = r_0$ の近傍でポテンシャルを級数展開し R_l^{in} を級数解 $R_l^{in}(r) \propto r^l + \cdots$ で求めて出発値とし,外向きに積分していく.

  (3-b) $r_t < r < \infty$:十分外側での漸近的形 $R_l^{out} \propto \exp(-\sqrt{E}r)$ を与えて内向きに積分していく.

[*1] D. Liberman, J. T. Waber and D. T. Cromer, Phys. Rev. **137**, A27 (1965); T. L. Loucks, Phys. Rev. **139**, A1333 (1965).
[*2] L. I. Schiff, *Quantum Mechanics*, McGraw-Hill (1968); D. D. Koelling and B. N. Harmon, J. Phys. C(Solid State Phys.) **10**, 3107 (1977).

(4) (3) で求めた R_l^{in} と R_l^{out} を $r = r_{\text{t}}$ で接続する.

$$R_l^{\text{in}}(r_{\text{t}}) = R_l^{\text{out}}(r_{\text{t}}) .$$

この接続が滑らかにならない場合は，これまで用いた仮の固有エネルギー ε を ε_{old} とし，新しい仮の固有エネルギーを摂動的に

$$\varepsilon_{\text{new}} = \varepsilon_{\text{old}} + \frac{R_l\{R_l^{\text{in}'} - R_l^{\text{out}'}\}_{r_{\text{t}}}}{\int \mathrm{d}r r^2 R_l R_l}$$

と定め，ε_{new} を用いて同じことを $R_l^{\text{in}}(r_{\text{t}})$ と $R_l^{\text{out}}(r_{\text{t}})$ が滑らかに接続されるまで繰り返す.

A.2 反復計算の収束加速

電子構造計算では，電荷密度や1電子ポテンシャルを仮定して計算をスタートさせ，求められた波動関数から改めて電荷密度を計算しそれが出発点で仮定した電荷密度と一致すればこれを解として計算を終える．一致しなければ改めてこの電荷密度を出発の電荷密度として，同様な計算を繰り返す．このような計算を自己無撞着計算，セルフコンシステント計算という．

コーン・シャム方程式は複雑な非線形方程式となっているから，自己無撞着計算の過程で，電荷を100%新しいものと入れ替えると計算が収束しないのが普通である．繰り返し計算の電荷密度 $n_\sigma(\boldsymbol{r})$ あるいはポテンシャル $V(\boldsymbol{r})$ について，一般に単純な入れ替えではなく以下のいずれかの外挿法を行って，新しい出発値を予想する．

A.2.1 線形外挿法 (linear extrapolation method)

次のステップ（$n+1$ 回目）の予測出発値を

$$f_{n+1}^{(\text{in})}(\boldsymbol{r}) = (1-\alpha)f_n^{(\text{in})}(\boldsymbol{r}) + \alpha f_n^{(\text{out})}(\boldsymbol{r})$$

とする．$f_n^{(\text{in})}(\boldsymbol{r})$, $f_n^{(\text{out})}(\boldsymbol{r})$ はそれぞれ前のステップ（n 回目）での仮定した計算の出発値とその結果である．混ぜの係数 α は普通 0.5 より小さくとり，特に遷移金属酸化物では 0.1 あるいはもっと小さくとらなくてはならないこともある．

A.2.2 アンダーソン法

アンダーソン (Anderson) 法は線形法を拡張したものである．$n+1$ 回目の出発値として，m 回前までの出発値から作った

$$\tilde{f}_{n+1}^{(\mathrm{in})}(\boldsymbol{r}) = \Big\{1 - \sum_{k=n-m+1}^{n} \alpha_k\Big\} f_n^{(\mathrm{in})}(\boldsymbol{r}) + \sum_{k=n-m+1}^{n} \alpha_k f_k^{(\mathrm{in})}(\boldsymbol{r})$$

をまず仮定する．このとき計算結果の値は同じように予想できるとする．

$$\tilde{f}_{n+1}^{(\mathrm{out})}(\boldsymbol{r}) = \Big(1 - \sum_{k=n-m+1}^{n} \alpha_k\Big) f_n^{(\mathrm{out})}(\boldsymbol{r}) + \sum_{k=n-m+1}^{n} \alpha_k f_k^{(\mathrm{out})}(\boldsymbol{r}) .$$

線形結合の係数 α_k を，出発値および予測値の2乗誤差が最小になるように選ぶ．

$$\frac{\partial}{\partial \alpha_k} \parallel \tilde{f}_{n+1}^{(\mathrm{in})} - \tilde{f}_{n+1}^{(\mathrm{out})} \parallel = 0, \quad \parallel f \parallel^2 = \int \mathrm{d}\boldsymbol{r} |f(\boldsymbol{r})|^2 .$$

この式は一般に α_k に関する連立1次方程式である．$n+1$ 回目の実際の出発値としては $\tilde{f}_{n+1}^{(\mathrm{in})}(\boldsymbol{r})$ と $\tilde{f}_{n+1}^{(\mathrm{out})}(\boldsymbol{r})$ とから作った

$$f_{n+1}^{(\mathrm{in})}(\boldsymbol{r}) = (1-\beta)\tilde{f}_{n+1}^{(\mathrm{in})}(\boldsymbol{r}) + \beta \tilde{f}_{n+1}^{(\mathrm{out})}(\boldsymbol{r})$$

を用いる．β は経験的な値であり，また $m \leq 3$ 程度で用いるのがよいようである．それ以上 m を大きくすると不安定性が生じたり，収束がかえって遅くなることもある．

A.2.3 ブロイデン法

ブロイデン (Broyden) の方法はニュートン・ラプソン (Newton–Raphson) の方法を多成分に拡張したものである．しかしアンダーソンの方法に比べて著しく収束が速くなるということはないようなので，脚注に参考文献を挙げるに止める[*3]．

[*3] D. D. Johnson, Phys. Rev. B**38**, 12807 (1988).

A.3 固有値計算

1電子固有エネルギーの計算は最も計算時間がかかる部分である.固有値計算では,行列の次元を N_D とすると計算時間は N_D^3 に比例して増加するので,特に原子数や軌道の数が増えてきたときには注意しなくてはならない.固有値計算の手法を一通り知っておくと便利である.通常はそれぞれの計算機で最適化された効率のよい計算プログラムを簡単に手に入れることができる.固有値計算に使われる数理は重要であり,特に大規模行列に関するものはまだまだ発展しつつある分野である.優れた教科書をあげておこう[*4].

A.4 状態密度の計算

A.4.1 状態密度

1電子エネルギーバンド $E(n, \boldsymbol{k})$ (n はバンドを示す添え字) が決められれば,状態密度は

$$N(E) = \sum_n 2 \frac{\Omega}{(2\pi)^3} \int_{E(n,\boldsymbol{k})=E} \frac{dS}{|\nabla_{\boldsymbol{k}} E(n,\boldsymbol{k})|} \tag{A.4}$$

と計算できる.積分は第一ブリルアン域内で行う.以下ではバンドを示す添え字 n を省略する.

状態密度には系の次元性に特徴的な特異点が現れる.対称性の高い $\boldsymbol{k}$ 点 (例えば $\boldsymbol{k}=0$ やブリルアン域の端あるいは対称軸上の点など) では,$\nabla_{\boldsymbol{k}} E(n,\boldsymbol{k}) = 0$ となり,その $\boldsymbol{k}$ 点の周りの空間次元が反映されるからである.そのような点 $\boldsymbol{k}_0$ の周りで

$$E(n, \boldsymbol{k}) = E(n, \boldsymbol{k}_0) + \sum_{i=1}^{3} a_i (k_i - k_{0i})^2 \tag{A.5}$$

と展開する.$\boldsymbol{k} - \boldsymbol{k}_0$ について1次の項は仮定 $\nabla_{\boldsymbol{k}} E(n,\boldsymbol{k}) = 0$ より現れない.この展開を用いて (A.4) 式を計算すれば,3次元エネルギー分散を持つ系では状態密度に現れる特異点の形は a_1, a_2, a_3 の符号の組み合わせにより4つの

[*4] 杉原正顯,室田一雄,線形計算の数理,岩波書店 (2009).

表A.1 ファン・ホーブ特異点の分類とそこでの状態密度の解析的形.

a_1	a_2	a_3	極大, 極小	$E \leq E_0$	$E \geq E_0$
+	+	+	極小 (M_0)	0	$A\sqrt{E-E_0}$
+	+	−	鞍点 (M_1)	$A - B\sqrt{E_0 - E}$	A
+	−	−	鞍点 (M_2)	A	$A - B\sqrt{E_0 - E}$
−	−	−	極大 (M_3)	$A\sqrt{E - E_0}$	0

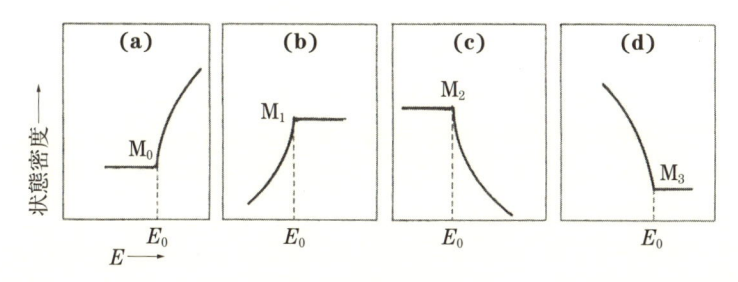

図A.2 3次元エネルギー分散の下で状態密度に現れるファン・ホーブ特異点の分類.

種類に分けられることがわかる．結果を表A.1に，その形を図A.2に示しておこう．この特異点を**ファン・ホーブ** (van Hove) **特異点**という．

状態密度を計算する際に，ブリルアン域の3次元領域を細かく区切って，それぞれの小領域中の適当な k 点での値を代表値として和をとるようなことをしてもその値はなかなか収束しない．収束が遅いだけでなく，3次元空間の区切りかたによって値は大きく揺らぐ．これは $|\nabla_k E(n,\boldsymbol{k})|$ にたくさんのゼロ点があり，したがって (A.4) 式の被積分関数に特異点があるためである．

A.4.2 テトラヘドロン法

特異点を持った関数を数値的に積分するには，内挿法を用いて特異点近傍からの寄与を正確に評価する．第一ブリルアン域を適当に格子状に区切る．それらの格子をさらに四面体に分ける．例えば直方体は，その頂点の内の4つを頂点とする6つの四面体に分けることができる．この4つの点を $\boldsymbol{k}_i$ ($i=1,..,4$) とし，またそれぞれの $\boldsymbol{k}_i$ でのエネルギーを E_i ($E_4 < E_3 < E_2 < E_1$) とする．

さらにこの四面体の内部ではエネルギーは k に関して 1 次式で近似すれば

$$E(\boldsymbol{k}) = E(\boldsymbol{k}_4) + \boldsymbol{b} \cdot (\boldsymbol{k} - \boldsymbol{k}_4), \tag{A.6}$$

$$\boldsymbol{b} = \sum_{i=1}^{4} (E(\boldsymbol{k}_i) - E(\boldsymbol{k}_4))\boldsymbol{r}_i, \quad \boldsymbol{r}_i \cdot (\boldsymbol{k}_j - \boldsymbol{k}_4) = \delta_{ij}$$

と書くことができる．したがってそれぞれの四面体 a から状態密度への寄与は

$$N_a(E) = 2\frac{\Omega}{(2\pi)^3}\frac{\mathrm{d}S(E)}{|\boldsymbol{b}|} \tag{A.7}$$

となる．$\mathrm{d}S(E)$ は四面体中のエネルギーが E である面（平面）の面積である．このように計算することによって，状態密度の特異性などが比較的少数の k 点だけを用いて計算することができる．この方法を**テトラヘドロン** (tetrahedron) **法**という[*5]．

状態密度の計算あるいは金属系の自己無撞着計算ではテトラヘドロン法を用いる必要がある．金属系の場合，1 つのバンドに占有・非占有状態が混在するからである．さらに誘電率の計算などでは，複素関数に対するテトラヘドロン法が開発されている[*6]．

special points の方法

一方，半導体，絶縁体での全エネルギーの計算などについては，1 つのバンドは完全に占有状態だけかあるいは非占有状態だけなので，ブリルアン域内の少数の k 点でバンド全体を代表させて計算することができる[*7]．バンドエネルギーの総和が少数の点でのバンドエネルギーの和で表されるように選ぶべき k 点の位置を決める．もちろん k 点の位置は結晶の対称性に依存している．

[*5] G. Gilat and L. J. Raubenheimer, Phys. Rev. **144**, 390 (1966); J. Rath and A. J. Freeman, Phys. Rev. B**11**, 2109 (1975); M. Methfessel and A. T. Paxton, Phys. Rev. B**40**, 3616 (1989).
[*6] T. Fujiwara, S. Yamamoto and Y. Ishii, J. Phys. Soc. Jpn. **72**, 777 (2003).
[*7] D. J. Chadi and M. L. Cohen, Phys. Rev. B**8**, 5747 (1973); H. J. Monkhorst and J. D. Pack, Phys. Rev. B**13**, 5188 (1976).

付録 **B**
第一原理分子動力学法における数値計算の諸問題

　実際に第一原理分子動力学法を用いようというとき，知っていなくてはならないいろいろな問題や数値計算の技法がある．すでに述べたように，第一原理分子動力学計算に用いる時間ステップは数 fs より大きくすることができない．一方，我々がシミュレーションの対象とする現象は原子の変位や拡散に関するものであり，短くても数 ps, 多くの場合には ns あるいはそれより長い時間間隔のものである．したがって各時間ステップでの電子構造を得るのにあまり多くの計算時間を費やすようでは，実用的なイオン運動シミュレーションは不可能である．さらに長時間(大きなシミュレーション・ステップ)の場合には，累積される各種の数値誤差の効果も深刻である．この観点から計算物理としての工夫がいろいろと行われている[*1]．以下ではノルム保存擬ポテンシャルを念頭に具体的な計算技法を説明する．

B.1　計算時間の短縮：高速フーリエ変換

　α 状態の 1 電子波動関数を

$$\psi_{\alpha \bm{k}}(\bm{r}) = \sum_{\bm{G}} c_{\bm{G}}^{\alpha \bm{k}} e^{i(\bm{k}+\bm{G})\cdot \bm{r}} \tag{B.1}$$

と書こう．ただし規格化は単位胞の体積を Ω_c として

$$\Omega_c \sum_{\bm{k}\bm{G}} |c_{\bm{G}}^{\alpha \bm{k}}|^2 = 1 \tag{B.2}$$

とする．$\bm{G}$ は逆格子ベクトルである．対応する電子密度はスピン縮重度 2 を考慮して

[*1] M. C. Payne, M. P. Teter, D. C. Allan, T. A. Arias and J. D. Joannopoulos, Rev. Mod. Phy. **64**, 1045 (1992).

$$n^{\boldsymbol{k}}(\boldsymbol{r}) = \sum_{\alpha} n^{\alpha \boldsymbol{k}}(\boldsymbol{r}), \tag{B.3}$$

$$n^{\alpha \boldsymbol{k}}(\boldsymbol{r}) = 2|\psi_{\alpha \boldsymbol{k}}(\boldsymbol{r})|^2 = \sum_{\boldsymbol{G}} n^{\alpha \boldsymbol{k}}(\boldsymbol{G}) e^{i\boldsymbol{G}\cdot\boldsymbol{r}}, \tag{B.4}$$

$$n^{\boldsymbol{k}}(\boldsymbol{G}) = \sum_{\alpha} n^{\alpha \boldsymbol{k}}(\boldsymbol{G}), \tag{B.5}$$

$$n^{\alpha \boldsymbol{k}}(\boldsymbol{G}) = 2 \sum_{\boldsymbol{G}'} c_{\boldsymbol{G}'}^{\alpha \boldsymbol{k}} c_{\boldsymbol{G}'+\boldsymbol{G}}^{\alpha \boldsymbol{k}} \tag{B.6}$$

である.しかし実際に電子密度 $n^{\alpha \boldsymbol{k}}(\boldsymbol{r})$ を求める際には,係数 $c_{\boldsymbol{G}}^{\alpha \boldsymbol{k}}$ を計算した後 (B.6), (B.4) 式にしたがって計算するということをやってはならない.この計算では平面波基底の数を N_p とすると N_p^2 だけの乗算が必要になるからである. $c_{\boldsymbol{G}}^{\alpha \boldsymbol{k}}$ を求めた後は,**高速フーリエ変換** (Fast Fourier Transorm (FFT)) を使って

$$\begin{aligned} c_{\boldsymbol{G}}^{\alpha \boldsymbol{k}} &\xrightarrow{\text{フーリエ逆変換}} \psi_{\alpha \boldsymbol{k}}(\boldsymbol{r}) \\ &\Longrightarrow n^{\alpha \boldsymbol{k}}(\boldsymbol{r}) = 2|\psi_{\alpha \boldsymbol{k}}(\boldsymbol{r})|^2 \\ &\longrightarrow n^{\boldsymbol{k}}(\boldsymbol{r}) \xrightarrow{\text{フーリエ変換}} n^{\boldsymbol{k}}(\boldsymbol{G}) \end{aligned} \tag{B.7}$$

という手順をとる方が計算時間ははるかに短縮できる.高速フーリエ変換では乗算回数は $N_\mathrm{p} \log_2 N_\mathrm{p}$ となるからである.実際 N_p を数 1000 程度として乗算回数の比は $\log_2 1000/1000 \simeq 0.01$ となる.しかしこのようにしても計算時間の 90% 以上は高速フーリエ変換に費やされる.

B.2 シミュレーションの初期波動関数の選択

イオンの初期位置を与えた後,基底関数(基底平面波)の数を少なくしハミルトニアン行列を正確に対角化して近似波動関数を求める.このような波動関数をシミュレーションの初期波動関数とする.その後で基底関数の数を増やし共役勾配法などの反復法により正しい波動関数を求めるのが最も効率が良い.短波長(高エネルギー)の誤差が波動関数に紛れ込むと,それを取り除くのは困難である.それに対して上のような方法では短波長成分の誤差の混入を防ぐことができる.

B.3　運動エネルギーに依存する勾配ベクトルの誤差と前処理

近似波動関数を ψ_n，その誤差を $\delta\psi_n(\boldsymbol{r})$ と書き，$\delta\psi_n(\boldsymbol{r})$ を系の固有状態 $\xi_\alpha(\boldsymbol{r})$（固有エネルギー ε_α）で展開する．

$$\delta\psi_n(\boldsymbol{r}) = \sum_\alpha c_{n,\alpha}\xi_\alpha(\boldsymbol{r}) . \tag{B.8}$$

反復法によって修正される波動関数の補正方向（勾配ベクトル[*2]）は

$$\zeta_n = -(H - \lambda_n)\psi_n \ , \quad \lambda_n = \langle\psi_n|H|\psi_n\rangle \tag{B.9}$$

である．λ_n は近似固有エネルギーであり普通このように選ぶ．(B.8), (B.9) 式より勾配ベクトルに生じる誤差は

$$\delta\zeta_n = -(H - \lambda_n)\delta\psi_n = -\sum_\alpha c_{n,\alpha}(\varepsilon_\alpha - \lambda_n)\xi_\alpha \tag{B.10}$$

である．つまりハミルトニアンを演算し勾配ベクトルを生成すると，高エネルギー成分 α ($\varepsilon_\alpha \sim (1/2)G_\alpha^2$) は因子 $(\varepsilon_\alpha - \lambda_n) \sim (1/2)G_\alpha^2$ で誤差が拡大される．

これに対しては，誤差が拡大されて混入しないように平均より大きな運動エネルギーを持った補正波動関数の成分を滑らかにゼロとする工夫がなされている．例えば勾配ベクトルを計算するためにハミルトニアンを演算した後でさらに次の前処理 (preconditioning) 演算子を作用させる ($\eta = K\zeta$)．

$$K_{\boldsymbol{G}\boldsymbol{G}'} = \delta_{\boldsymbol{G}\boldsymbol{G}'}\frac{27 + 18x + 12x^2 + 8x^3}{27 + 18x + 12x^2 + 8x^3 + 16x^4} , \tag{B.11}$$

$$x = \frac{|\boldsymbol{k}+\boldsymbol{G}|^2/2}{\langle\psi_n|-\nabla^2/2|\psi_n\rangle} .$$

この関数は $x \leq 1$ で $K \simeq 1$，また $x > 1$ に対しては急激に $K \to 0$ となる[*3]．

[*2]　これが状態空間における ψ_n に対する補正の方向と大きさを与えるという意味で勾配ベクトルという．

[*3]　M. P. Teter, M. C. Payne and D. C. Allen, Phys. Rev. B**40**, 12255 (1989).

B.4 電子系の収束に対する加速：共役勾配法

何度も強調しているように電子系の計算がどのぐらい速く収束するか，すなわちイオンを動かした後で適当な予測波動関数，予測電荷分布を用いてどのぐらい速く電子系を断熱ポテンシャル面に引き戻すことができるかで計算をすることの意義は決まってしまう．このためには**共役勾配法** (Conjugate Gradient (CG) method) を効率的に用いるのがよい．

我々の作ったプログラムは，非金属の液体であればイオン座標を更新した後電子系が収束するまでの反復計算はほぼ3～5回である．金属の場合にはフェルミ・エネルギー近傍の準位の組み替えがあるために反復回数は増え，場合によっては10回あるいはそれより多くなる．平均的には5回以上10回以下ぐらいである．

電子系を断熱ポテンシャル面に引き戻すためのアルゴリズムをいかに有効に作るかが大変重要である．すべてのバンドに対して一度に共役勾配法を適用する all-band CG および1つずつのバンドに対して共役勾配法を適用する band-by-band CG が考えられる．どちらが収束が速いかは優劣が付け難い．両方を併用すべきであるという議論もあるが，我々の経験からはどちらか一方（実際には我々は band-by-band CG を用いている）を徹底してやることが最も効率的である．いずれの場合でも収束判定として全エネルギーあるいはバンド・エネルギー固有値を見るだけでなく，各イオン座標の組に対して残差ベクトルの大きさを十分小さくしておくことが本質的に重要である．

具体的に我々が使用している band-by-band CG のアルゴリズムの大筋は次の手順である．

(1) 各バンド n について band-by-band CG を行う

以下の手順 1.～5. を $i=1$ から適当な回数（数回）反復して行う．$\tilde{\psi}_n^{(0)}$ は各時刻の予測波動関数である．band-by-band CG の収束判定条件をあまり厳しくしても意味はない．

1. 波動関数の更新：$\psi_n^{(i)} = \tilde{\psi}_n^{(i-1)}$
2. 最急降下方向の計算：$\zeta_n^{(i)} = -(H-\lambda_n^{(i)})\psi_n^{(i)}$, $\lambda_n^{(i)} = \langle \psi_n^{(i)}|H|\psi_n^{(i)}\rangle$

3. 前処理：$\eta_n^{(i)} = K\zeta_n^{(i)}$, $\eta_n'^{(i)} = \eta_n^{(i)} - \sum_m^{<n} \psi_m^{(i)} \langle \psi_m^{(i)} | \eta_n^{(i)} \rangle$

4. 共役勾配法の計算：

$$(a): \phi_n^{(i)} = \eta_n'^{(i)} + \gamma_n^{(i)} \phi_n^{(i-1)}$$

$$\gamma_n^{(i)} = \frac{\langle \eta_n'^{(i)} | \zeta_n^{(i)} \rangle}{\langle \eta_n'^{(i-1)} | \zeta_n^{(i-1)} \rangle} \quad \text{ただし} \quad \gamma_n^{(1)} = 0$$

$$(b): \phi_n'^{(i)} = \phi_n^{(i)} - \psi_n^{(i)} \langle \psi_n^{(i)} | \phi_n^{(i)} \rangle$$

$$\tilde{\phi}_n^{(i)} = \phi_n'^{(i)} / \langle \phi_n'^{(i)} | \phi_n'^{(i)} \rangle^{1/2}$$

5. 最適波動関数の決定：$\tilde{\psi}_n^{(i)} = \psi_n^{(i)} \cos\theta_n + \tilde{\phi}_n^{(i)} \sin\theta_n$ として 1 電子エネルギーが最も下るように θ_n を決める．

(2) 電荷分布，ポテンシャルを計算しなおす

(3) all-band steepest descent を行う

新しい波動関数に新しいハミルトニアンを作用させ最急降下ベクトルを計算して，全波動関数を一斉に更新する．

(1) ～ (3) を残差ベクトルが十分小さくなるまで繰り返す．この繰り返し回数がせいぜい 3 ～ 5 回ぐらいになるようにプログラムを作る．上のスキームでは波動関数の規格直交性が各段階で壊れるので適宜これを更正しなくてはならない．

CG 法は，最適化問題が定行列を用いた 2 次形式で書かれていれば，有限の操作で必ず正しい解に到達できる．しかし我々の問題では all-band CG にしろ band-by-band CG にしろ，すべてのバンドに CG を行った後，電荷分布や波動関数をセルフコンシステントに計算し直さなくてはならないので有限回で正確な解に到達する保証はなく，試行錯誤的に効率のよいスキームを作らねばならない．

B.5 電子の非整数占有数

反復計算の最中に 1 電子準位の順番が替わり，特に金属の場合にはフェルミ・エネルギーの上と下で準位が入れ替わることが頻繁に起こる．このとき波動関

数は急激に変化しまた電荷分布もそれに伴って大きく変わるので,初期電荷分布の外挿が困難になり,また反復計算の速い収束が得られなくなる.このようなときには電子占有数 f_n を非整数として,フェルミ準位の近くで電子の分布が緩やかに変化するようにする.電子占有数は,体系の温度と無関係に別の温度を設定してフェルミ分布関数を用いたり,あるいはそれ以外の分布を用いる.このときは保存量に現れるエントロピー項も電子の分布に対応して変えなくてはならない[*4].

B.6 新しいイオン位置に対する電荷分布,波動関数の予測:線形外挿法と部分空間の再構成

イオンに働く力を計算してイオンを力の方向に動かした後,新しいイオン配置での電荷分布や波動関数を予測しなくては,次の計算へ進むことができない.このとき前の時刻のイオン配置に対する電荷分布と波動関数をそのまま用いては,十分速い収束を期待することはできない.ある時刻 t とその先および前の時刻 $t \pm h$ のイオン座標がおおよそ

$$\boldsymbol{R}(t+h) = \boldsymbol{R}(t) + \alpha\{\boldsymbol{R}(t) - \boldsymbol{R}(t-h)\} + \beta\{\boldsymbol{R}(t-h) - \boldsymbol{R}(t-2h)\} \tag{B.12}$$

と表されるとする.実際にはすべてのイオン座標が最も良くこの式で表されるように α, β を決める.

このとき電荷分布についても同じ関係が成立していると考えて

$$n(t+h) = n(t) + \alpha\{n(t) - n(t-h)\} + \beta\{n(t-h) - n(t-2h)\} \tag{B.13}$$

を予測値として使用する(線形外挿法).我々の経験では β を用いる必要はないようである.

波動関数に関しては線形外挿法はそれほど簡単ではない.時刻 $t-h$ での波動関数 $\{\psi_n(t-h)\}$ に対して時刻 t (現在) の波動関数 $\{\psi_n(t)\}$ が決まったと

[*4] Y. Yamamoto and T. Fujiwara, Phys. Rev. B**46**, 13596 (1992); G. Kresse and J. Furthmüller, Comp. Mat. Sci. **6**, 15 (1996).

する．この段階ではエネルギー準位の並べ換えがありさらに位相も自然につながるものにはなっていない．したがって同じ順番の n と名前づけられた $\psi_n(t)$ が $\psi_n(t-h)$ につながるべきものかどうかわからない．ここで $\{\psi_n(t)\}$ に対してユニタリ変換

$$\psi'_n(t) = \sum_m \psi_m(t) U_{mn} \tag{B.14}$$

を導入し，評価関数

$$S = \sum_n f_n \int d\boldsymbol{r} |\psi'_n(\boldsymbol{r},t) - \psi_n(\boldsymbol{r},t-h)|^2 \tag{B.15}$$

を最小にするように U を決めれば $\psi'_n(t)$ が $\psi_n(t-h)$ につながるものと考えられる．これを**部分空間の再構成** (subspace alignment) と呼ぶ[*5]．このように並べ換えた $\{\psi_n(t)'\}$ を改めて $\{\psi_n(t)\}$ とし，再び線形外挿法

$$\psi_n(t+h) = \psi_n(t) + \alpha\{\psi_n(t) - \psi_n(t-h)\} + \beta\{\psi_n(t-h) - \psi_n(t-2h)\} \tag{B.16}$$

によって次の時間ステップ $t+h$ の予測波動関数 $\psi_n(t+h)$ を得る．

B.7　運動方程式の数値解法：ベレの方法

イオンおよび熱浴の運動方程式は

$$\begin{aligned} M_I \ddot{\boldsymbol{R}}_I &= -\nabla_I E_{\mathrm{DFT}}[\{\boldsymbol{R}_n\},\{\psi_{j\sigma}\}] - M_I \dot{\boldsymbol{R}}_I \dot{\eta} \\ Q\ddot{\eta} &= \sum_I M_I (\dot{\boldsymbol{R}}_I)^2 - 3Nk_{\mathrm{B}}T \end{aligned} \tag{B.17}$$

である．熱浴変数としては $\zeta = \dot{\eta}$ ではなく $\eta = \ln s$ を用いる．運動方程式を安定した精度で数値的に解くにはイオン座標および熱浴変数に対して同じ次数の差分式として取り扱う必要があるからである．そうしないと系の運動が長

[*5] T. A. Arias, M. C. Payne and J. D. Joannopoulos, Phys. Rev. B**45**, 1538 (1992).

時間の後に誤差を蓄積させ,保存量が運動の時間的経過に対して正しく保存しない.イオン座標 $\boldsymbol{R}_I$ および熱浴変数 η を求めるには 2 階微分に対するベレ (Verlet,ベルレともいう) の式[*6]を用いるのがよい (下の式は特に速度ベレ法と呼ばれる).

$$X(t+h) = X(t) + h\dot{X}(t) + \frac{h^2}{2}\ddot{X}(t) + O(h^3)$$
$$\dot{X}(t+h) = \dot{X}(t) + \frac{h}{2}\{\ddot{X}(t) + \ddot{X}(t+h)\} + O(h^2). \tag{B.18}$$

ルンゲ・クッタ法や予測子・修正子法では電子系の部分特に力の計算が複雑になり計算時間がかかり過ぎる.

熱浴の質量 Q を小さく選ぶと,イオン系の全運動エネルギーが熱浴の揺らぎに敏感に反応しすぎる.一方 Q が大きすぎると熱浴はゆっくり振る舞い体系の温度 (全運動エネルギー) を制御できなくなる.実際には熱浴の揺らぎを測定し,体系の全運動エネルギーと良く同期して温度を制御するように Q を選択する.熱浴の揺らぎ,1 電子準位の振る舞いを**図 B.1** に示す.

[*6] L. Verlet, Phys. Rev. **159**, 98 (1960).

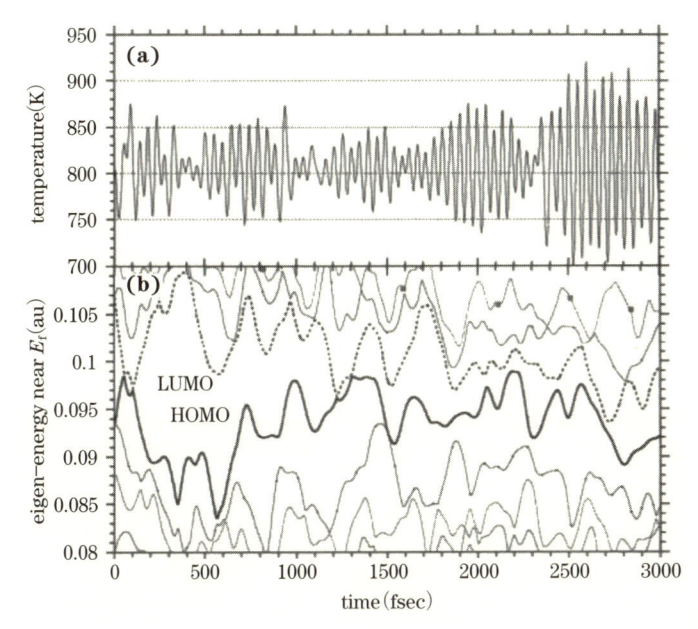

図 B.1 熱浴の温度の揺らぎ (a) と 1 電子準位の振る舞い (b). 超イオン伝導体 NaSn の高温相 (800K 付近) の例 (M. Miyata, T. Fujiwara, S. Yamamoto and T. Hoshi, Phys. Rev. B**60**, R2135-2138 (1999)). (b) で最高占有状態 HOMO と最低非占有状態 LUMO の交差の様子に注目せよ. 実際の計算では非整数占有数を用いているので, LUMO およびそれより高いエネルギー状態にも電子が入っている.

付録 C
第一原理電子構造計算プログラム・パッケージ

様々な目的から第一原理電子構造計算のプログラム・パッケージを手に入れて自分で計算してみたいという読者に，その場所を紹介しよう．

まず定評がありフリーに得ることのできるソフトをあげる．
- KKR 法：http://sham.phys.sci.osaka-u.ac.jp/or http://kkr.phys.sci.osaka-u.ac.jp/jp/

大阪大学理学系研究科赤井久純グループで開発された AkaiKKR (Machikaneyama)

- LAPW 法：http://www.cmp.sanken.osaka-u.ac.jp/ oguchi/HiLAPW/index.html：

大阪大学産業科学研究所小口多美夫グループで開発された HiLAPW

- LMTO 法：http://www2.fkf.mpg.de/andersen/LMTODOC/LMTODOC.html

Max–Planck 固体物理学研究所 O. K. Andersen のグループで開発された TB-LMTO 法プログラム

- ABINIT：http://www.abinit.org/

Universite Catholique de Louvain の X.Gonze らにより開発された第一原理擬ポテンシャル法プログラム．世界中に開発者が広がっている．最近は GWA や Bethe-Salpeter 方程式の解法も加えられた．

- Open-MX：http://www.openmx-square.org/

東京大学物性研究所の尾崎泰助グループが開発した第一原理擬ポテンシャル法を中心としてプログラムで，大きな系を対象として志向している．開発者グループが国際的に広がりつつある．

○ ELSES：http://www.elses.jp/index_e.html

東京大学の著者(藤原毅夫)のグループが企業研究者と共同で開発しているタイト・バインディング法に基づく超大規模系長時間 MD を志向するプログラム．タイトバインディング・パラメターおよび全エネルギーを標準的な LDA 計算の結果を再現するように自動的に決め，そのあとで MD 計算を実行する．

このほかにも定評のある有料ソフトも多い．例えば

○ VASP：http://cms.mpi.univie.ac.at/vasp/vasp/vasp.html

Wien 大学の J. Hafner を中心に開発されたウルトラソフト擬ポテンシャル法および PAW 法による第一原理分子動力学プログラム．

○ Gaussian：http://www.gaussian.com/index.htm/

J. A. Pople が開発した量子化学プログラム．ガウス型基底関数を使用する．
をあげることができる．

様々なプログラムが開発され，利用しやすい環境が作られている．しかしこれまで再三述べてきたように，計算プログラムを手に入れて動かすだけでは，電子構造計算を行ったことにはならないし，ましてその専門家となることはできない．プログラムの中身がきちんと理解できて初めて，物理が理解できるのであり，また物理が理解できて初めて，プログラムの中身が理解できるということを，電子構造計算に携わる人たちは肝に命じてほしい．

欧字先頭語索引

A
all-band CG ················· 219
APW 法 ····················· 85

B
B3LYP ····················· 65
band-by-band CG ············ 218
BLYP ······················ 64

C
C_v^3 ························ 17
CG ················ 156, 170, 218
    all-band—— ············· 219
    band-by-band—— ········· 218
COCG 法 ··················· 169
core-correction ·············· 94
Constraint-LDA ············· 196

D
DFT ······················· 49
DFT+vdW ················· 178
DMFT ···················· 202

E
extended-RPA ··············· 64

F
FFT ······················ 216
full potential 計算 ············ 75

G
Gaussian プログラム・パッケージ ··· 74
GGA ······················ 63
GGA-1 ···················· 63
GGA-2 ···················· 63
GWΓ 法 ··················· 194
GW 近似 ·················· 192
GW+T 近似 ··············· 194
GW-BSE 法 ················ 194

H
Hybrid 汎関数 ··············· 65

K
kinked partial wave ··········· 107
k 群 ······················ 16
KKR 法 ···················· 86

L
LAPW 法 ·················· 106
LCAO ···················· 131
LDA+DMFT 法 ············· 203
LDA ······················ 52
LDA+U 法 ················ 186
LMTO 法 ·················· 99
    第 3 世代—— ············· 107
    タイトバインディング—— ··· 106
LSDA ····················· 52
LSDA+U 法 ··············· 186

N
NMTO 法 ···················· 107

O
O_h^7 ························ 15
O_h^9 ························ 23
OEP 法 ······················ 184
OPW ························ 76

P
partial core-correction ············ 94
PAW 法 ······················ 97
PW91 ························ 64

R
r_s ·························· 34
RPA ························ 41

extended-—— ·················· 64

S
scalar-relativistic 方程式 ·········· 209
SDFT ························ 49
SIC ························ 180
special points の方法 ············· 214

T
TDDFT ······················ 66
 ——の断熱近似 ················ 66

U
U+GWA ······················ 193

Z
Zak 位相 ···················· 145

総索引

あ
r_s ……………………………… 34
RPA ……………………………… 41
アンダーソン法 ………………… 211

い
イオン化エネルギー ……………… 31
位数 ……………………………… 16
位相のずれ ……………………… 81
一般化勾配展開近似 ……………… 63

う
ウィグナー結晶 ………………… 35
ウィグナー・ザイツ胞 …………… 2
ウルトラソフト擬ポテンシャル … 94

え
エヴァルトの方法 ………………… 90
APW法 …………………………… 85
extended-RPA …………………… 64
SDFT …………………………… 49
エチレン重合反応 ……………… 176
NMTO法 ……………………… 107
エネルギー・ギャップ ………… 179
エネルギー・バンド …………… 10
　　空格子—— ………………… 11
FFT ……………………………… 216
LAPW法 ………………………… 106
LSDA …………………………… 52
LSDA+U法 …………………… 186

LMTO法 ………………………… 99
　　第3世代—— ………………… 107
　　タイトバインディング—— … 106
LCAO …………………………… 131
LDA+DMFT法 ………………… 203
LDA ……………………………… 52
LDA+U法 …………………… 186

お
OEP法 …………………………… 184
オーダーN法 ………………… 166
O_h^7 …………………………… 15
O_h^9 …………………………… 23
OPW …………………………… 76
all-band CG …………………… 219

か
カー・パリネロ法 ……………… 154
Gaussian プログラム・パッケージ … 74
ガウス型軌道 …………………… 74
ガウント係数 …………………… 90
拡張系の方法 …………………… 159
重なり積分 ……………………… 14
カスプ条件 ……………………… 199
仮想束縛状態 …………………… 83
価電子帯 ………………………… 12
カノニカル・バンド …………… 108
可約 ……………………………… 20
　　——表現 …………………… 20

228

き

ギップス・ボゴリュウボフの不等式　175
基底　20
擬波動関数　91
基本逆格子ベクトル　6
基本単位格子　2
基本ベクトル　1
逆格子　6
　　——ベクトル　6
既約表現　16, 21
共型空間群　4
強結合近似　15
凝集エネルギー　113
共役勾配法　156, 170, 218
共役な元　17
極小化法　167
局所スピン密度近似　52
局所密度近似　52
kinked partial wave　107
禁止帯　12

く

空間群　4
空原子　106
空格子エネルギー・バンド　11
クープマンスの定理　31
グッツウィラー近似　48
クラマース・クローニッヒの関係　37
グラム・シュミット直交化法　168
グリーン関数　86, 198
　　——法　86
　　——モンテカルロ法　198
　　非平衡——　130
クリロフ部分空間　168
　　——直接対角化法　169
群　2

群 C_v^3　17
群 O_h^7　15
群 O_h^9　23

け

k 群　16
KKR 法　86
ゲージ変換　143
結合軌道　100
結晶　1
　　——点群　4
元　16, 17
原子球　75, 101, 106
　　——近似　101
原子単位　33

こ

core-correction　94
交換相関ホール　55
交換相互作用　30
交換ホール　56
格子　1
　　——振動　68
高速フーリエ変換　166, 216
恒等操作　16
恒等表現　18
コーン・シャムの定理　51
コーン・シャム方程式　51
国際記号　15
固定節線近似　201
Constraint-LDA　196

さ

最急降下法　156
最適化された有効ポテンシャルの方法　184
Zak 位相　145

残差共線性 ・・・・・・・・・・・・・・・・・・・ 171

し

C_v^3 ・・・・・・・・・・・・・・・・・・・・・・・・・・・ 17
COCG 法 ・・・・・・・・・・・・・・・・・・・・・ 169
GGA ・・・・・・・・・・・・・・・・・・・・・・・・・・・ 63
GGA-1 ・・・・・・・・・・・・・・・・・・・・・・・・ 63
GGA-2 ・・・・・・・・・・・・・・・・・・・・・・・・ 63
GWΓ 法 ・・・・・・・・・・・・・・・・・・・・・・・ 194
GW 近似 ・・・・・・・・・・・・・・・・・・・・・・ 192
GW+T 近似 ・・・・・・・・・・・・・・・・・・ 194
GW-BSE 法 ・・・・・・・・・・・・・・・・・・・ 194
シェーンフリース記号 ・・・・・・・・・ 15
ジェリウム模型 ・・・・・・・・・・・・・・・ 33
時間に依存した密度汎関数理論 ・・・・・ 66
自己相互作用補正 ・・・・・・・・・・・・・ 180
仕事関数 ・・・・・・・・・・・・・・・・・・・・・ 127
指標 ・・・・・・・・・・・・・・・・・・・・・・・・・・ 21
遮蔽効果 ・・・・・・・・・・・・・・・・・・・・・・ 40
周期境界条件 ・・・・・・・・・・・・・・・・・・ 9
充満帯 ・・・・・・・・・・・・・・・・・・・・・・・・ 12
シュレディンガー方程式 ・・・・・・・ 8
準結晶 ・・・・・・・・・・・・・・・・・・・・・・・・・ 1
準粒子 ・・・・・・・・・・・・・・・・・・・ 45, 190
晶系 ・・・・・・・・・・・・・・・・・・・・・・・・・・・ 2
状態方程式 ・・・・・・・・・・・・・・・・・・・ 174
触媒反応 ・・・・・・・・・・・・・・・・・・・・・ 175

す

scalar-relativistic 方程式 ・・・・・・・・ 209
ストーナーの条件 ・・・・・・・・・・・・・ 122
ストーナー・パラメーター ・・・・・・ 121
スピン座標 ・・・・・・・・・・・・・・・・・・・・ 26
スピン密度汎関数理論 ・・・・・・・・・ 49
special points の方法 ・・・・・・・・・・・ 214
スレーター型軌道 ・・・・・・・・・・・・・・ 73

スレーター行列式 ・・・・・・・・・・・・・・ 28
スレーター・コスターの表 ・・・・・・ 132
スレーター・ポーリング曲線 ・・・・・ 124

せ

正孔（ホール） ・・・・・・・・・・・・・・・・・ 13
線形外挿法 ・・・・・・・・・・・・・・・・・・・ 210
線形化マフィン・ティン軌道法 ・・・・ 99
全電子計算 ・・・・・・・・・・・・・・・・・・・・ 74
占有バンド ・・・・・・・・・・・・・・・・・・・・ 12

そ

相関エネルギー ・・・・・・・・・・・・・・・・ 43
速度ベレ法 ・・・・・・・・・・・・・・・・・・・ 222

た

第一原理擬ポテンシャル法 ・・・・・・・ 91
第一原理分子動力学法 ・・・・・・・・・ 154
第 3 世代 LMTO 法 ・・・・・・・・・・・・ 107
体心格子 ・・・・・・・・・・・・・・・・・・・・・・・ 2
体心立方格子 ・・・・・・・・・・・・・・・・・・ 6
対数微分 ・・・・・・・・・・・・・・・・・・・・・・ 81
体積剛性率 ・・・・・・・・・・・・・・・・・・・ 113
タイトバインディング近似 ・・・・ 15, 131
タイトバインディング LMTO 法 ・・・・ 106
単位胞 ・・・・・・・・・・・・・・・・・・・・・・・・・ 3
単純格子 ・・・・・・・・・・・・・・・・・・・・・・・ 2
単純立方格子 ・・・・・・・・・・・・・・・・・・ 6
断熱近似 ・・・・・・・・・・・・・・・・・・・・・ 153

ち

直交化された平面波 ・・・・・・・・・・・・・ 76

て

DFT ・・・・・・・・・・・・・・・・・・・・・・・・・・ 49
DFT+vdW ・・・・・・・・・・・・・・・・・・・ 178

DMFT	202
底心格子	2
TDDFT	66
——の断熱近似	66
ディラック方程式	209
適合関係	23
テトラヘドロン法	141, 214
電気伝導度テンソル	129
電子・正孔対	39
——励起	40
伝導帯	13

と
凍結された内殻電子近似	74
同値	20
——変換	20
動的平均場理論	202
トーマス・フェルミ波数	60
ドルーデの式	118

に
2重熱浴	164

ね
熱浴	159

の
ノルム保存型擬ポテンシャル法	91

は
partial core-correction	94
バーテックス関数	191
ハートリー項	30
ハートリー・フォック近似	28
ハートリー・フォック方程式	30
配置エントロピー	174
配置間相互作用の方法	31
Hybrid 汎関数	65
パウリの規則	12
ハバード・モデル	47
反結合軌道	100
バンド・エネルギー	11
バンド・ギャップ（禁止帯）	12
band-by-band CG	218

ひ
PAW 法	97
BLYP	64
B3LYP	65
PW91	64
非共型空間群	5
非晶質	1
非占有バンド	12
非平衡グリーン関数	130
表現	18

ふ
ファン・ホーブ特異点	213
プーレイ力	158
フェルミ運動量	34
フェルミ液体	43
フェルミ・エネルギー	34
フェルミ演算子展開法	166
フェルミ気体	43
フェルミ統計	26
フェルミ波数	34
フェルミ面	35
不純物準位	13
部分空間の再構成	221
プラズマ振動	41
ブラベー格子	3
フリーデル振動	118

フリーデルの総和則 118
ブリルアン域 7
full potential 計算 75
ブロイデン法 211
ブロッホ関数 9
ブロッホの定理 9
分割統治法 167
分離型ポテンシャル 92

へ

並進群 2
並進操作 1
並進ベクトル 1
ヘディンの式 192
ベリー位相 145
ベリー曲率 146
ベリー接続 145
ヘルマン・ファインマンの定理 ... 38
ヘルマン・ファインマン力 158
ベレ（ベルレ）の式 222
変分モンテカルロ法 198
変分力 158

ほ

ホーエンベルク・コーンの定理 ... 50
補強された平面波展開法 85
星 23
ボルツマン方程式 129
ボルン・オッペンハイマー近似 .. 153
ボルン有効電荷 71, 151

ま

前処理演算子 217

み

密度勾配展開 60

密度汎関数摂動論 67
密度汎関数理論 49
　　時間に依存した—— 66
　　スピン—— 49

め

面心格子 2
面心立方格子 6

や

ヤナックの定理 52

ゆ

有効質量 46
U+GWA 193
誘電応答関数 36
誘電関数 36

ら

ラッティンジャーの定理 45
乱雑位相近似 41
ランダウアー・ビュテカー公式 . 130
ランダウパラメター 47
ランチョスプロセス 168
ランチョス法 169

る

類 17
ルンゲ・グロスの定理 65

れ

励起子 141
連分数展開法 169

わ

ワニエ関数 150

あ と が き

　本書は量子力学と統計力学の学部課程の修了および物質の構造に関する初歩的知識を前提として，物質の電子構造を自分で考えあるいは計算できるようになることを目的として，朝倉書店から1999年に刊行した「固体電子構造—物質設計の基礎—」を基にしている．東京大学大学院修士課程向け講義でのノートに整理・加筆し刊行することによって，いささかでも我が国のこの分野の振興に役立てたいと考えたからである．刊行時には多くの方々の支持を得たが，諸般の事情により増刷・再版が行われぬままになってしまった．一方で，旧著刊行以降，電子構造に関する理解と方法論の進展はさらに著しく，大幅改定をしたいと考えていた．その結果が本書となった．

　本格的な計算プログラムが我が国でも独自に開発され，電子構造理論グループ間の研究ネットワークが組織されるようになったことは，大変喜ばしいことである．一方でそれなりの年月の間，凝縮系の電子構造理論を中心に据えた研究を行ってくると，理論的な方法論の大部分は欧米で開発され発展させられたものであることが大いに気になっている．このことは旧著のまえがきにも書いたが，残念ながら未だに大きくは変わってはいない．あえていうならば，独自に開発しているプログラムが多いわりには特徴のある方法論の開発まで及ばないという印象を持つ．我が国が世界的計算機先進国であるという現実は，我が国の計算物理学にとって必ずしも幸いなことではないのではないかと感じている．超並列コンピュータを比較的容易に使える環境にあるため，あるいは超並列計算によりまだまだ計算対象が拡大できるため，逆に基礎理論の発展やアルゴリズムの開発への意欲が削がれがちなのではないかと危惧している．若い方々を短期的な成果主義の嵐に巻き込まないように自戒するとともに，オリジナルな方法論の開発をすすめ，それに立脚した特徴のあるアルゴリズム開発を行いたいという気持ちを，改めて掻き立てている．

2015年1月

MSET：Materials Science & Engineering Textbook Series

監修者
藤原　毅夫　　　藤森　淳　　　勝藤　拓郎
東京大学名誉教授　　東京大学教授　　早稲田大学教授

著者略歴

藤原　毅夫（ふじわら　たけお）
　1944年　生まれ
　1967年　東京大学工学部物理工学科卒業
　2007年　東京大学大学院工学系研究科を定年退職
　2007年より　東京大学　大学総合教育研究センター
　　　東京大学名誉教授　工学博士

2015年4月20日　第1版発行

検印省略

物質・材料テキストシリーズ

固体電子構造論
密度汎関数理論から電子相関まで

著　者 ©藤原毅夫
発行者　内田　学
印刷者　山岡景仁

発行所　株式会社　内田老鶴圃　〒112-0012 東京都文京区大塚3丁目34番3号
　　　　　　　　　　　　電話 03(3945)6781(代)・FAX 03(3945)6782
http://www.rokakuho.co.jp/　　　　　　　印刷・製本／三美印刷 K.K.

Published by UCHIDA ROKAKUHO PUBLISHING CO., LTD.
3-34-3 Otsuka, Bunkyo-ku, Tokyo, Japan
ISBN 978-4-7536-2302-0 C3042　　U.R. No. 612-1

物質・材料テキストシリーズ
共鳴型磁気測定の基礎と応用　　高温超伝導物質からスピントロニクス，MRIへ
北岡 良雄 著　A5・280頁・本体 4300円

第1章　はじめに
第2章　共鳴型磁気測定法の基礎　磁気共鳴事始め／磁場中でのスピンの運動／磁気共鳴の観測（パルス法）／第2章 参考文献
第3章　共鳴型磁気測定から分かること（I）：NMR・NQR　超微細相互作用／共鳴線のシフト ―化学シフト―／ナイトシフトと局所磁化率／核スピン緩和現象／電気四重極相互作用／第3章 参考文献
第4章　NMR・NQR 測定の実際　送信機系／受信機系／送受信（T/R）スイッチネットワーク系／NMR プローブ／多重極限下固体 NMR システム／第4章 参考文献
第5章　物質科学への応用：NMR・NQR　強磁性体／反強磁性体：モット絶縁体 La_2CuO_4 ／磁気励起と核スピン緩和／超伝導体／超伝導と反強磁性の共存状態／第5章 参考文献
第6章　共鳴型磁気測定から分かること（II）：ESR　電子スピン共鳴の現象論的取り扱い／自由な磁性イオンの ESR の構造／ESR の測定法／物質科学への応用／第6章 参考文献
第7章　共鳴型磁気測定法のフロンティア　光検出磁気共鳴法（ODESR）／核磁気共鳴イメージング（MRI）／第7章 参考文献
付録 A～D

材料学シリーズ
バンド理論　　物質科学の基礎として
小口 多美夫 著　A5・144頁・本体 2800円

遷移金属のバンド理論
小口 多美夫 著　A5・136頁・本体 3000円

材料学シリーズ
強相関物質の基礎　　原子，分子から固体へ
藤森 淳 著　A5・268頁・本体 3800円

遍歴磁性とスピンゆらぎ
高橋 慶紀・吉村 一良 共著　A5・272頁・本体 5700円

材料学シリーズ
金属電子論　上・下
水谷 宇一郎 著　上：A5・276頁・本体 3200円／下：A5・272頁・本体 3500円

材料科学者のための固体電子論入門　　エネルギーバンドと固体の物性
志賀 正幸 著　A5・200頁・本体 3200円

材料科学者のための固体物理学入門
志賀 正幸 著　A5・180頁・本体 2800円

表示価格は税別の本体価格です．　　http://www.rokakuho.co.jp/